中等专业学校教材

◇◇

工程地质与水文地质

（第三版）

山西省水利学校 张建国　主编

中国水利水电出版社

内 容 提 要

本书介绍了工程地质与水文地质的基本知识。主要内容有：绪论、地层岩性、地质构造与岩体结构、物理地质作用与不良地质现象、水文地质、水利工程地质等。

本书内容丰富，重点突出，联系实际，注重应用，每章都给出了小结（知识点归纳）和复习思考题与练习，便于普通中专和五年制高职大专班学生阅读，并可供水利工程技术人员参考。

图书在版编目（CIP）数据

工程地质与水文地质/张建国主编.—3版.—北京：中国水利水电出版社，2001（2021.6重印）

中等专业学校教材

ISBN 978-7-5084-0658-9

Ⅰ.工… Ⅱ.张… Ⅲ.①工程地质-专业学校-教材②水文地质-专业学校-教材 Ⅳ.P64

中国版本图书馆CIP数据核字（2001）第039470号

书　　名	中等专业学校教材　**工程地质与水文地质**（第三版）
作　　者	山西省水利学校　张建国　主编
出版发行	中国水利水电出版社 （北京市海淀区玉渊潭南路1号D座　100038） 网址：www.waterpub.com.cn E-mail：sales@waterpub.com.cn 电话：（010）68367658（营销中心）
经　　售	北京科水图书销售中心（零售） 电话：（010）88383994、63202643、68545874 全国各地新华书店和相关出版物销售网点
排　　版	中国水利水电出版社微机排版中心
印　　刷	北京瑞斯通印务发展有限公司
规　　格	184mm×260mm　16开本　11.5印张　270千字　2插页
版　　次	1985年5月第1版　1985年5月第1次印刷　1993年10月第2版 2001年9月第3版　2021年6月第12次印刷
印　　数	86441—88440册
定　　价	**38.00**元

凡购买我社图书，如有缺页、倒页、脱页的，本社营销中心负责调换

第 三 版 前 言

本书是根据水利部“1995～2000年普通中等专业学校水利水电类专业教材选题和编审出版规划”而编写的。根据全国水利水电中专工程地质课程组会议讨论意见，对1993年出版的《工程地质与水文地质》（第二版）教材进行了改编。本教材主要适用于普通中等专业学校水利水电工程技术专业和农业水利技术专业，也可作为五年制高职大专班同类专业的教材。

本书以地质学为基础，结合国内外水利水电工程实例，使学生了解地质与水利的关系，熟悉普通地质、水文地质和工程地质的基本知识，培养学生阅读地质资料和分析工程地质条件的能力，初步学会评价水利工程地质问题的方法，并对水利环境地质问题有所了解。因此，在教材编写过程中，以GB 50287—99《水利水电工程地质勘察规范》为依据，对传统教学内容进行了筛选和创新处理，并在注重能力培养和以实用为主线构建教材知识结构体系等方面进行了有益的探讨，对比较成熟或相对稳定的新知识、新技术积极加以引用，力求反映职教特色，突出应用性，体现先进性。同时，根据素质教育的要求，适当扩大地质知识面，使学生对地球、自然地理环境和地质条件在人类生产、生活中的重要性有较多的了解，这对他们将来的工作、学习和生活也是有意义和有用的。

全书由山西省水利学校张建国主编，黄河水利职业技术学院苏巧荣和长沙水电学院刘亚军参编。经黄河水利职业技术学院吴曾生主审，给教材润色不少。

在本书编写和出版过程中，赵惠君同志帮助审核校对和整理插图，在此表示谢意。

鉴于编者水平所限，不当之处，诚恳地欢迎读者批评、指正。

编　者

2001年8月

第一版前言

本书是根据“1983～1987年中等专业学校水利电力类专业教材编审出版规划”组织编写的。

《工程地质与水文地质》是农田水利工程专业的技术基础课之一。它内容多，涉及面广，实践性强。因此，本教材在编写过程中，力求运用辩证唯物主义观点，注意教材内容要“少而精”、理论联系实际的原则。着重讲清工程地质与水文地质的基本概念、理论和方法，紧密结合农田水利工程建设中的主要地质问题。另外，还适当反映了本学科的发展方向。

本书由辽宁省水利学校吴绍宽（绪论、第一、三、四章）、湖南省水利学校费乐（第二章）、黑龙江水利工程学校赵玉友（第五、六章）编写。全书由吴绍宽同志主编。

本书由成都水力发电学校李道荣同志主审，提出了许多修改意见和建议。教材初稿于1983年7月经中等专业学校水利水电工程建筑、农田水利工程专业教学研究会地质及土力学课程组会议讨论，与会同志提出了许多宝贵意见。清华大学水利系、大连工学院水利系、湖南省水利勘测设计院及辽宁省水利勘测设计院等单位，对本书的编写提供了许多宝贵的资料和经验，在此，一并表示感谢。

对于本书中存在的缺点和错误，诚恳地希望批评指正。

编　者

1984年4月

第二版前言

本书根据水利部“1990～1995年中等专业学校水利水电类专业教材选题和编审出版规划”及1988年4月修订的中专水利水电工程建筑专业《工程地质》及农田水利、水利工程专业《工程地质与水文地质》教学大纲，对1985年出版的《工程地质与水文地质》进行修订而成的。

《工程地质》、《工程地质与水文地质》分别为上述三个专业的技术基础课。为满足三个专业的教学需要，在修订编写过程中，对本书原版做了较大的变动和补充，力争体现中专教材特色；精选内容、深浅适度，以本学科的基本理论、基本概念、基本技能为主，理论联系实际，结合生产实践，适当地反映本学科的新成就。

全书由湖南省水利学校费乐、浙江省水利水电学校徐纯筠、辽宁省水利学校吴绍宽编写，吴绍宽任主编。

本书由黄河水利学校刘俊德高级讲师主审，提出了许多宝贵意见和建议。

本书在编写过程中，参考和引用了一些大学、中专学校和生产单位的一些教材和成果资料，在此一并致谢。

对于本书存在的不足和欠妥之处，诚恳希望读者批评指正。

编　者

1992年11月

目　　录

绪　　论

一、地质与水利

地质学是研究地球的科学。它除了研究地球及其各圈层的起源、结构、组成物质、演化历史和运动规律外，还通过系统研究资源、能源、环境、生态、自然灾害和地球信息问题，为国家宏观决策和重大工程项目的可行性研究提供科学依据。地质科学在国家经济、社会发展中占有举足轻重的地位。1996 年，江泽民同志在会见第 30 届国际地质学大会的中外地质界知名人士时指出："矿产资源、水资源、地震、火山、滑坡、地面沉降、海平面上升、表土的沙漠化等等，都与地质工作关系密切，因此，地质工作是实施可持续发展战略的支柱性、基础性工作。"

工程地质学与水文地质学，是从近代地质科学发展起来的两门新兴学科。工程地质学是研究与工程建筑有关的地质问题的科学；水文地质学是研究地下水的科学。这两门学科都是地质科学知识和经验在生产实践中的应用。

水利是人类开发利用水资源和防治水旱灾害的活动。它主要包括防洪、治涝、抗旱、灌溉、排水、城市和工业供水、人畜饮水、水力发电、水土保持、水运、水产养殖和水环境保护等方面。水利的基本手段是兴修各类水利工程。一切水利工程都是修建在地壳表层上，自然界的地质体和地质环境与水利工程建设有着密切的关系。可以说，水利建设离不开地质学，尤其是工程地质学与水文地质学。地质工作不仅是水利建设的开路先锋，而且贯穿其全部过程，要确保查明并充分考虑到影响工程选址、设计、施工、运营和维护的所有地质因素，充分利用有利的工程地质条件，分析可能出现的工程地质问题，并注意不良地质现象对工程的影响，以及由于工程兴建而引起的新的地质问题。地质工作的好坏，直接关系着工程建筑的安全稳定性、技术可行性和经济合理性。

（一）水利工程地质条件

水利工程地质条件，是指与水利工程建筑有关的地质条件的总和。它包括地形地貌、地层岩性、地质结构（地质构造与岩体结构）、物理地质现象、水文地质条件和天然建材等六个方面。在水利工程建设之前，工程地质工作首要的根本任务就是要查明建筑地区的工程地质条件，为建筑场地的选择、工程的布置和优化设计提供所需的工程地质资料。如果对地质条件事先没有仔细查明，工程设计没有可靠的地质依据，就会给工程留下隐患。据国际大坝委员会的不完全统计，世界上发生事故的 589 座水坝，其中大多数与不良的地质条件有关。如法国的马尔帕塞薄拱坝，坝高 66m，由于坝基左岸岩体裂隙发育，未经地基处理，蓄水后岩体发生张裂位移达 2.1m，致使整个坝体于 1959 年 12 月 2 日崩溃，水库拦蓄的 3000 万 m^3 水顿时下泄，冲毁下游一个村镇，死亡 400 余人，经济损失达 6800 万美元。

举世闻名的巴拿马运河，是沟通太平洋和大西洋的洋际水道。从 1882 年动工开凿，到 1914 年通航，历时 33 年之久，全长 93km（图 1）。施工期间，在两大洋分水岭的挖方地段（即盖拉尔段）不少岸边滑动，严重的塌方延缓了工期，造成人员的大量伤亡。运河完工后的第二年，挖方地段又发生巨大的山崩和滑坡（如东库累布腊滑坡），崩塌体堵死了开通的运河。为此，又花了5年时间，挖土石5800万m^3，相当于这一段运河总开挖量的40%之多，单是停航5年的经济损失就达10亿美元。原因是分水岭地段岩性较软，主要为粘土页岩，次为砂岩和砾岩，岩体破碎，风化强烈，人工开挖后形成临空面，从而导致挖方段不少岸坡沿着页岩与砂砾岩的界面发生滑动破坏。为此，美国政府付出了沉痛的代价。

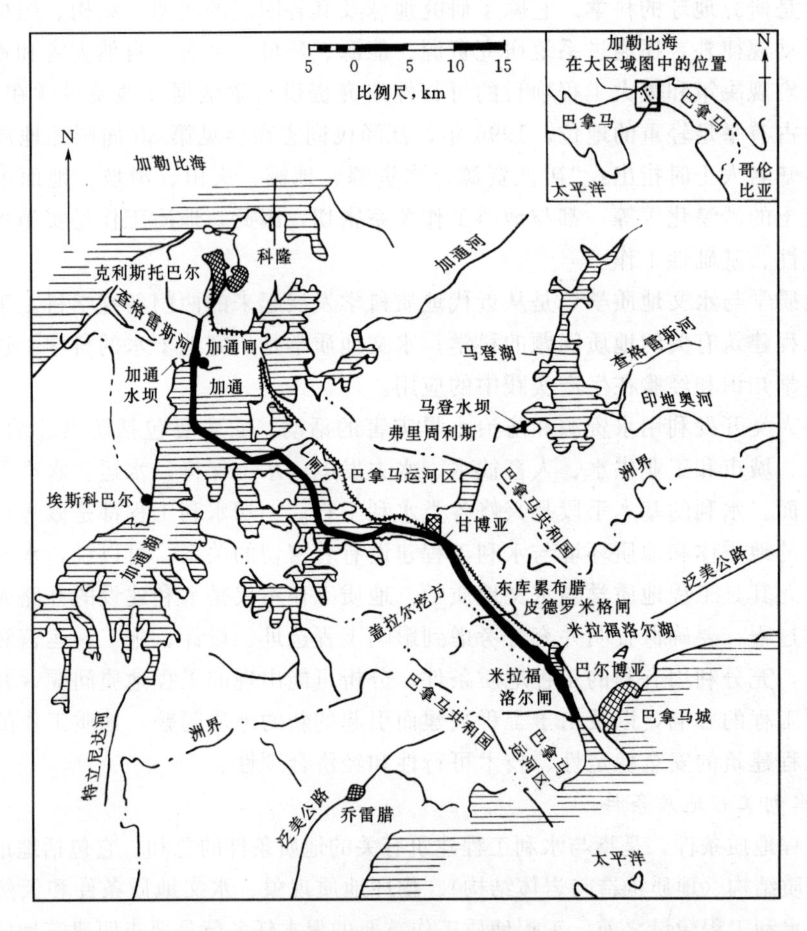

图1　巴拿马运河图

由此可见，在自然界很难找到完全适合工程建筑要求的地质条件，每一项工程或多或少总会程度不同地存在着工程地质问题。工程地质工作的中心任务就是要分析和预测可能发生的工程地质问题，提出对不良工程地质问题处理的措施和建议。

（二）水利工程地质问题

水利工程地质问题，是指水利工程与地质条件之间的矛盾，即场地的工程地质条件不能满足水工建筑物稳定、经济和使用等方面的要求，而存在的地质缺陷和问题。水利工程建设中常遇到的有三大工程地质问题，即稳定问题（包括坝基、坝肩、库岸、渠道边坡、隧洞围岩及进出口边坡稳定等）、渗漏问题（包括坝区、库区、渠道渗漏等）和水利环境地质问题。新中国成立50多年来，水利建设取得了举世瞩目的成就，兴修的24.5万km长的江河堤防和8.4万座水库等一大批水利工程，保证了全国1/3耕地和1/2人口的防洪安全，保护了60%以上的工农业产值，每年向工农业和城市供水5200亿m^3。这些工程无论对发展工农业生产，还是抗御水旱灾害，保护人民生命财产都发挥了重要作用。在水利建设中，我国水利地质工作者进行了系统的（从区域地质、坝区地质到库区地质等方面）工程地质勘察和研究，在高水头、大流量、高地震烈度、复杂地质地形条件下，已成功修建了刘家峡、乌江渡、龙羊峡等百米以上的高坝大库，同时也解决了许多国内外少见的工程地质问题，如在建的黄河小浪底工程坝基深厚松散层渗漏和稳定问题，左岸泄洪、排沙、灌溉和引水发电等16条隧洞组成的地下工程围岩稳定问题，长江三峡工程永久船闸开挖高边坡稳定问题，坝基深层抗滑稳定问题，水库诱发地震问题等。但是，也有一些工程对复杂的地质问题缺乏详细的工程地质勘察研究，一些设计方案没有充分的地质依据，结果导致施工困难，拖延工期，遗留后患需要进行处理，工程效益长期不能发挥。如北京十三陵水库，坝基和库区存在着深厚的古河道砂砾石层，透水性较强，建坝初期未作垂直防渗处理，致使水库多年不能正常蓄水。20世纪60年代作了坝基防渗处理，坝基不漏了，但库区古河道仍在渗漏，使约50%的库水流失。直到1991年为兴建抽水蓄能电站，在库区做了一道防渗墙，才彻底解决了渗漏问题。

黄河三门峡水利工程，是万里黄河干流上修建的第一座水利枢纽，担负防洪、防凌、供水和发电等任务。该工程混凝土重力坝高106m，长875m，库容96亿m^3。1960年9月水库建成蓄水后，引起岸边黄土崩塌，塌岸宽度一般30～90m，最宽达294m，长度200多km，占全部库岸线的41.5%。加上黄河水含沙量高（平均为32.21kg/m^3，洪水期为651kg/m^3），库区淤积问题严重。水库淹没、浸没范围扩大，引起周围地下水位抬高，土地盐碱化和沼泽化30万亩。淤积末端上延，库尾潼关一带渭河入黄不畅，雨季洪水对古城西安构成威胁。为此，分别在1965年和1967年对枢纽工程的泄流建筑物进行了两次改造，增建了泄流设施，加大了排沙能力，水库也改为低水头运行，原设计发电装机120万kW，直到1973年12月26日第一台机组才并网发电，长期装机容量只有20万kW，工程效益不能充分发挥。三门峡水库经历了蓄水滞洪（1960～1964年）、滞洪排沙（1965～1973年）和蓄清排浑、调水调沙（1974～1982年）运行三个阶段，现在基本达到了泥沙冲淤平衡，成功地解决了泥沙淤积问题，发电装机也增至40万kW。造成三门峡水库塌岸和淤积问题的原因是：当时我们缺乏实践经验，加上委托国外专家设计，对库区特殊的自然地理条件和地质环境认识不够，对黄河中上游水土流失、黄土湿陷、泥沙淤积的严重性和它的影响估计不足，把治理黄河泥沙问题看得太简单了。从三门峡水库的修建和运行实践可以看出，在多泥沙的河流上兴修水库，宜选择峡谷型库区，设计足够的坝高，确定合理的运行水位，布置足够的泄流和排沙设施，拟定适合来水来沙条件和库区特点的运行方式，这样水库就不会淤积。

水利水电工程实践证明，工程建筑不怕地质条件复杂，也不怕地质问题繁多，只要在工程建设的全部过程中重视地质工作，就能从地质角度保证建筑物安全稳定与经济合理。水利工程地质勘察工作程序可分为规划、可行性研究、初步设计和技施设计四个阶段，其工作方法有工程地质测绘、勘探、试验和长期观测等（详见水利水电工程地质勘察VCD

光盘）。

（三）水文地质条件

水文地质条件包括地下水的形成、分布、埋藏条件和运动规律，以及地下水的水质、水量及其动态变化特征等。在水利建设中，水文地质工作不仅要配合上述工程地质工作，提供有关地下水方面的资料，以综合研究建筑物的稳定和渗漏问题，而且要合理开发利用地下水资源，防治地下水害，这在保证工业和城镇供水、农田灌溉、人畜饮水、防涝治碱和环境保护等方面，都具有十分重要的意义。尤其是对一个水资源短缺的国家，开发利用地下水对社会的稳定和地区经济的发展有着特殊重要的作用。

我国水资源总量为28124亿m^3/a，其中地下水资源为8288亿m^3/a，约占总水量的30%。但水资源的时空分布差异较大，北方人均、亩均水资源占有量分别仅为南方的1/6和1/10，特别是黄淮海滦河流域缺水十分严重，泉水干涸，河水断流，地下水便成了重要的供水水源。就是水量丰沛的南方地区，也有许多以地下水供水为主的城市，更何况由于水量时空分布不均和地表水质污染，南方也经常闹水荒。1993年沿海300多个城市因缺水造成上千亿元的经济损失。所以在我国，无论是北方，还是南方，水利建设不仅需要利用地表水，而且需要开采地下水，这就要进行大量的水文地质工作。20世纪70年代以来，为打井抗旱，寻找地下水资源，开展了全国性的水文地质普查工作，兴修农用机电井355万眼，年开采地下水500多亿m^3，发展井灌面积1.1亿亩，改造盐碱地8400多万亩，解决了数以亿计的人畜饮水困难问题。90年代末，为了实施国家开发西部战略，我国水文地质工作者又运用遥感技术（RS）、物探、同位素、全球定位系统（GPS）、地理信息系统（GIS）和计算机信息系统等先进技术，在西部展开了以重点缺水地区和苦咸水分布地区为主的找水工作，已探明可采地下水量10多亿m^3，查明鄂尔多斯盆地蕴藏着丰富的地下水，储量达250亿m^3，在被誉为“生命禁区”的罗布泊地区和“死亡之海”的塔克拉玛干沙漠腹地也找到了地下淡水。

从新世纪开始，我国将进入一个全面建设小康社会并加快推进现代化的新的发展阶段。但洪涝灾害频繁、干旱缺水、水生态环境恶化三大问题，尤其是水资源短缺问题，已经成为我国经济社会可持续发展的重要制约因素。1999年元旦，江泽民同志指出：“水是人类生存的生命线，也是农业和整个经济建设的生命线。我们必须高度重视水的问题。人无远虑，必有近忧。一方面洪涝灾害历来是中华民族的心腹之患，另一方面水资源短缺越来越成为我国农业和经济社会发展的制约因素。我们要在全民族中大力增强保护和合理利用水资源的意识，把兴修水利作为保证我国跨世纪发展目标的一项重大战略措施来抓”。水利大发展，需要地质勘察研究为先导，水利地质工作者的任务是光荣而艰巨的。

值得注意的是，面向21世纪的中国水利正在实现由“工程水利”向“资源水利”的转变。所谓的资源水利，就是要水资源与国民经济和社会发展紧密联系起来，进行综合开发，科学管理。它主要体现在水资源的开发、利用、治理、配置、节约和保护等6个方面。从当前和今后发展来看，水资源的配置、节约和保护三个方面的任务将更为突出。这就要求我们在水利工作中，不仅注重水利工程的兴建，而且更注意水资源的保护。工程地质与水文地质要适应新的水利形势，要从资源水利的角度，重新认识工程地质条件和工程地质问题，要利用它们的双重属性，在保证工程建筑安全稳定的前提下，要兼顾水资源的有效控制利用和水环境的保护。如地下水在工程地质条件中常对工程的稳定性和渗漏性产生不利影响，但地下水又是一种宝贵的水资源，在工程采取隔水和排水措施时，要考虑利用它和保护它。水库渗漏，对水库蓄水不利，但在一定条件下它可调节下游地下水，补充泉水和井的流量。如果坚持传统的设计目标——防止任何一点渗漏，那么坚固的大坝将会隔断河流与地下水之间的水力联系。地下水因得不到补充，使其水位下降，河岸边的湿地消失，大自然的生态环境遭到了破坏。

二、本课程的主要内容与教学要求

本课程是水利水电工程技术专业和农业水利技术专业的一门专业课，主要内容有：

（1）地质基础部分　包括第一、二、三章。主要是介绍关于地球、地质方面的基础知识。如地球的圈层构造、地形地貌、地质作用、地层和地质年代、矿物及岩石、地质构造、岩体结构、地震、物理地质作用与现象等。并就岩石、第四纪松散沉积物和岩体的工程地质性质，地质构造与工程建设的关系，以及地震等不良地质现象对工程的影响作了一般介绍。此外，还附有典型实例图件和资料，以便学会阅读、分析及应用。

（2）水文地质部分　即第四章。主要讲述地下水的形成、赋存条件和运动规律，地下水的埋藏类型及其特征，地下水向集水建筑物的稳定运动，以及地下水资源评价。

（3）工程地质部分　即第五章。主要介绍了水利建设中常遇到的一些工程地质问题，如坝基、隧洞围岩稳定问题，坝区、库区渗漏问题。还有水利环境地质问题，这是现代工程地质学发展和研究中的一个重要方面。对坝址、坝型选择的工程地质条件仅作了一般性介绍。

以上三部分是相互关联和逐步联系专业实际的，在教学过程中应运用辩证唯物主义的观点和方法，理论联系实际，地质联系工程，由浅入深，循序渐进。

本课程实践性很强，根据部颁教学大纲要求，其基本教学过程，分讲课、实验实训课及作业和野外地质实习三个环节。通过学习，应达到以下几点教学要求：

1）掌握工程地质与水文地质基本知识，能识别常见的岩石、地质构造和地质现象，并初步认识它们对水利工程的影响。

2）学会阅读工程地质与水文地质资料（包括地质图和地质报告），对水利建设中常遇到的工程地质问题有一定的分析、评价能力。

3）能对一般工程地质问题提出处理措施意见。

第一章 地 层 岩 性

第一节 地 球 概 述

在广袤无垠的宇宙中，有一颗蔚蓝色的星球，她就是人类的家园——地球。地球是一个围绕太阳转动的椭球体，两极略扁平、赤道稍突出。地球距太阳约 1.5 亿 km，其公转时线速度为 10.8 万 km/h；自转时赤道上任何一点的线速度为 1674km/h。人造地球卫星测量表明，地球南北两极也不对称，其北极凸出 18.9m，南极则凹下 25.8m，而且北纬 45°地带略显凸出。如果夸大来看，地球的形状近似像一个不规则的梨（图 1-1）。地球上拥有丰富的矿产资源，适度的重力和磁场，适宜生命生存繁衍的气温、气压和湿度，含有足够氧气的空气和滋润生物的水源，从而使她成为人类生命的摇篮。迄今为止，宇宙生命科学探索表明，地球之外的其他星球还无生命存在的事实。

(*a*)

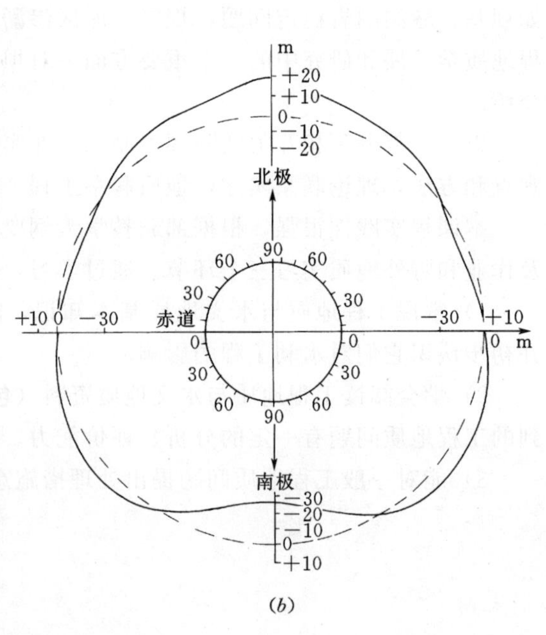

(*b*)

图 1-1 地球的形状

(*a*) 人造卫星拍摄的地球照片；(*b*) 人造卫星测量的地球形状剖面示意图

一、地球的圈层构造

地球是由不同物理状态和化学成分的物质所组成的，具有同心圈层构造。地球由表及里可分为外圈（包括大气圈、水圈、生物圈）和内圈（包括地壳、地幔、地核），如表 1-1 所示。

表 1-1　　地球的圈层构造情况

圈　　层		厚度（km）	体积（$\times 10^{27}cm^3$）	质量（$\times 10^{27}g$）	平均密度（g/cm^3）	主要物质成分
外圈	大气圈	>10000		0.0000057		N_2、O_2、Ar、CO_2 等
	水圈	3.8	0.00138	0.00143	1.03	H、O、Cl、Na、Mg、K、CO_2 等
	生物圈	30		0.0000002		H、O、C、N、Ca、K、Si、Mg、P、S、Al 等
内圈	地壳	16	0.015	0.043	2.8	O、Si、Al、Fe、Ca、Na、K、Mg、H 等
	地幔	2884	0.892	4.054	4.5	O、Si、Fe、Mg、S、Cr、Ni 等
	地核	3471	0.175	1.876	10.7	Fe、Ni 等

（一）地球的外部圈层

1. 大气圈

大气圈是环绕地球表面的空气层，其厚度在上千甚至上万公里以上。在远离地表 1.6 万 km 的高空，还存着大气的痕迹。大气的质量为 5.7×10^{15}t，主要物质成分为氮（占大于 78.09%）、氧（占 20.95%），其次是氩、二氧化碳、氖、氦、氪、氢、氙、臭氧、水蒸气和尘埃等。大气层从下而上可分为对流层、平流层、中间层、热层和大气外层。大气质量的 3/4 和几乎全部水蒸气都集中在靠近地表面 8～17km 的对流层，因此这里是产生风、云、雨、雪、阴晴等气候现象的场所，与人类关系极为密切。对流层的大气变化有一个基本规律，即空气的密度和温度均随着高度的增加而逐渐降低。上层空气对下层空气有着压迫力，这就是大气压，海平面的大气压力约为 0.1MPa；一般高度平均每升高 100m，温度就下降 0.65℃。

在距地面 20～30km 的高空，为臭氧（O_3）分子相对密集的臭氧层，它保护地球生物不受太阳高温直接照射和强紫外线辐射。科学家观测到，自 1977 年以来，冬春季南北极上空的臭氧逐年减少，特别是南极上空 50%以上的臭氧层已经消失，形成臭氧空洞，严重威胁着地球上的生物和人类的安全。

大气圈对地球而言具有重要的意义，它不仅维系着地球上所有的生命，而且对地壳岩石和地形地貌的形成与变化有着极大的影响。

2. 水圈

水圈是包围地面及其附近的一个连续水层。它包括地表水、地下水、大气水和生物水。组成水圈的主要化学成分有氢、氧，其次为氯、钠、镁、二氧化碳等。地球上的水量是极其丰富的，总储水量约为 13.86 亿 km^3，其中海水占 96.54%，冰川占 1.74%，地下水占 1.69%，江河湖水约占 0.029%，大气水约占 0.01%，生物水占 0.01%。地表水、地下水和大气水在太阳辐射热的影响下，不断地进行着水循环，并转变为强大的动能，成为改变地表面貌和地壳岩石的重要因素。

水圈的存在，对生命的起源和生物界的演化、发展曾起过十分重要的作用。水是生命之源。对人类而言，只有能够直接使用，并且可以逐年更新恢复的淡水才称得上是水资源。地球表面虽有近 3/4 的面积被水覆盖着，但其中绝大部分是含盐量高达 3.5%的海水，其次是还不可能取用的南北极冰川水。地球上的水，只有约 1%可供人类使用。20 世纪末，全球性的淡水资源日益严重短缺，联合国大会已决定从1993年开始，把每年的3月22日定为“世界水日”。

3. 生物圈

生物圈是地球上的生物及其分布和活动的范围。在大气圈的下层和水圈的大部分中，以及地表面和地壳表层的土壤与岩石里，都有生命物质的存在，生物圈厚达30km，其质量约等于大气圈的1/300，水圈的1/7000，地壳的1/10万。目前地球上有60亿人，现存的物种为1000万种，已知（正式命名）的动物有150多万种、植物50多万种和大量的微生物，生物富集的化学元素主要是H、O、C、N、Ca、K、Si、Mg、P、S、Al等。生物的活动是改造大自然的一个积极因素，地表风化的岩石就是经过生物作用才形成原始土壤的。

生物之间、生物与周围环境之间相互依存、相互影响，共同组成一个不可分割的整体——地球生态系统。人类是这个系统中最能动的，也是最具破坏力的因素。历史发展到20世纪，人类活动已经开始对地球系统中的一些过程产生不可忽视的影响。特别是近50年来，人类对自然生态环境和资源的破坏，有时已经达到可以威胁人类自身生存的严重程度，如资源短缺、土地退化、地面裂缝塌陷、植被减少、水土流失、酸雨、气候变暖、海平面上升、泉水干涸、河道断流、环境污染、生物种类灭绝、灾害频繁、生态失衡等。人类活动引起全球性或区域性的环境破坏，是当今地球面貌的新特征。如何协调人与自然的关系成为20世纪地球科学研究的一个重要方面，也将是21世纪地球科学发展的主要目标。

（二）地球的内部圈层

人们对地球的认识，最早是从地面以下的固体地球开始的。它是一个巨大的实心球体，其表面积为51000万km^2，体积为10832亿km^3，质量为5.973×10^{21}t，平均密度为$5.515g/cm^3$。赤道半径为6378.139km，极半径为6356.755km，平均半径为6371.2km。

研究地球内部的构造及其物质状态，主要是采用地震学的方法。根据地震波在地球内部不同深度和不同物质中传播速度的差异，科学家推断在其内部有两个物质分异最明显的界面，即莫霍面（1909年南斯拉夫的莫霍洛维奇测定了此面）和古登堡面（1913年美国的古登堡测定了此面），这两个面将固体地球内部分为地壳、地幔和地核三个圈层（图1-2）。

1. 地壳

地壳位于莫霍面以上，是由岩石组成的固体地球的外壳，平均厚度为16km。地表面处于常温常压状态，到地壳底部温度增高到1000℃左右，压力增至约1GPa。目前在地球上发现最古老岩石的年龄为40亿～43亿年，证明今天的地壳至少是在40亿年前就形成了。自那以后，地球只是在有了地壳、陆地、海洋、大气、生物的基础上向前发展的。

（1）地壳的厚度和结构　全球地壳的厚度和结构很不均匀（图1-3）。大陆地壳较厚，平均为33km，其中平原和沿海地区为20～30多km，高原和山区为40～60km。我国大陆地区的地壳厚度的变化也很大，如北京为46km，广州为31km，南京为32km，兰州为53km，世界屋脊——青藏高原厚达72km。大陆地壳具有双层结构，上层为硅铝层（又称花岗岩层），主要成分为硅（占73%）、铝（占13%），平均密度为$2.7g/cm^3$。下层为硅镁层（又称玄武岩层），主要成分除含60%以上的硅铝氧化物外，还含有较多的铁镁氧化物（占16%），平均密度为$2.9g/cm^3$。海洋地壳不仅为单层结构（缺失硅铝层），而且很薄，平均厚度只有6km，在南美洲圭亚那离海岸约1600m的大西洋中，地壳厚度仅

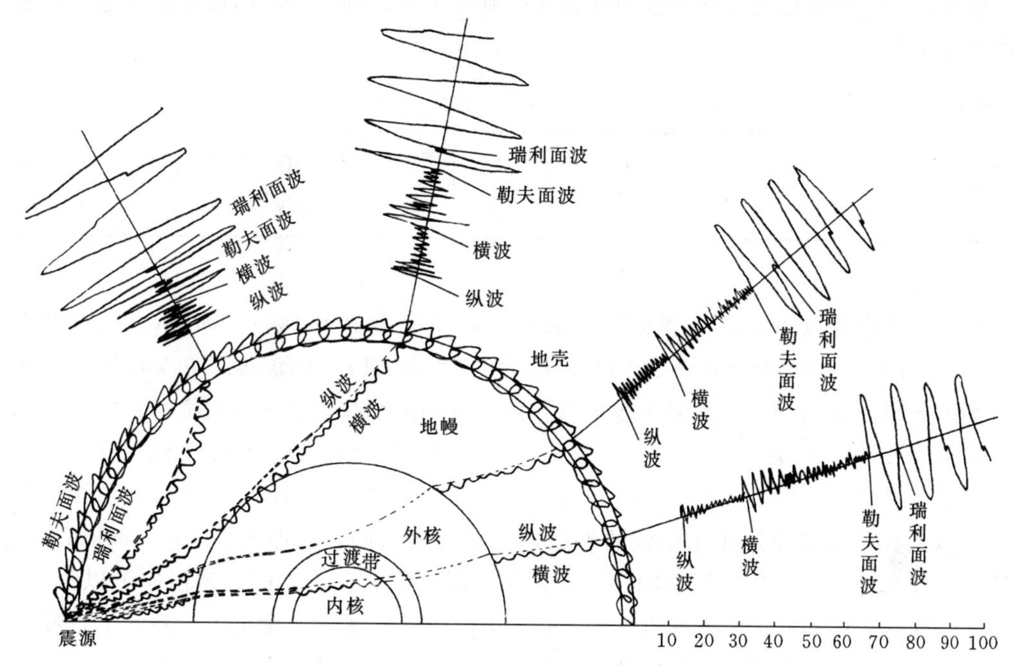

图 1-2 地震波探测的固体地球内部圈层构造示意图

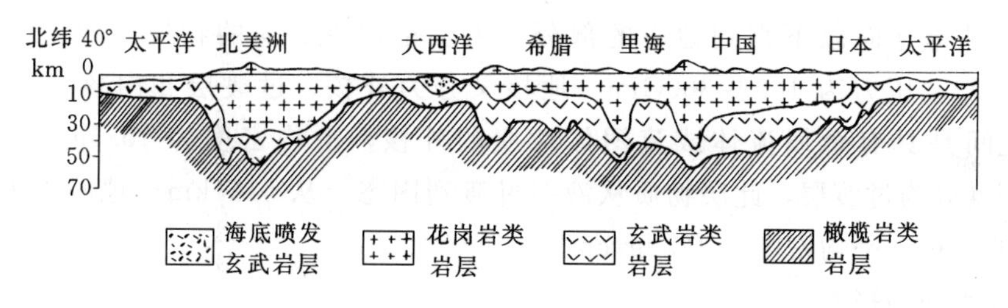

图 1-3 地壳结构剖面图

1.6km，是全球地壳最薄的地方。

地壳厚度的差异和硅铝层的不连续分布状态，形成地壳构造的主要特点。由于地壳物质在水平和垂直方向上的不均匀性，势必导致地壳经常进行物质的重新分配调整，这是引起地壳运动的因素之一。

（2）地壳的物质组成　组成地壳的基本物质是各种化学元素。目前在地壳中已发现 90 多种元素，其中以 O、Si、Al、Fe、Ca、Na、K、Mg、H 等 9 种元素为主，它们约占地壳总质量的 98%以上，但分布极不均匀。许多重要的有用金属元素，在地壳中含量甚微，如金的含量只占 $5\times10^{-7}\%$，铜只占 0.01%，但是在地质作用下，它们不断迁移，并在一定地段富集起来，形成有开采价值的矿产。各种元素在地壳中的平均含量（重量百分比）称为克拉克值（1889 年由美国地球化学家克拉克提出，见表 1-2）。

地壳中的化学元素往往聚集起来，以各种化合物或单质产出，形成矿物。目前人类已发现的矿物约有 3000 多种。各种矿物绝大多数并非孤立存在，而是在一定的环境条件下，按照一定规律组合成岩石。岩石的生成有先有后，不同地质历史时期形成的岩石又构成地层。因此，岩石和地层是直接构成地壳物质的基本单位，同时，它们也是记录地壳发展历史的“书页”。

表 1-2　　　　地壳中主要化学元素平均含量（克拉克值）

元　素	氧(O)	硅(Si)	铝(Al)	铁(Fe)	钙(Ca)	钠(Na)	钾(K)	镁(Mg)	氢(H)	其他
重量(%)	49.52	25.75	7.51	4.70	3.29	2.64	2.40	1.94	0.88	1.37

2. 地幔

地幔指莫霍面以下到古登堡面以上的圈层，深度为地下 16～2900km。此层密度为 3.3～5.6g/cm^3，温度为 1000～3000℃，压力约为 140GPa。以深度 1000km 为界，地幔可分为上地幔和下地幔。上地幔主要由富含铁、镁的硅酸盐物质（即橄榄岩）组成。推测在上地幔深约 50～250km 范围内有一软流层，为容易发生蠕动变形的“软”物质。一般认为这里可能是岩浆的发源地，同时也是地壳运动的主要动力来源。上地幔软流圈以上的岩石和地壳共同组成固体地球坚硬的外层，又称为岩石圈，其厚度约 70～100km。大多数地壳运动和地震都产生于岩石圈。深孔钻探资料表明，在岩石圈内地温向下以每 100m 增加 3℃的速率升高，靠近热源的地方（如活火山中心）递增速度更大一些。下地幔主要由金属硫化物和氧化物组成，铬、铁、镍等成分有显著的增加。

3. 地核

地核指古登堡面以下直到地心的部分，主要是由铁、镍的物质组成。此层温度为 3000～5000℃，压力为 140～360GPa。地核又分为外核、过渡层和内核。深度 2900～4642km 之间是具有金属流体或流塑体性质的外核，平均密度为 10.5g/cm^3；4642～5121km 深度处为过渡层，此层物质从液态过渡到固态；从 5121km～地心，为具有固态金属性质的内核，平均密度为 12.9g/cm^3。

二、地表面的形态

固体地球表面的形态是多种多样的，地势高低起伏，相差悬殊，大致可划分为陆地和海洋两部分。其中海洋面积占 70.7%，陆地面积占 29.3%，海陆面积之比为 2.5∶1，这说明大约 3/4 的地壳表面为海洋所覆盖。陆地多集中于北半球，平均海拔高度为 860m，最高点为我国的珠穆朗玛峰（高程 8848.13m）；海洋多集中于南半球，平均深度约为 3700m，最深处为太平洋西北部的马里亚纳海沟（高程－11033m）。

地壳上的陆地并不是一个整体，而是被海水分割为许多巨大的陆地和较小的陆块，前者叫大陆或大洲，后者叫岛屿。陆地表面形态，按其高程和起伏情况，可分为山地、高原、丘陵、盆地和平原等地貌形态（表 1-3）。

表 1-3　　　　常见陆地地貌形态分类表

地貌形态名称	山　地			高原	丘陵	平　原	
	高山	中山	低山			高平原	低平原
绝对高度（m）	>3500	1000～3500	500～1000	>600	<500	>200	<200
相对高度（m）	200～>1000	200～>1000	200～1000	>200	<200	表面平坦，起伏差小	

1. 山地

地形起伏很大，绝对高度大于500m的高地，称为山地。平行排列、延伸很长的山岭，称为山脉。山地由山顶、山坡和山脚等形态要素组成。山地按地貌形态，可进一步划分为高山、中山和低山。在野外工作中，有时可能遇到一些过渡类型的地貌形态，根据它们的特征，可以定名为高中山、中低山或低山丘陵区。在山区修建工程时，应查明岩石的风化程度，以及滑坡、崩塌、危岩等不良的物理地质现象。当建筑物设置在沟槽地形内或沟口时，还要注意山洪、泥石流发生的可能性。

2. 高原

海拔较高，面积较大，顶面比较完整平坦的高地，称为高原。一般高原是新构造运动强烈上升的地区，海拔在600m以上，相对高度在200m以上。我国青藏高原、云贵高原和西北黄土高原的规模都十分壮观。在高原上修建工程时，要注意周围的冲沟侵蚀和边坡稳定问题。

3. 丘陵

绝对高度小于500m，相对高差不大（常小于200m），外貌成低矮而平缓的起伏地形，称为丘陵。它多由山地或高原经过长期外力剥蚀、侵蚀作用而形成。丘陵地区基岩一般埋藏较浅，顶部浑圆，坡度平缓，分布零乱，无明显的延伸规律。如我国西北的黄土丘陵和东南沿海一带的花岗岩丘陵。在丘陵地区修建工程时，土石方工程量一般均较大，挖方地段岩石裸露，承载力高；填方地段原来就是谷底，地势低洼，土的含水量大，有时夹有淤泥，承载力低；填土也不均匀。因此，在这种软硬不均的地基上建筑时，要特别注意不均匀沉陷问题，挖方地段应注意边坡的稳定性，以及严重的水土流失对工程的危害和影响。

4. 盆地

周围被山岭或高地环峙，中间地势低平，外形似盆的地形，称为盆地。盆地的规模大小不一，海拔高度和相对高度变化也较大，如我国四川盆地的中部高程为500m，而青海柴达木盆地的平均高程可达2700m。盆地按其成因可分为构造盆地和侵蚀盆地两种。构造盆地多由断陷而成，这里是地下水汇集的场所，蕴藏有丰富的地下水资源；侵蚀盆地多由流水或风力侵蚀而成。一般河谷盆地的开阔地段往往是修建水库的理想库区。在盆地修建工程时，盆地边缘堆积物颗粒粗大，承载力较高；而到盆地中心，颗粒逐渐变细，地表水排泄不畅，地下水位浅，有时形成大片沼泽地或盐碱地，故地基承载力较低，同时存在基坑涌水问题，施工很困难。

5. 平原

地势低平，高差很小的宽广平展地带，称为平原。平原按海拔高度分为高平原和低平原两种。高平原是指地形切割微弱，海拔高度200～600m的平地，如我国河套平原、成都平原等。低平原是指地势平缓，海拔高度为0～200m的沿海平原，如我国华北平原、长江中下游平原等。地表高程在海平面以下的平原，称为洼地。在平原上建筑时，要注意防洪和排涝问题。

此外，地表面被海水所覆盖着的大洋底部也是起伏不平的，海底的山岭称为海岭，海底长条形的洼地称为海沟，但海洋地形的半数为表面平坦的大洋盆地和深海平原。

地球上的地形格局，早在距今7000万年前就基本上奠定了基础，一系列大型山脉、盆地也已具备了皱形；到了距今200万～300万年，现代的海陆分布情况和山川形势已经形成。

地表面不同成因的地形形态，称为地貌。地貌学是研究地表形态及其形成规律的科学。地貌与地形不同，地形仅指地貌形态，而没有包括地貌成因。地貌形成的物质基础是岩石和地质构造，地貌形成的动力是各种地质作用。

三、地质作用

地壳自形成以来，一直是处于不断运动、变化和发展之中，地震、火山喷发、山崩、河流改道等自然现象，都是地壳演变的证据。只不过有些是短暂而迅速的突变，进行得十分迅速；有些是长期缓慢的渐变，往往不易被人们觉察，但年深日久，它们却远比那些短暂的剧烈的地质变化产生更为巨大的后果。如通过历史研究和近代观测表明，形成1m厚的黄土需要1万年左右的时间，我国西北兰州附近的黄土厚达200多m，可推知其形成已有200多万年的历史了。

由自然动力而引起地壳组成物质、地壳构造和地表形态等不断地形成和变化的作用，称为地质作用。由地质作用产生的各种现象，称为地质现象，如滑坡、崩塌、泥石流、喀斯特（岩溶）、移动沙丘、地震等。它们对工程建筑常造成危害，统称为不良地质现象。地质现象是地质作用的写实。地质作用按其动力的能源不同，可分为内力地质作用和外力地质作用。内力地质作用是由地球自转产生的旋转能和放射性元素衰变产生的热能所引起的，它主要表现为地壳运动、岩浆活动、变质作用和地震等，作用的结果是形成原始的地形和岩浆岩、变质岩以及各种地质构造，加剧了地形的起伏。外力地质作用是由太阳的辐射能和重力能所引起的，它主要表现为风化作用、剥蚀作用、搬运作用、沉积作用和硬结成岩作用等，作用的结果是削高填低，夷平地形，并形成沉积岩。

由此可见，内外力地质作用在促使地壳演变的过程中，是独立的又是相互依存的，是对立的又是统一的，它们既有破坏性的一面，又有建设性的一面，两者是紧密联系的，而且也是同时进行的。地壳的变化和地表形态的改变，正是内外力地质作用长期反复作用的结果。

四、地层和地质年代

地球发展和演变的历史，简称地史。地球从形成到现在所具有的实际年龄，称为地质年代。地球的演变历史比人类发展史要长得多，而且测算地球年龄十分困难，那么，根据什么来恢复地球的历史呢？其实，地球本身就曾记录了自己的历史。组成地壳的地层岩石，以及其中所含的化石和放射性元素就是记录地球历史的“书页”和“时钟”。

（一）地层和地质年代的确定

所谓的地层，是指地质历史时期中形成的各种成层或非成层的岩石总称，它具有时代和岩性的双重含义。而化石，则是地层岩石中保留下来的古代生物的遗体和遗迹。同一地质时期，在一定自然地理环境和地质条件下形成的地层，一般都有相同的岩性特征（包括岩石的颜色、成分、结构和构造等），并含有同样的特定化石，称为标准化石。每一地质时期都会在岩石中留下不同的化石，如5亿～6亿年前寒武纪的三叶虫、2.8亿～3.5亿年前石炭纪的鳞木等（图1-4）。只要找到这些特定时期的化石，就可以推断出地层的年代。同时，根据在未受变动的水平地层中“老地层居下、新地层居上”的生成顺序，也可以确定地层的年代。上述利用化石和地层层序确定的地层年代是相对年代，即地层形成的新老关系和生成顺序。地层的绝对年龄是通过岩石中的放射性元素衰变来确定的。放射性元素衰变速度稳定而有规律，如^{235}U经过16次衰变历时7.1亿年，有一半衰变为$^{207}P_b$同位素；一千克^{235}U一年衰变出7.1亿千克分之一的$^{207}P_b$。只要测出岩石中所含放射性元素和同位素的数量，就可以推算出放射性衰变已经进行了多少年，这就是所测岩石的年龄。

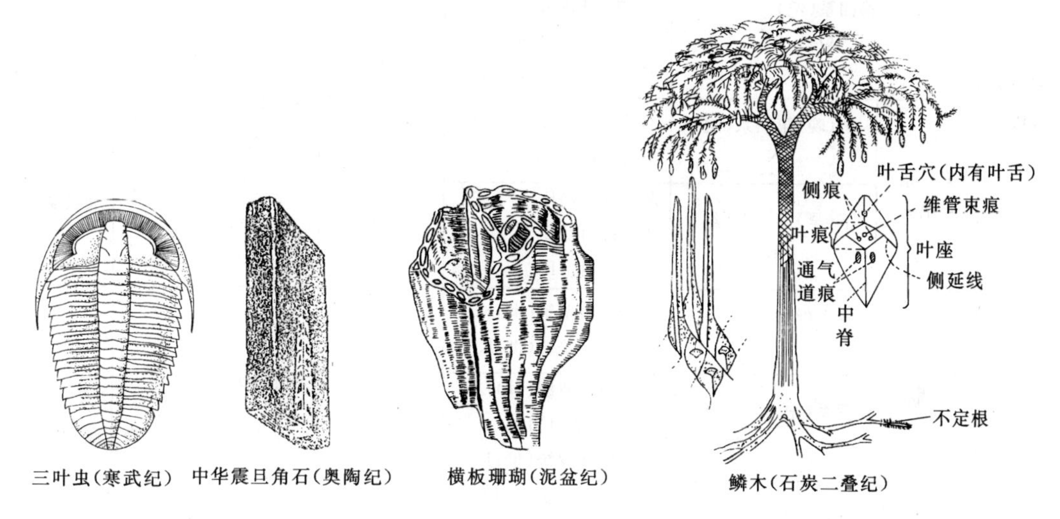

图 1-4 地层中的几种典型化石

用放射性同位素方法测定发现，世界各大陆都有30亿年以上的古老岩石，最老的已达40亿～43亿年。可见地球年龄应在40亿年以上。用同样的方法测定了天体物质年龄，如宇宙为150亿年，银河系约100亿年，太阳50亿年，月亮46亿年。比较以上各方面的测算和推算结果，采用46亿年作为地球的地质年龄是比较合适的，并已被广泛采用。

（二）地层和地质年代的划分

在地球发展的漫长历史过程中，地球曾经发生过许多次重大的构造运动，地理地质环境和生物种群也经历了多次变迁。根据上述变化可以将地质年代划分为若干个地质时期，这些地球发展阶段自然分期的时间段落，称为地质时代。划分后的地质时代国际上统用代、纪、世等单位表示。整个地球历史划分为五个代，即太古代、元古代、古生代、中生代和新生代。每个代内又分为若干个纪，纪内分世。按地质时代早晚顺序，把地质年代进行编年，便建立起目前国际上通用的地质年代表（表1-4）。

从地质年代表可以看出，几个大的地质时代的划分是与生物的演化阶段相吻合的，在两个较大的地质时代分界处往往都有强烈的地壳运动，上下两个时代的古地理环境变化也很明显。

同地质年代划分相对应，地层也按照生成新老顺序划分为界、系、统等单位，不同级别的地层单位所代表的时代，便是地质时代单位。如我国华北地区在古生代石炭纪和二叠纪形成的一套煤系地层，应称为古生界石炭系和二叠系。

人类的工程活动常在地壳的表层进行，这里各种内外力地质作用最为活跃，地貌形态千差万别，地层岩石种类繁多，它们对水利工程建筑都有很大的影响。如组成地壳的岩石，是地上建筑物的地基、地下建筑物本身的结构以及常用的天然建筑材料。由于形成条件、矿

表 1-4　　　　地层与地质年代表

地层与地质时代				距今年龄（百万年）	地壳运动	生物界	
界(代)	系(纪)		统(世)			植物	动物
新生界(代) K_Z	第四系(纪) Q		全新统(世)Q_4	0.01	喜马拉雅运动	被子植物	人类
			上(晚)更新统(世)Q_3	0.1			
			中更新统(世)Q_2	1			
			下(早)更新统(世)Q_1	2～3			
	第三系(纪)	上(晚)第三系(纪) N	上新统(世)N_2				哺乳动物
			中新统(世)N_1	25			
		下(早)第三系(纪) E	渐新统(世)E_3	40			
			始新统(世)E_2	60			
			古新统(世)E_1	80			
中生界(代) M_z	白垩系(纪) K		上(晚)白垩统(世)K_2		燕山运动	裸子植物	爬行动物
			下(早)白垩统(世)K_1	140			
	侏罗系(纪) J		上(晚)侏罗统(世)J_3				
			中侏罗统(世)J_2				
			下(早)侏罗统(世)J_1	195			
	三叠系(纪) T		上(晚)三叠统(世)T_3		印支运动		
			中三叠统(世)T_2				
			下(早)三叠统(世)T_1	230			
古生界(代) P_z	上古生界	二叠系(纪) P	上(晚)二叠统(世)P_2		海西运动	蕨类植物	两栖类动物
			下(早)二叠统(世)P_1	280			
		石炭系(纪) C	上(晚)石炭统(世)C_3				
			中石炭统(世)C_2				
			下(早)石炭统(世)C_1	350			
		泥盆系(纪) D	上(晚)泥盆统(世)D_3				鱼类
			中泥盆统(世)D_2				
			下(早)泥盆统(世)D_1	410			
	下古生界	志留系(纪) S	上(晚)志留统(世)S_3			孢子植物	
			中志留统(世)S_2				
			下(早)志留统(世)S_1	440			
		奥陶系(纪) O	上(晚)奥陶统(世)O_3		加里东运动	高级藻类	海生无脊椎动物
			中奥陶统(世)O_2				
			下(早)奥陶统(世)O_1	500			
		寒武系(纪) ∈	上(晚)寒武统(世)$∈_3$				
			中寒武统(世)$∈_2$				
			下(早)寒武统(世)$∈_1$	600			
元古界(代) P_t	上元古界	震旦系(纪)Z		800	吕梁运动	真核生物（绿藻）	
	下元古界			2500			
太古界(代)A_r				4000	五台运动	原核生物(菌藻类)	
				4600		无生物	

物组成、结构和构造等因素的差异，以及岩石形成以后受各种地质作用的影响，因而具有不同的物理力学性质，直接关系到建筑物地基的稳定性和石料质量的好坏。因此，在水利工程建设中必须对组成地壳的主要矿物和岩石进行研究，并了解它们的工程地质性质。

第二节 造 岩 矿 物

地壳中的化学元素，少数是以自然均质体（单质）的形式存在，如金刚石（C）、金（Au）等，绝大多数是以两种或多种元素组成的化合物的形式出现，如石盐（NaCl）、石膏（$CaSO_4 \cdot 2H_2O$）、石英（SiO_2）等。这些具有一定物理性质和化学成分的自然元素或化合物，称为矿物。组成岩石的矿物有30多种，最常见的矿物有10多种，如石英、正长石、斜长石、白云母、黑云母、角闪石、辉石、橄榄石、方解石、白云石、高岭石、绿泥石等，它们占岩石中所有矿物的90%以上，这些组成岩石的主要成分并对岩石性质起决定性影响的矿物，称为造岩矿物。造岩矿物有的是在岩浆冷凝过程中结晶形成的，称为原生矿物；有的是在外力作用下形成的，称为次生矿物；有的是在变质作用下形成的，称为变质矿物。

造岩矿物大部分都是结晶体，它内部的质点（原子、离子或分子）按照一定方式有规律地排列起来，形成具有一定格子构造和规则几何多面体形状的固态物质，称为结晶质矿物。例如石盐的晶体结构（图1-5）。绝大多数岩石是由结晶矿物组成的，如花岗岩是由石英、长石、云母等矿物组成。但是自然界也有极少数的岩石是由非晶质（即玻璃质和胶体质）矿物组成的，它们内部的质点呈不规则排列，不具有规则的几何外形，如火山玻璃质矿物和胶体质矿物蛋白石（$SiO_2 \cdot nH_2O$）等。

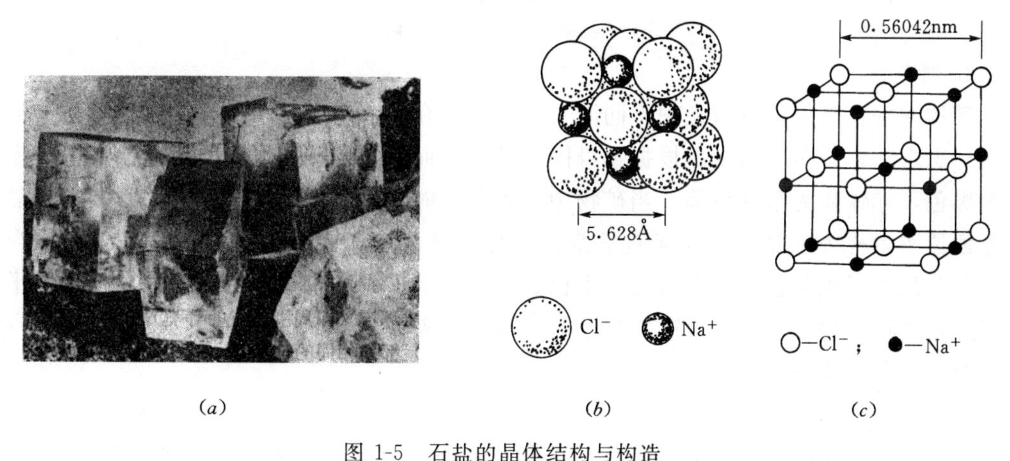

图1-5 石盐的晶体结构与构造

（*a*）石盐的晶体；（*b*）石盐的晶体结构；（*c*）石盐晶体的格子状构造

不同的矿物，由于其组成的化学成分、内部的构造和形成的环境不同，因而就各自具有特定的形态和物理化学性质，这些特征是我们肉眼鉴定矿物的重要依据。

一、造岩矿物的物理性质

1. 矿物的形态

矿物的形态是指单个晶体的外形和晶体集合体的外形。矿物单个晶体的形态，根据晶体在三维空间生长的程度，可分为下列几种：

1）柱状、针状、纤维状，如角闪石、正长石、石膏等；

2）片状、板状，如云母、斜长石等；

3）多面体形状，如石盐、方解石等。

矿物形成时受到生成环境和许多因素的影响，生长较好的单个完整晶体是很少见的，常见到的多是各种不规则形态的集合体，即同种矿物聚集在一起形成的各种形态。如粒状（橄榄石）、土状（高岭石）、鳞片状（绿泥石）、致密块状（磁铁矿）、晶簇状（石英）、鲕状（赤铁矿）等。常见造岩矿物的形态如图 1-6 所示。

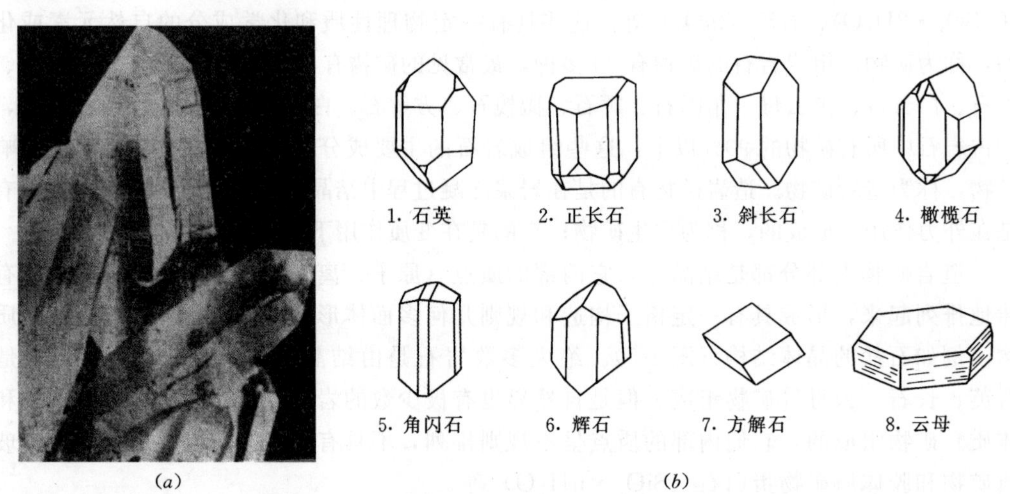

图 1-6　常见造岩矿物的形态

（a）石英晶簇；（b）单个晶体形态

2. 颜色

矿物的颜色是指吸收白光中不同波长的光线，在其表面呈现的颜色。颜色是矿物最明显的标志之一，许多矿物就是根据本身固有的颜色而命名的。如橄榄石为橄榄绿色，黑云母为黑色，赤铁矿为暗红色等。当矿物中混入杂质时，则呈现其他颜色。如石英，若晶体为无色透明者称为水晶，因含锰质呈紫色者称为紫水晶，因含有机质碳呈黑色者称为墨晶；若隐晶体呈黑灰色者称为燧石，由白、灰、红等不同颜色组成并具明显同心层或平行条带结构者称为玛瑙。在观察矿物颜色时，应在新鲜面上进行，因为矿物受到风化以后，往往要改变其原来的颜色。

3. 矿物的条痕

矿物的条痕是指矿物粉末的颜色，通常是矿物在较硬的无釉瓷板（条痕板或条痕棒）上刻划后留下的色痕。矿物的条痕色比矿物表面的颜色固定，它可以消除假色保持本色，因而是鉴别暗色矿物的重要标志。如黄铁矿、黄铜矿外表的颜色为浅铜黄色、金黄色，条痕却都是黑色（微带绿），而自然金的颜色和条痕都是金黄色。

4. 矿物的光泽

矿物表面反射光线呈现的色泽称为光泽。根据矿物表面反光程度的强弱不同可分为：金属光泽（如自然金表面光亮耀眼的色泽）、半金属光泽（如赤铁矿表面暗淡而不刺目的光泽）和非金属光泽。非金属光泽是一种不具有金属光亮的色泽，它可分为玻璃光泽（如方解石）、金刚光泽（如金刚石）、珍珠光泽（如云母）、丝绢光泽（如石膏）、油脂光泽（如石英）、土状光泽（如高岭石）等。常见造岩矿物多为非金属光泽。

5. 矿物的透明度

矿物的透明度是指光线透过矿物多少的程度。观察透明度通常以矿物边缘是否能透过光线为标准。根据矿物透过光线所表现出明暗程度的不同，可分为透明矿物（如不含杂质的水晶、冰洲石）、半透明矿物（如石膏）、不透明矿物（如磁铁矿）。

6. 矿物的硬度

矿物抵抗外力刻划或研磨的能力称为硬度。矿物的硬度与其化学成分和内部构造有关。不同的矿物具有不同的硬度，一般用两种不同矿物相互刻划来比较其相对硬度。1824年德国矿物学家费里德里克·摩斯（Friedrich Mohs）选取了10种不同种类的矿物作为标准，经过相互刻划确定了它们相对硬度的等级，分别定为1度到10度，这10种矿物及其所代表的硬度分级被称为摩氏硬度计（表1-5）。

表1-5　　摩氏硬度计

硬度分级	1	2	3	4	5	6	7	8	9	10
标准矿物	滑石	石膏	方解石	萤石	磷灰石	长石	石英	黄玉	刚玉	金刚石

在野外工作时，可利用指甲（硬度为2～2.5）、铜钥匙（3）、小钢刀或普通玻璃（5～5.5）等来测定矿物的硬度。据此，可以把矿物硬度粗略分成软（硬度小于指甲）、中（硬度大于指甲、小于小刀）、硬（硬度大于小刀）三等。

7. 矿物的解理与断口

矿物受外力打击后，沿一定方向规则裂开成光滑平面的性质叫解理，裂开的光滑平面称为解理面。解理与矿物晶体内部构造有关，解理发育的方向就是晶体内部质点间引力较小的方向。根据解理面方向的数目多少不同，可分为一组解理（如云母）、两组解理（如长石）、三组解理（如方解石）等。根据解理面发育的完善程度，可分为极完全解理（如云母极易裂成光滑的薄片）、完全解理（如方解石易裂成解理面相当光滑的小块）、中等解理（如角闪石的解理面不能一劈到底，不很光滑，常呈小阶梯状）、不完全解理（如磷灰石只有在细小的碎块上才能看到不清晰的解理面）、无解理（如石英）。无解理的矿物受到外力打击后，不是按一定方向裂开，而是不规则破裂，破裂面呈各种凹凸不平的形状，这种性质称为断口。

对具有解理的矿物来说，同种矿物的解理方向和解理程度总是相同的，性质很固定。因此，解理是鉴定矿物的重要特征之一。此外，解理的完善程度，是与断口发育程度相互消长的。解理完全者，常常无断口；断口发育者，常常无解理或不完全。断口的形态往往具有一定的特点，可以作为鉴别矿物的辅助特征。常见的断口形态有贝壳状（如石英）、参差状（如磷灰石）、锯齿状（如自然铜）和平坦状（如高岭石）等，如图1-7（*c*）为石英的贝壳状断口。

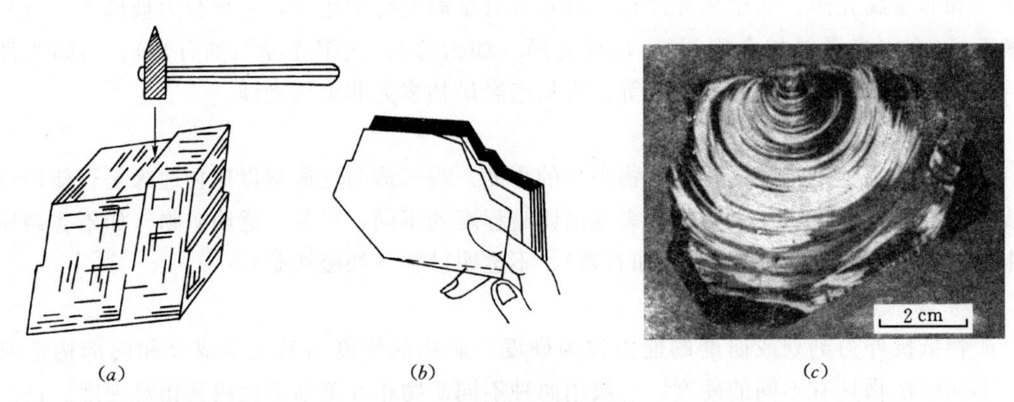

图 1-7　矿物的解理与断口

(*a*) 方解石的解理；(*b*) 云母的解理；(*c*) 石英的贝壳状断口

8. 矿物的其他性质

除上述矿物的基本特征外，还有一些矿物具有独特的性质，这些性质便成为鉴定它们的可靠依据。如磁铁矿具有磁性，云母具有弹性，绿泥石薄片具有挠性，方解石具有可溶性（滴盐酸剧烈起泡），滑石具有滑腻感，高岭石具有吸水性（粘舌），萤石具有发光性（加热后发出鲜明的蓝色萤光）等。

二、造岩矿物的肉眼鉴定法

矿物的形态和物理性质是多方面的，而且常是相当固定的。鉴定矿物时，通过充分利用自己的感官并反复实践，就可以逐渐掌握肉眼鉴定矿物的方法。肉眼鉴定法是利用各种感官（如肉眼等），并借助一些简单的工具（如小刀、铁锤、条痕板、磁铁、10 倍放大镜、10%的稀盐酸等），对矿物的形态和主要物理性质进行全面观察，然后定出矿物的名称。鉴定时，可对照表 1-6 所列的矿物特征，仔细看标本，多动手刻划，要善于比较各种矿物的异同点，找出每个矿物的特殊点。矿物鉴定步骤如下。

表 1-6　　　　主要造岩矿物鉴定特征表

序号	矿物名称及化学成分	形状	颜色	解理与断口	硬度	鉴定特征
1	石英 SiO_2	六方柱，块状	无色，乳白	无，贝壳状	7	无色，硬度很大，无解理，贝壳断口，油脂光泽
2	正长石 $KAlSi_3O_8$	柱状，薄板状	肉红，灰白	两向完全	6	肉红色，粗短柱状，两向正交解理
3	斜长石 $(Na,Ca)AlSi_3O_8$	板状，短柱状	灰白	两向完全	6	灰白色，板状，两向斜交解理
4	磷灰石 $Ca_5(PO_4)_3(F,Cl)$	针状六面柱体	白，绿	不完全	5	灰白色，呈多种集合体形态
5	白云石 $(Mg,Ca)CO_3$	菱面体，块体	灰白	三向完全	3.5～4	菱形块体，与 HCl 微反应

续表

序号	矿物名称及化学成分	形状	颜色	解理与断口	硬度	鉴定特征
6	方解石 $CaCO_3$	菱面体，块体	白，褐红	三向完全	3	菱形块体，与 HCl 剧烈反应
7	白云母 $KAl_2(OH)_2 \cdot AlSi_2O_{10}$	片状	无色，白	单向极完全	2.5～3	无色，白色薄片有弹性
8	石膏 $CaSO_4 \cdot 2H_2O$	板状，纤维状	无色，灰白	单向完全	1.5～2	板状或纤维状，一组完全解理
9	高岭石 $Al_4Si_4O_{10}(OH)_8$	鳞片状，土状	白，灰，黄	单向完全	1～3	性软，粘舌，有可塑性
10	蒙脱石 $Al_4Si_8O_{20}(OH)_4$	土状	白，浅红等	单向完全	1～2	性软，滑腻，吸水膨胀
11	伊利石 $KAl_5Si_7O_{20}(OH)_4$	鳞片状，土状	白，浅黄等	单向完全	1	性软，有可塑性
12	滑石 $Mg_3Si_4O_{10}(OH)_2$	块状，鳞片状	灰白，淡红	单向完全	1	浅灰色，有滑感，性软
13	燧石 SiO_2	结核状，块状	灰至黑色	无，贝壳状	7	深色，块状，硬度大，可以打火
14	橄榄石 $(Mg,Fe)_2SiO_4$	粒状集合体	橄榄绿	无，贝壳状	6.5～7	橄榄绿色，粒状集合体
15	辉石 $(Ca,Na)(Mg,Fe,Al)[(Si,Al)_2O_6]$	短柱状，粒状	绿黑至黑色	两组完全	6	绿黑或黑色，短柱状
16	角闪石 $Ca_2Na(Mg,Fe'')_4$ $(Al,Fe''')[(Si_3Al)_4O_{11}]_2(OH)_2$	长柱状	深绿至黑色	两组完全	6	绿黑色，长柱状
17	蛇纹石 $Mg_6Si_4O_{10}(OH)_8$	块状，纤维状	黄绿至暗绿	无，贝壳状	3～3.5	黄绿，深绿，有斑状色纹似蛇皮
18	黑云母 $K(Mg,Fe)_3AlSi_3O_{10}(OH)_2$	片状	黑，棕黑	单向极完全	2.5～3	深色，薄片有弹性，一组极完全解理
19	绿泥石 $(Mg,Fe)_5Al(AlSi_3O_{10})(OH)_8$	鳞片状集合体	深绿	单向完全	2～2.5	深绿，鳞片状集合体，薄片有挠性
20	黄铁矿 FeS_2	立方体	浅铜黄	无，贝壳状	6～6.5	浅黄色，黑色条痕
21	赤铁矿 Fe_2O_3	块状，鲕状	红褐，铁黑	无，土状	5.5～6	红褐至铁黑色，条痕缨红色
22	磁铁矿 Fe_3O_4	致密块状	铁黑	无	5.5～6	铁黑色，条痕黑色，有磁性
23	褐铁矿 $Fe_2O_3 \cdot nH_2O$	土块状，结核状	黄褐，黑褐	无	4～5.5	黄褐至铁黑色，条痕为黄褐色
24	黄铜矿 $CuFeS_2$	致密块状	金黄色	无	3～4	金黄色，黑色条痕，中等硬度

1. 观察矿物的颜色

拿到矿物标本后，应首先找出矿物的新鲜面，观察其颜色，确定矿物是浅色的（如无色、白色、黄色、肉红色、灰色等），还是深色的（如褐色、深灰、深绿、灰黑、黑色等）。一般以硅、钙、铝成分为主的矿物是浅色的，以铁、镁成分为主的矿物是深色的。对深色矿物还要通过条痕来鉴定其本色。矿物颜色一般常用标准色谱（红、橙、黄、绿、青、蓝、紫）来描述，有时为了区别同种颜色，可加上深浅、浓淡等形容词，如深红、浅绿、淡黄等。如果矿物不只是一种颜色时，可用双重的颜色表示，如黄绿、褐黄等，其中后者为主要颜色。

2. 鉴定矿物的硬度

矿物的硬度可分为软、中、硬三等。在颜色相同的矿物中，硬度相同或相近的矿物一般只有2～3种。通过看颜色、定硬度，可逐步缩小被鉴定矿物的范围。测定矿物硬度时，必须在矿物单体及其新鲜面上进行刻划。同时，要注意区别刻痕和粉痕，即以硬刻软，留下刻痕；以软刻硬，留下粉痕，手一擦痕迹就消失了。对于粒状、纤维状矿物，不宜直接刻划，应将矿物捣碎，在已知硬度的矿物面上摩擦，视其有否擦痕来比较硬度的大小。

3. 进一步观察矿物的形态和其他物理性质，最后确定矿物的名称

应当指出，自然界许多矿物有相似之处。所以在鉴定时，应尽量找出每种矿物独特的特征，即鉴定特征，这是肉眼识别矿物的主要标志。如云母具有一组极完全解理，呈薄片状，富有弹性；方解石有三组完全解理，呈棱形块体，滴稀盐酸剧烈反应起泡；高岭石呈粉末状、土状集合体，性软，粘舌，具可塑性等。

三、主要造岩矿物的特征

(1) 石英　晶体呈六方柱双锥状，常见为粒状或块状集合体，有时可见到石英晶簇，晶面具玻璃光泽，断口为油脂光泽，呈贝壳状，无解理，硬度7。它是化学性质最稳定的矿物之一，不溶于水，抗风化能力和抗腐蚀性强。所以，岩石中含石英颗粒越多，岩性就越坚硬。

无色透明的石英叫水晶。石英还有许多隐晶质的变种，常见的有玉髓、玛瑙、燧石、蛋白石等，它们的化学成分都是SiO_2组成，但由于生成条件不同，所以物理性质各不相同。

(2) 长石　长石类矿物主要有正长石和斜长石，均为两组完全解理，晶体呈板状或短柱状，硬度6。但正长石两组解理面正交为90°，断口平坦呈阶梯状，颜色多为肉红色；斜长石两组解理面斜交为86.5°，颜色多为白或灰白色。

长石类矿物约占地壳总重量的50%，是分布最广的和第一重要的造岩矿物。各种长石均较易风化，风化后光泽变暗，硬度降低，完全风化后形成高岭石类和蒙脱石类粘土矿物。因此，在评价长石含量较多的岩石作为建筑地基时，长石的风化程度也是需要考虑的重要因素。

(3) 云母　常见的有白云母和黑云母等，均呈片状，具一组极完全解理，薄片有弹性，硬度2～3。白云母呈玻璃光泽，黑云母呈珍珠光泽。若白云母呈细小鳞片状，具丝绢光泽，则变种为绢云母。云母经水解风化作用后，会形成细小鳞片状的水云母（伊利石）类粘土矿物。

云母是重要的造岩矿物，分布广泛，在各类岩石中都可见到。白云母化学性质稳定，

不易风化；黑云母因含铁、镁质，在地表条件下极易风化分解（失去 Fe、Mg），颜色变浅，失去了弹性，而呈疏松状态，会降低岩石的力学强度。当岩石中含云母较多，且成定向排列时，则沿此方向易产生滑动，直接影响建筑物地基的稳定。

（4）角闪石　晶体为长柱状，在岩石中常呈分散小柱状，黑色、微带绿色，硬度 5～6。两组柱面解理完全，玻璃光泽，横断面多为近于菱形的六边形，在地表易风化分解。角闪石类矿物还有透闪石和阳起石。不含或少含 Fe 者为透闪石，颜色为白、浅灰、浅黄等，多为纤维状及放射状集合体。含 Fe 多者为阳起石，颜色为浅绿至深绿色，多为针状、柱状集合体。

（5）辉石　晶体为短柱状，在岩石中常呈分散粒状，绿黑至黑色，硬度 5～6，两组柱面解理完全，玻璃光泽，横断面多为近于方形的八边形，在地表易风化分解。有一种含 Fe 少的辉石称透辉石，浅灰、浅绿色，多呈纤维状集合体。

（6）橄榄石　晶体呈扁柱状，在岩石中呈分散粒状或粒状集合体，橄榄绿色，因含铁多少不同可由浅黄绿至深绿色，玻璃光泽，硬度 6.5～7，解理中等或不清楚，断口常为贝壳状，性脆。在地表条件下极易风化变成蛇纹石。

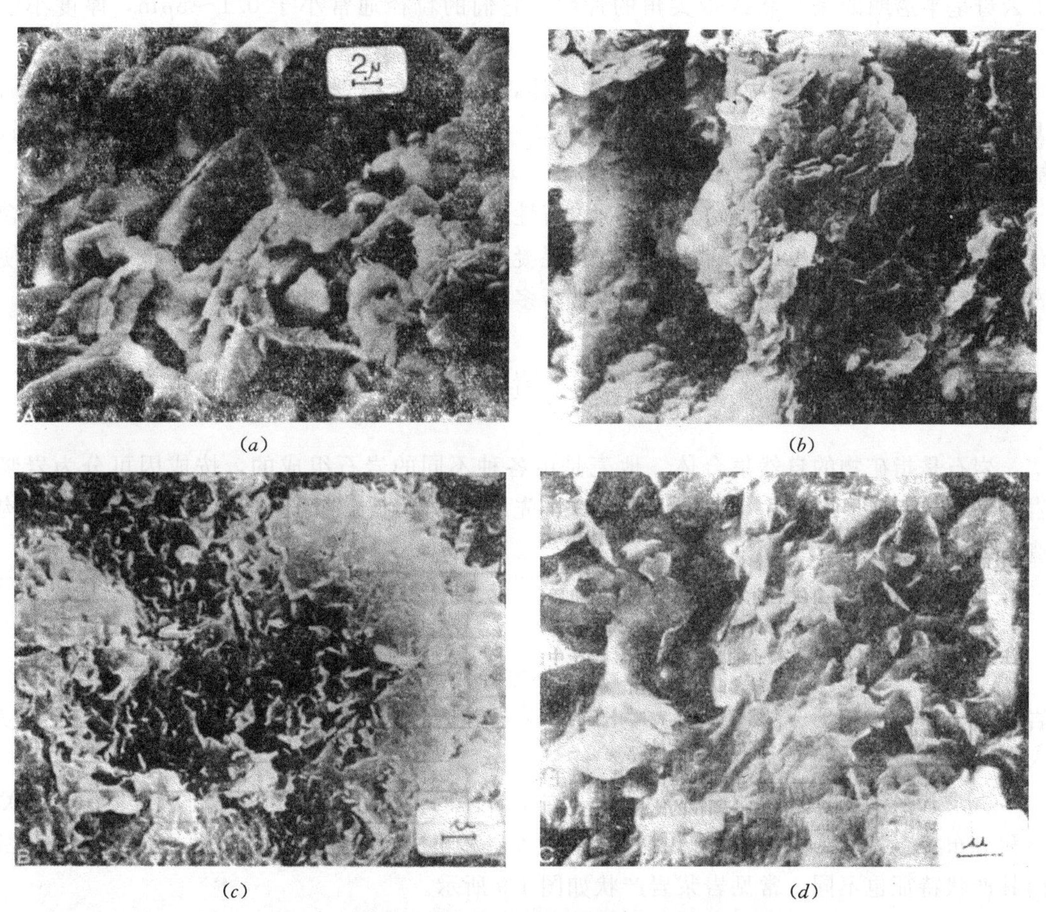

(*a*)　(*b*)　(*c*)　(*d*)

图 1-8　粘土矿物的电子显微镜照片（暗处为孔隙）

(*a*) 粗粒高岭石；(*b*) 中等大小颗粒的高岭石；(*c*) 蒙脱石（微晶高岭石）；(*d*) 伊利石（水云母）

(7) 方解石　晶形为棱面体，因锤击成菱形碎块而得名。三组解理完全，玻璃光泽，硬度为3。纯净无色透明者叫冰洲石，一般为乳白色，有时褐红色或深灰色。与稀盐酸作用剧烈起泡，化学反应式为：$CaCO_3+2HCl \rightarrow CaCl_2+H_2O+CO_2\uparrow$。

(8) 白云石　晶形为棱面体，晶面稍弯曲成马鞍状弧形，一般常见多为块状、粒状集合体，灰白、粉红等色，玻璃光泽，硬度3.5～4，其粉末与稀盐酸微微起泡。

(9) 粘土矿物　主要包括高岭石、蒙脱石（又称胶岭石，即微晶高岭石）、水云母（又称伊利石）等矿物。一般呈鳞片状或细粒土状集合体，白或浅灰、浅黄、浅红等色，土状光泽，硬度1。有吸水性（可粘舌），吸水后体积膨胀（尤其是蒙脱石有很大的吸附力，是组成膨润土的主要成分），和水有可塑性，湿润时有粘土味，干土块有滑腻感。由于粘土矿物具有强压缩性，易产生大量沉陷，而且吸水后体积膨胀，强度大大降低。因此，粘土质岩石的边坡或地基在荷载的作用下，会丧失稳定而导致破坏，应引起特别注意。

鉴定粘土矿物，单凭肉眼或用一般偏光显微镜观察是不行的，只有在电子显微镜下将其放大几万倍到几十万倍，才能看清每个粘土矿物晶体的颗粒。高岭石晶体呈很厚的不透明的假六边形或菱形片状、书页状；蒙脱石呈不厚的透明的外廓不明显的絮状或薄板状；水云母呈半透明的条板状或带尖角的片状。它们的粒径通常小于0.1～5μm，厚度小于0.01～0.5μm，如图1-8所示。

(10) 绿泥石　常呈片状、鳞片状集合体，单向完全解理，可裂成薄片，具有挠性而无弹性。浅绿至深绿色，珍珠光泽，硬度2～2.5。由绿泥石组成的岩石，其性质软弱，抗滑稳定性较差。

还有一些矿物在岩石中的分布，对岩石性质影响较大。如黄铁矿在地表易风化，在含有氧气的水作用下可生成硫酸，对岩石和混凝土有强腐蚀性；石膏易溶于水，溶解后会使岩石强度显著降低。因此，含黄铁矿或石膏多的岩石不宜作为建筑物地基和建筑材料。

第三节　岩　　石

岩石是指矿物的自然集合体。地壳是由各种不同的岩石组成的，按成因可分为岩浆岩、沉积岩和变质岩三大类。认识岩石，首先应该了解它的成因、产状、成分、结构和构造等属性特征。

一、岩浆岩

（一）岩浆岩的形成及产状

岩浆岩是由地下深处的岩浆侵入地壳或喷出地表冷凝而形成的岩石，亦称为火成岩。岩浆喷出地表冷凝形成的岩石称为喷出岩，岩浆侵入地壳冷凝形成的岩石称为侵入岩。侵入岩又按形成部位深浅，分为深成岩和浅成岩。

岩浆岩是以一定形态的岩体产出的。岩浆岩体的大小、形状及其与周围岩石的相互关系和分布特点，称为岩浆岩的产状。由于侵入岩和喷出岩形成时所处的地质环境不同，因而其产状特征也不同。常见岩浆岩产状如图1-9所示。

（二）岩浆岩的物质成分

岩浆岩的物质成分包括化学成分和矿物成分。组成岩浆岩的化学成分几乎包括了地壳中所有的元素，若以氧化物计，则以 SiO_2、Al_2O_3、FeO、CaO、MgO、NaO_2、K_2O、TiO_2 和 H_2O 等为主，其中 SiO_2 含量最大，占 59.14%。按 SiO_2 的含量，岩浆岩可分为超基性岩（SiO_2＜45%）、基性岩（45%～52%）、中性岩（52%～65%）、酸性岩（SiO_2＞65%）。

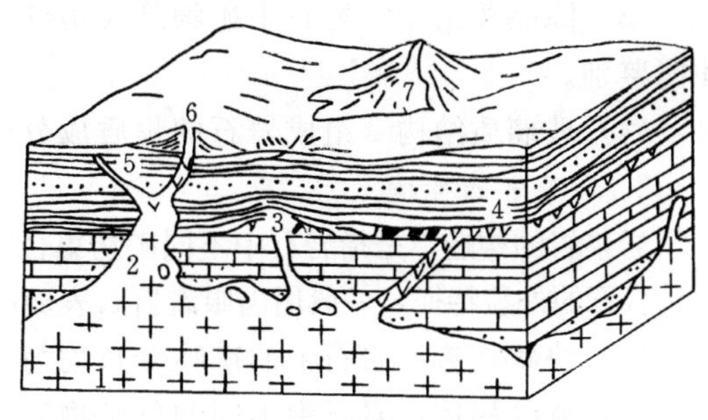

图 1-9　岩浆岩体产状示意图

1—岩基；2—岩株；3—岩盘；4—岩床；5—岩墙和岩脉；6—火山锥；7—熔岩流

组成岩浆岩的矿物成分，常见的有正长石、斜长石、石英、白云母、黑云母、角闪石、辉石、橄榄石等 8 种。前四种富含硅、铝，颜色浅，称为浅色矿物；后四种富含铁、镁，颜色深，称为深色矿物。岩浆岩中矿物的种类及相对含量，是岩石分类和命名的重要依据。如闪长岩、辉长岩，就是因其主要含有角闪石、辉石和斜长石而得名。

（三）岩浆岩的结构和构造

岩浆岩由于形成的环境不同，产生了各种不同的结构和构造。

1. 岩浆岩的结构

岩浆岩的结构，是指岩石中矿物的结晶程度、晶粒大小、晶体形态以及颗粒之间的结合关系。它反映的是岩石的内部组织，一般是在显微镜下用岩石薄片（厚 0.03mm）观察的，如图 1-10 所示。岩浆岩常见的结构有：

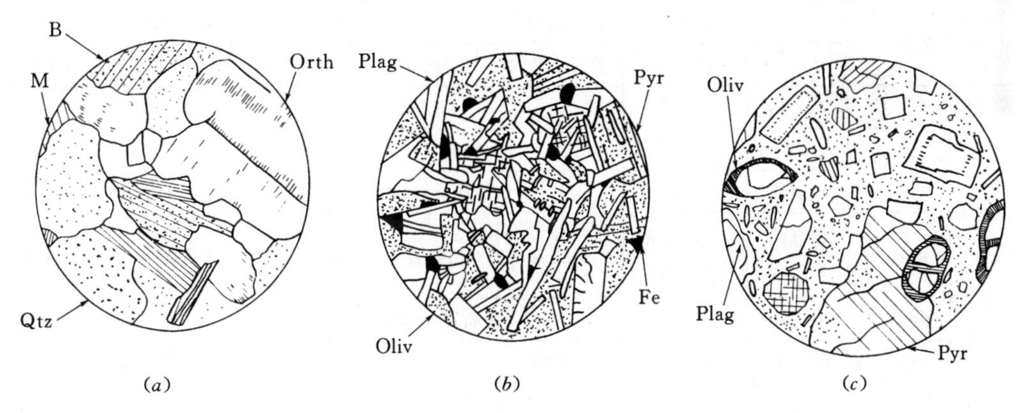

图 1-10　电子显微镜下所见的岩浆岩结构

（a）花岗岩；（b）辉绿岩；（c）玄武岩

M—白云母；B—黑云母；Orth—正长石；Qtz—石英；plag—斜长石；pyr—辉石；Oliv—橄榄石；Fe—铁矿物

（1）等粒结构　岩石中的矿物全部为肉眼能辨认的结晶质矿物，晶体颗粒大小相近。按粒径大小分为粗粒（＞5mm）、中粒（5～2mm）、细粒（＜2mm）三种。如花岗岩的等粒结构。

（2）斑状结构　岩石中矿物颗粒大小相差悬殊，一些较大的晶体被细小的物质所包围，较大的晶体叫斑晶，细小的物质叫基质。如玄武岩的斑状结构。

（3）隐晶质结构　岩石中矿物晶粒很细小，用肉眼和放大镜看不见，在偏光显微镜下才能鉴别。

（4）玻璃质结构　组成岩石的物质成分全未结晶，又称为非晶质结构。

2. 岩浆岩的构造

岩浆岩的构造，是指岩石中不同矿物集合体的排列和充填方式以及空间分布特点。它反映的是岩石的外貌特征，一般用肉眼看岩石表面就可观察到。常见岩浆岩的构造有以下几种：

（1）块状构造　岩石中的矿物分布均匀，排列没有一定方向。

（2）流纹构造　岩石中不同颜色矿物顺着熔岩流动方向作定向排列。

（3）气孔构造　岩石中分布着许多圆形、椭圆形或长管形的孔洞。

（4）杏仁构造　岩石中气孔被浅色的次生矿物如方解石、蛋白石等充填，形似杏仁而得名。

（四）岩浆岩的分类及鉴定

岩浆岩的分类，首先是以化学成分（SiO_2 含量）和矿物成分将岩石分为酸性岩、中性岩、基性岩和超基性岩等四大类，然后，对每一大类又进一步综合考虑岩石的成因、产状、结构、构造等因素，将其分为喷出岩、浅成岩、深成岩等各种不同的岩石（表 1-7）。

表 1-7　　岩浆岩的分类及肉眼鉴定表

<table>
<tr><td colspan="5">岩石类型</td><td>酸性岩</td><td colspan="2">中性岩</td><td>基性岩</td><td>超基性岩</td></tr>
<tr><td colspan="5">SiO_2 含量(%)</td><td>>65</td><td colspan="2">65～52</td><td>52～45</td><td><45</td></tr>
<tr><td colspan="5">颜色</td><td>肉红,灰白</td><td>灰红,肉红</td><td>灰,灰绿</td><td>黑,绿黑</td><td>黑,绿黑</td></tr>
<tr><td colspan="3" rowspan="2">矿物成分</td><td colspan="2">主要矿物</td><td>石英、正长石</td><td>正长石</td><td>角闪石、斜长石</td><td>辉石、斜长石</td><td>橄榄石、辉石</td></tr>
<tr><td colspan="2">次要矿物</td><td>黑云母、角闪石</td><td>角闪石、黑云母</td><td>辉石、黑云母</td><td>角闪石、橄榄石</td><td>角闪石</td></tr>
<tr><td colspan="2">成因</td><td>产状</td><td>结构</td><td>构造</td><td colspan="5">岩石名称</td></tr>
<tr><td colspan="2" rowspan="3">喷出岩</td><td rowspan="2">火山堆</td><td>火山碎屑</td><td>块状</td><td colspan="5">火山碎屑岩:火山凝灰岩、火山角砾岩、火山集块岩</td></tr>
<tr><td>玻璃质</td><td>气孔、块状</td><td colspan="5">火山玻璃质岩:浮岩、黑曜岩、松脂岩、珍珠岩、黑曜岩</td></tr>
<tr><td>熔岩流</td><td>隐晶质
斑状</td><td>流纹、气孔
杏仁、块状</td><td>流纹岩</td><td>粗面岩</td><td>安山岩</td><td>玄武岩</td><td>金伯利岩</td></tr>
<tr><td rowspan="3">侵入岩</td><td rowspan="2">浅成岩</td><td>岩脉、岩墙</td><td>伟晶、斑状</td><td>块状</td><td colspan="3">伟晶岩、细晶岩</td><td colspan="2">煌斑岩</td></tr>
<tr><td>岩床、岩盘</td><td>斑状、细粒</td><td>块状</td><td>花岗斑岩</td><td>正长斑岩</td><td>闪长玢岩</td><td>辉绿岩</td><td>苦橄玢岩</td></tr>
<tr><td>深成岩</td><td>岩株
岩基</td><td>中粗粒
似斑状</td><td>块状</td><td>花岗岩</td><td>正长岩</td><td>闪长岩</td><td>辉长岩</td><td>橄榄岩
辉岩</td></tr>
</table>

从表 1-7 可以看出，在同一纵行里的岩石，矿物成分相同，故属于一个岩类，只是由于产状、结构、构造的不同，因而有不同的名称，结构和构造是这类岩石命名的重要依据。在同一横行里的岩石，其产状、结构和构造相同，但矿物成分不同，因而属于不同的岩类，矿物成分是不同种类岩石命名的主要依据。理解了表 1-7 纵横坐标所代表的内容，在用肉眼简易鉴定岩石时，便可根据岩石的属性特征，在表上查对出岩石的名称。

（五）岩浆岩的工程地质特征

岩浆岩的工程地质特征主要与岩石成因有关。

（1）深成侵入岩　分布广，岩体大，结晶好，岩性均一，呈致密块状，力学强度高，抗水性强，可作为建筑物的良好地基和建筑材料。深成岩在地表环境条件下，抗风化能力差。因此，基坑开挖后应加快基础的浇筑或采取保护措施。

（2）浅成侵入岩　一般岩体规模小，颗粒大小不均一，较易风化，特别是与围岩接触的边缘部位，往往裂隙发育，透水性比深成岩稍大。当岩体较大时，也是良好的地基。

（3）喷出岩　多为隐晶质或玻璃质结构，其力学强度也较高，一般可作为水工建筑物的地基。应注意有些喷出岩具有气孔构造或发育原生裂隙，其力学强度较低，透水性强，工程地质性质较差。

二、沉积岩

（一）沉积岩的形成及产状

沉积岩是在地表环境中，原岩遭受风化剥蚀作用的破坏产物，经搬运、沉积和硬结成岩作用而形成的岩石。在地壳中沉积岩多成层状产出（图 1-11），这是沉积岩的重要特征之一。由于沉积时条件的变化，还可形成尖灭、透镜体、夹层、互层等（图 1-12）。

图 1-11　沉积岩成层状产出

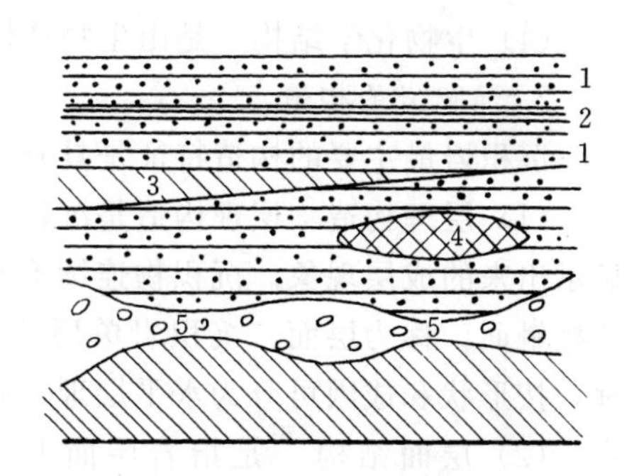

图 1-12　沉积岩的产状

1—层状岩层；2—夹层；3—尖灭层；4—透镜体；5—狭缩

（二）沉积岩的矿物成分

沉积岩中常见的主要矿物有 20 多种，按其成因可分为以下几种：

（1）碎屑矿物　是原岩经风化作用机械破坏后残留下来的矿物碎屑。一般多是化学性质比较稳定、难溶于水、抗风化能力强和耐磨损的矿物，如石英、长石、白云母等。

（2）粘土矿物　是原岩经化学风化作用分解后新产生的矿物，如正长石、云母经水解后形成高岭石、伊利石等。粘土矿物的粒径小于 0.005mm，具有很大的亲水性、可塑性及膨胀性。

（3）化学沉积矿物　是从化学溶液、胶体溶液沉淀出来的或结晶形成的矿物，如方解石、白云石、燧石、石膏、岩盐等。

（4）生物成因的矿物　是由生物遗骸形成的矿物，如贝壳、硅藻土等。

可以看出，沉积岩与岩浆岩的矿物成分有明显的区别（见表 1-8）。如岩浆岩中常见的暗色矿物在沉积岩中很少见到，浅色矿物在沉积岩中含量有明显增加；而沉积岩中富含有 Fe_2O_3、Al_2O_3 等粘土、铝土矿物，在岩浆岩中则没有。

表 1-8 沉积岩与岩浆岩矿物成分比较

主要造岩矿物名称		橄榄石	角闪石	辉石	黑云母	石英	正长石	斜长石	白云母	方解石	白云石	粘土
含量（%）	沉积岩					34.80	11.02	4.55	15.11	4.25	9.07	14.51
	岩浆岩	2.65	1.60	2.90	3.86	20.45	14.85	5.60	3.85			

（三）沉积岩的结构和构造

1. 沉积岩的结构

沉积岩的结构按组成物质、颗粒大小及形状可分为：

（1）碎屑结构　是由碎屑物被胶结物粘结而成的结构。碎屑物有矿物碎屑和岩石碎屑，胶结物有钙质、硅质、铁质和泥质等。按碎屑粒径大小，碎屑结构可分为砾状结构（粒径＞2mm）、砂状结构（2～0.05mm）、粉砂状结构（0.05～0.005mm）。

（2）泥质结构　是由少量极细小的碎屑和粘土矿物被压固硬结而成的结构。

（3）化学结构　是化学溶液经浓缩沉淀析出或重结晶而成的结构。

（4）生物化学结构　是由生物遗体或遗骸（含量30％以上）堆积而成的结构。

2. 沉积岩的构造

沉积岩最主要的构造特征是具有层理构造和层面构造。

（1）层理构造　层理构造是沉积岩在垂直方向上，因物质成分、颜色及结构等变化而显示出来的成层现象。沉积物连续不断沉积形成的成层单位，称为层。相邻两个岩层之间的接触面，称为层面。沉积岩单层的厚薄，可以反映沉积环境的稳定程度。沉积岩的层理，按形状和成因可分为水平层理、斜层理和交错层理（图 1-13）。

（2）层面结构　是指岩层面上保留的形成时外力作用的痕迹，如有波痕、雨痕、泥裂等。

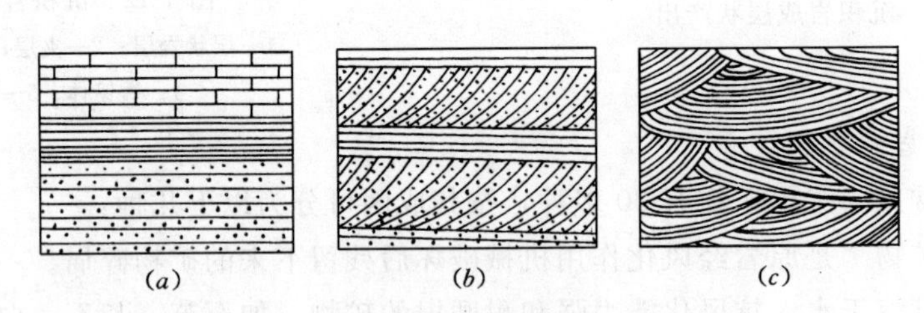

图 1-13　沉积岩的层理

(a) 平行层理；(b) 斜层理；(c) 交错层理

（四）沉积岩的分类及鉴定

根据沉积岩的成因、结构和组成的物质成分，可分为碎屑岩、粘土岩、化学岩及生物化学岩三大类，其比例大致是10∶2∶1.2。常见沉积岩的分类及鉴定特征见表 1-9。

（五）沉积岩的工程地质特征

（1）碎屑岩的特征　碎屑岩的工程地质特征主要取决于胶结物成分、胶结形式和碎屑物成分以及颗粒大小。如硅质胶结的岩石力学强度高，抗水性强；钙质、石膏质和泥质胶结的岩石抗水性弱，在水的作用下可被溶解或软化，从而使其强度和稳定性降低。就胶结形式来说，基底式胶结（即胶结物完全包围了各个颗粒，颗粒互不接触的散布于胶结物中）的岩石，结构致密，透水性小，强度高；接触式胶结（即胶结物仅在颗粒接触点上才有）的岩石，孔隙率高，透水性强，强度较低；孔隙式胶结（即胶结物将孔隙全部充满，但颗粒相互接触）的岩石，其性质介于上述二者之间（图 1-14）。

表 1-9　　　　　　　　　　沉积岩的分类及肉眼鉴定表

岩类	岩石名称	结　构	成　分	其　他　特　征
碎屑岩	砾　岩	砾状结构（粒径>2mm）	岩块、岩屑矿物多为石英	由带棱角的角砾经胶结而成的称角砾岩；由浑圆的砾石经胶结而成的称砾岩
	砂　岩	砂状结构（2～0.05mm）	石英为主，次为长石、白云母及岩屑	按颗粒大小可分为粗砂岩（2～0.5mm）、中砂岩（0.5～0.25mm）、细砂岩（0.25～0.05mm）；按成分可分为石英砂岩（含石英颗粒>90%）、长石砂岩（含长石>25%，并含石英颗粒）、岩屑砂岩（含岩屑 25%）
	粉砂岩	粉砂结构（0.05～0.005mm）	多为石英，次为长石、白云母、粘土及少量岩屑	碎屑常呈棱角状，胶结物以钙、铁质为主
粘土岩	泥　岩	泥质结构（粒径<0.005mm）	粘土矿物为主，并常含有其他矿物碎屑	厚层块状，固结程度较高
	页　岩			具明显的页片状层理或薄层状结构
化学岩及生物岩	石灰岩	化学结晶结构	方解石含量>90%	遇盐酸剧烈起泡，易溶蚀形成各种喀斯特形态
	白云岩		白云石含量>90%	遇盐酸微起泡，风化面常有白云石粉末及纵横交错的网状溶沟
	泥灰岩		方解石、白云石、粘土	粘土含量>25%，遇盐酸剧烈反应，起泥泡
	煤、油页岩	生物化学结构	碳、碳氢化合物、有机质	多为深灰、黑色，可燃

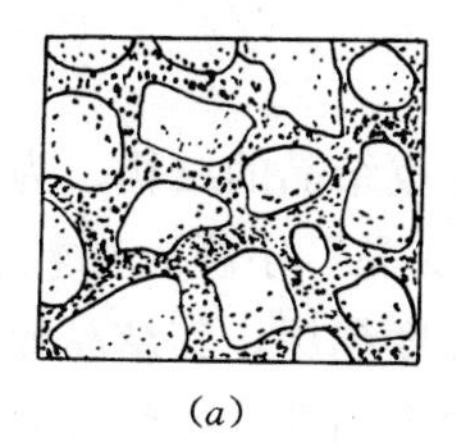

(*a*)

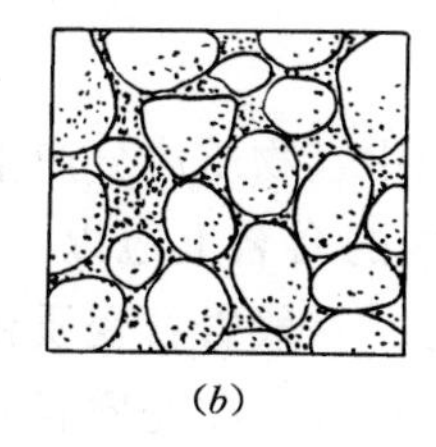

(*b*)

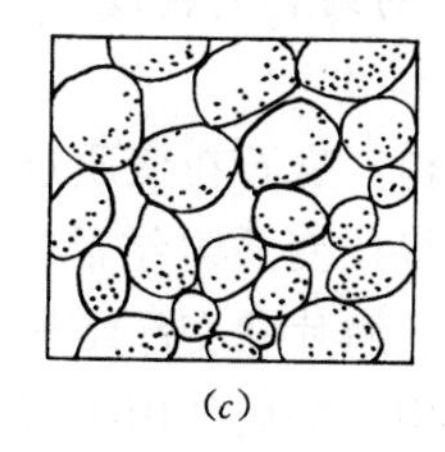

(*c*)

图 1-14　沉积岩的胶结类型

（*a*）基底胶结；（*b*）孔隙胶结；（*c*）接触胶结

（2）粘土岩的特征　粘土岩总的来说，工程地质性质较差，强度低，压缩性大，易产生沉降变形。而且当它分布于其他坚硬岩层中间时，形成软弱夹层，遇水后易软化、泥化，造成地基滑动破坏，对工程建筑物抗滑稳定极为不利。但是，粘土岩透水性很小，是良好的隔水层和隔水材料。

(3) 化学岩的特征　化学岩中最常见的是石灰岩和白云岩，其结构致密，岩性坚硬，强度较高，但是，石灰岩具有可溶性。当建筑物地基中有溶洞、溶孔和溶隙存在时，将大大降低地基岩石的承载力，而且容易引起洞穴顶板塌陷，使建筑物遭受破坏。因此在碳酸盐岩地区修建水库时，遇到的主要工程地质问题是稳定和渗漏问题。

三、变质岩

(一) 变质岩的形成及产状

地壳中的岩石，受构造运动和岩浆活动的影响，在高温、高压以及化学性质活泼的气体和液体的作用下，使其成分、结构、构造发生一系列的改变，这种促使岩石发生质的变化的作用，称为变质作用。变质作用可分为动力变质作用、热接触变质作用与接触交代变质作用、区域变质作用。由变质作用形成的岩石，称为变质岩（图 1-15）。岩浆岩变质后形成的岩石，称为正变质岩；沉积岩变质后形成的岩石，称为副变质岩。岩石在变质作用下，虽然发生了各种各样的变化，但变质过程基本上是在固态下进行的，所以变质岩的产状仍然保留了原岩的产状。

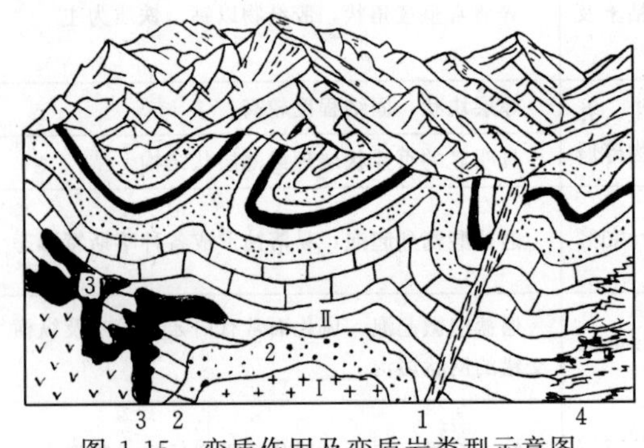

图 1-15　变质作用及变质岩类型示意图

Ⅰ—岩浆岩；Ⅱ—沉积岩

1—动力变质岩；2—热接触变质岩；

3—接触交代变质岩；4—区域变质岩

(二) 变质岩的矿物成分

变质岩的矿物成分复杂，除保留原来岩石中的矿物（如石英、长石、云母、角闪石、方解石、白云石）外，还在变质过程中形成一些特有的新矿物，如有绿泥石、绢云母、滑石、蛇纹石、石墨、石榴子石等，这些变质矿物可以作为鉴定变质岩的标志。

变质岩中的矿物大部分是在一定的定向压力条件下的产物，所以往往具有片状和伸长的形状。在岩石中，这些片状、板状、针状、纤维状矿物也按一定方向平行排列，以此特征就可将变质岩与其他岩石区别开来。

(三) 变质岩的结构和构造

1. 变质岩的结构

(1) 变晶结构　岩石在变质过程中，物质成分产生重结晶的结构。为了与岩浆岩的结晶结构相区别，特在变质岩结晶结构的命名上冠以“变晶”字样，如粒状变晶、斑状变晶、纤维状变晶、鳞片状变晶结构等。一般岩石变质程度越深，其结晶颗粒越粗。

(2) 变余结构　变质作用进行不彻底，在变质岩的个别部分残留着原岩的结构。如沉积岩中的砂状结构，可变质成变余砂状结构。

(3) 碎裂结构　岩石在定向压力作用下，发生变形、破裂，甚至成为碎块或粉末状后，又被粘结在一起的结构。如有碎斑结构，糜棱结构等。

2. 变质岩的构造

变质岩除某些岩石是块状构造外，大部分皆具有定向构造，亦称为片理构造。片理构造，是岩石中的片状、板状、针状和柱状矿物，在定向压力作用下平行排列所形成的（图

1-16）。岩石极易沿片理方向裂开，裂开的面叫片理面。根据矿物组合和变质（重结晶）程度，片理构造可分为以下几种类型：

图 1-16　片理构造

（1）片麻状构造　岩石中暗色的片状、板状矿物和浅色的粒状矿物交替成层排列所形成的构造。这是片麻岩特有的构造。

（2）片状构造　岩石中片状矿物平行排列所形成的构造。这是片岩特有的构造。

（3）千枚状构造　岩石中细小的片状矿物平行排列所形成的构造。因片理面上常具有微细的丝绢光泽和皱纹而得名。这是千枚岩特有的构造。

（4）板状构造　岩石中极细小的片状矿物平行排列所形成的构造。片理面平直光滑，极易裂成厚度一致的薄板。这是板岩特有的构造。

（四）变质岩的分类及鉴定

变质岩的分类，首先考虑构造特征，确定所属变质作用类别，将岩石分为片理构造岩和块状构造岩；然后，再根据矿物成分及其含量进一步分类和命名（表 1-10）。

表 1-10　　变质岩的分类及肉眼鉴定表

<table>
<tr><th colspan="2" rowspan="2">构　造</th><th rowspan="2">岩石名称</th><th rowspan="2">结　构</th><th rowspan="2">主　要　成　分</th><th colspan="3">成　　因</th></tr>
<tr><th colspan="2">变质作用</th><th>原岩成分</th></tr>
<tr><td rowspan="4">片理构造</td><td>片麻状</td><td>片麻岩</td><td>粒状变晶</td><td>石英、长石、云母</td><td rowspan="7">区域变质</td><td rowspan="4"></td><td>酸性岩、泥质岩</td></tr>
<tr><td>片状</td><td>片　岩</td><td>鳞片状变晶</td><td>云母、绿泥石、石英</td><td>基性岩、泥质岩</td></tr>
<tr><td>千枚状</td><td>千枚岩</td><td>细晶变晶</td><td rowspan="2">绢云母、绿泥石、石英以及粘土矿物</td><td rowspan="2">凝灰岩
泥质岩</td></tr>
<tr><td>板状</td><td>板　岩</td><td>隐晶变晶</td></tr>
<tr><td colspan="2" rowspan="5">块状构造</td><td>石英岩</td><td rowspan="2">粒状变晶</td><td>石英</td><td rowspan="3">接触变质</td><td>砂岩、硅质岩</td></tr>
<tr><td>大理岩</td><td>方解石、白云石</td><td>石灰岩、白云岩</td></tr>
<tr><td>蛇纹岩</td><td>隐晶变晶</td><td>蛇纹石</td><td>橄榄岩</td></tr>
<tr><td>断层角砾岩</td><td>碎　斑</td><td>岩石碎屑</td><td colspan="2" rowspan="2">动力变质</td><td rowspan="2">各种岩石</td></tr>
<tr><td>糜棱岩</td><td>糜　棱</td><td>岩石的粉末和碎屑，以及绿泥石、石英、长石</td></tr>
</table>

（五）变质岩的工程地质特征

变质岩的工程地质特征与变质作用的类型和原岩性质有关。一般说来，岩浆岩经过变质以后其强度有所降低，而沉积岩经过变质以后其强度有所提高。由于变质岩多具有片理构造，岩石中的暗色矿物呈定向排列，因而使得岩石的工程地质性质各向异性，平行片理较垂直片理方向的强度降低，透水性增强，稳定性变差。

(1) 接触变质岩　接触变质的岩石因经过重结晶，强度一般较原岩提高了。但变质程度各处不一，距侵入体越近，岩石越易变质，而且变质程度深，在很小的范围内变质程度就相差悬殊，加上有小岩脉穿插，岩性很不均一。此外，受地壳运动和岩浆活动的影响，接触变质的岩石裂隙比较发育。

(2) 区域变质岩　区域变质的岩石分布范围广，厚度大，变质程度和岩性较均一，但因多数岩石具有片理构造，使岩性各向异性。随着片理的发育，云母、绿泥石、滑石等含量的增加，使岩石强度和抗滑稳定性显著降低。一般说来，板岩、千枚岩、云母片岩、绿泥石片岩、滑石片岩的工程地质性质较差，而片麻岩、石英岩和大理岩的强度较高，岩性均一，致密坚硬，是良好的建筑物地基。但裂隙发育时，工程地质性质变差。

(3) 动力变质岩　动力变质岩的工程地质特征取决于碎屑矿物的成分、粒径大小和压密胶结程度。通常这种岩石胶结得不好，孔隙裂隙发育，强度较低，工程地质性质很差。坝基有断层破碎带和动力变质岩时，须开挖回填混凝土。

第四节　岩石的工程地质性质

岩石作为水工建筑物的地基、建材及其环境介质，它的性质直接关系到工程建筑的安全稳定性和经济合理性，也关系着建筑物结构类型的选择、工程的布局和施工条件等。例如美国圣·法西斯 62m 高的混凝土坝，由于对坝基的岩石性质没有查明和未进行试验，就将大坝建筑在含有石膏细脉的泥质砾岩上，当水库蓄水后，岩层中的石膏细脉溶解，泥质胶结的砾岩浸水崩解，坝基漏水失稳，最后导致大坝崩毁，库水几分钟内就流失一空，左岸坝肩被冲断，下游两岸被冲毁，人员伤亡和经济损失惨重。因此，在水利建设中，必须对岩石的工程地质性质进行研究，既要从岩石的属性特征出发进行定性分析，也要考虑岩石的各种试验指标（参数）进行定量分析，最后综合对岩石的工程地质性质作出评价。

岩石的工程地质性质，是指岩石与工程建筑有关的各种特征和性质。它主要包括岩石的物理性质、水理性质和力学性质。

一、岩石的物理性质

岩石的物理性质主要有岩石的重度、密度、相对密度、空隙率、吸水率和饱水率等。它们是衡量天然建筑材料质量的重要依据。

(1) 岩石的重度（γ）　岩石单位体积的重量称为岩石的重度，可用下式表示：

$$\gamma = \frac{G}{V} \tag{1-1}$$

式中　γ——岩石的重度，kN/m^3；

G——岩石的总重量，kN；

V——岩石的总体积，m^3。

(2) 岩石的密度（ρ）　岩石单位体积的质量称为岩石的密度，可用下式表示：

$$\rho = \frac{m}{V} \tag{1-2}$$

式中　ρ——岩石的密度，g/m^3；

m——岩石的总质量，g；

V——岩石的总体积，cm^3。

岩石的密度一般为 2.3～2.5g/cm^3，比土的密度 1.6～2.0g/cm^3 要大，这与岩石的矿物组成及结构特性有关。因此一般岩石是密实的，岩石的密度与其强度成正比。

(3) 岩石的相对密度（d） 岩石质量与其同体积纯水在 4℃时的质量之比称为岩石的相对密度，即

$$d=\frac{m_S}{V_s\rho_\omega} \tag{1-3}$$

式中 d——岩石的相对密度（无量纲量）；

m_S——固体岩石的质量，kg；

V_s——固体岩石的体积，m^3；

ρ_w——纯水 4℃时的密度，$\rho_w=1000kg/m^3$。

固体岩石的质量，是不包含气体和水在内的绝对干燥岩石的质量；固体岩石的体积，是指不包括空隙在内的岩石的实体体积。岩石的相对密度一般为 2.5～2.9，其值较岩石的密度值略大。

(4) 岩石的空隙率（n） 空隙率是指岩石中的空隙（包括孔隙、裂隙和溶隙）体积与岩石总体积之比值，常以百分数表示，即

$$n=\frac{V_V}{V}\times 100\% \tag{1-4}$$

式中 n——岩石的空隙率，%；

V_V——岩石中空隙的体积，cm^3；

V——岩石的总体积，cm^3。

坚硬岩石的空隙率小于 1%～3%，疏松多孔的岩石空隙率较高，大于 10%～30%。

(5) 岩石的吸水率（W_1）和饱水率（W_2） 岩石的吸水率，是指在常压（1MPa）下，岩石所吸水的质量与固体岩石质量的比值；岩石的饱水率，是指在高压（15MPa）或真空条件下，岩石所吸水的质量与固体岩石质量的比值。可用下列公式表示：

$$W_1=\frac{m_{W1}}{m_S}\times 100\% \tag{1-5}$$

$$W_2=\frac{m_{W2}}{m_S}\times 100\% \tag{1-6}$$

式中 W_1——岩石的吸水率，%；

m_{W1}——在常压下岩石吸收水分的质量，kg；

W_2——岩石的饱水率，%；

m_{W2}——在高压下岩石吸收水分的质量，kg；

m_S——固体岩石的质量，kg。

吸水率与饱水率之比值，称为饱水系数 K_W，即

$$K_W=\frac{W_1}{W_2} \tag{1-7}$$

吸水率反映了岩石中大的、张开的空隙的吸水能力，而饱水率反映的是岩石中全部开口空隙的吸水能力。吸水率和饱水系数越大，说明岩石中大的张开的空隙越多，常压下吸入的水多，吸水后留有的小空隙很少，当空隙水结冰时，会直接胀碎岩石。所以，吸水率和饱水系数是评价岩石抗冻性的一个指标，通常认为吸水率小于0.5%或饱水系数小于0.8时，岩石是抗冻的。

二、岩石的水理性质

岩石的水理性质，是指岩石与水作用时有关的性质，主要有岩石的透水性、给水性、溶解性、软化性、泥化性和崩解性等。

(1) 岩石的透水性　岩石允许水通过的能力，称为岩石的透水性。岩石透水性的大小，主要取决于岩石中空隙的大小和连通情况，其次才是空隙率的大小。岩石的透水性常用渗透系数（K）和透水率（q）来表示。它们分别采用钻孔抽水试验和压水试验方法来测定。渗透系数等于水力坡度为1时，水在岩石中的渗透速度，其单位用m/d或cm/s表示。透水率是指在1MPa压力下，压入1m试段中每分钟的水量，以L/min计，其单位为Lu（吕容）。

根据透水性的不同将岩石分为：极微透水、微透水、弱透水、中等透水、强透水、极强透水岩石等6类（见表1-11）。工程上，一般将极微透水的岩土层作为隔水层。

表1-11　　岩石透水性分级表

渗透性等级	标准		岩体特征	土类
	渗透系数 K (cm/s)	透水率 q (Lu)		
极微透水	$K<10^{-6}$	$q<0.1$	完整岩石，含等价开度小于0.025mm裂隙的岩体	粘土
微透水	$10^{-6}\leqslant K<10^{-5}$	$0.1\leqslant q<1$	含等价开度0.025～0.05mm裂隙的岩体	粘土—粉土
弱透水	$10^{-5}\leqslant K<10^{-4}$	$1\leqslant q<10$	含等价开度0.05～0.01mm裂隙的岩体	粉土—细粒土质砂
中等透水	$10^{-4}\leqslant K<10^{-2}$	$10\leqslant q<100$	含等价开度0.01～0.05mm裂隙的岩体	砂—砂砾
强透水	$10^{-2}\leqslant K<10^{0}$	$q\geqslant 100$	含等价开度0.5～2.5mm裂隙的岩体	砂砾—砾石、卵石
极强透水	$K\geqslant 10^{0}$		含连通孔洞或等价开度大于2.5mm裂隙的岩体	粒径均匀的巨砾

（引自《水利水电工程地质勘察规范》GB 50287—99）。

(2) 岩石的给水性　饱水岩石在重力作用下能自由排出一定水量的性能，称为岩石的给水性。衡量岩石给水性的指标是给水度（μ）。给水度是指饱水岩石能自由流出水的体积与岩石总体积之比，通常用百分数表示，即

$$\mu=\frac{V_W}{V}\times 100\% \tag{1-8}$$

式中　μ——岩石的给水度，%；

V_W——饱水岩石自由排出水的体积，cm^3；

V——岩石的总体积，cm^3。

岩石的给水性与透水性成正比。岩石透水性越强，其给水度值越大。松散沉积物的给

水度值见表 1-12。

表 1-12　　松散沉积物的给水度经验值

岩石名称	砾石	粗砂	中砂	细砂	粉砂	粘土
μ（%）	35～30	30～25	25～20	20～15	15～5	5～0

（3）岩石的溶解性　溶解性是指岩石溶解于水的性质，常用溶解度或溶解速度表示。在自然界中常见的可溶性岩石有岩盐、石膏、石灰岩、白云岩及大理岩等。岩石的溶解性不但与岩石的化学成分有关，而且还和水的性质有很大的关系。如淡水一般溶解力很小，而富含侵蚀性 CO_2 的水，则对碳酸盐岩具有较大的溶解能力。

（4）岩石的软化性　软化性是指岩石在水的作用下，其强度及坚固性降低的一种性质，通常用软化系数表示。软化系数是岩石的湿抗压强度与干抗压强度之比值，即

$$K_d = \frac{R_b}{R_c} \tag{1-9}$$

式中　K_d——岩石的软化系数（无量纲量）；

R_b——岩石的湿抗压强度，kPa；

R_c——岩石的干抗压强度，kPa。

一般裂隙发育，风化严重，含有大量粘土矿物的岩石极易软化。软化系数也是评价岩石抗风化和抗冻性的间接指标。一般认为软化系数大于 0.75 的岩石是软化性弱，抗风化、抗冻性强的岩石。

（5）岩石的泥化性与崩解性　岩石的泥化与崩解，主要是粘土岩及粘土质岩石所具有的一种性质。泥化是指粘土质岩石与水作用后，变成可塑状态，即形成塑性泥。崩解是指粘土质岩石与水作用后，由于吸水使其体积膨胀，从而降低了颗粒之间的粘结力，使岩石产生崩散解体的现象。含蒙脱石的岩石极易产生崩解，如斑脱土、膨润土等。此外，富含碳酸钙的黄土，遇水浸湿后，土体强烈崩解，湿陷明显。

三、岩石的力学性质

岩石的力学性质，是指岩石受到外力作用后发生变形和破坏的特性。岩石在荷载作用下，首先发生变形，使内部质点变位，其形状和体积发生变化；当荷载继续增加，达到或超过某一极限时，岩石便开始破坏。不同的岩石抵抗外力变形和破坏的能力是不同的，这取决于岩石的类型、矿物成分、结构、构造及裂隙发育程度。

“变形”和“强度”是岩石力学性质的两个主要内容，表示岩石变形特性的指标有弹性模量（E）、变形模量（E_0）和泊松比（μ），表示岩石强度特性的指标有抗压强度（R）、抗拉强度（σ_t）、抗剪强度（τ）。

（一）岩石的变形特性与变形指标

1. 岩石的变形特性

岩石是弹塑性体，它的变形过程同其他固体材料相似，受到外力作用时一般都要经历弹性变形、塑性变形和断裂变形三个变形阶段。岩石的变形规律用应力—应变曲线 $\sigma = f(\varepsilon)$ 表示，如图 1-17 所示。这三个变形阶段虽是依次发生，但不是截然分开的，而是相

互过渡和重叠的。

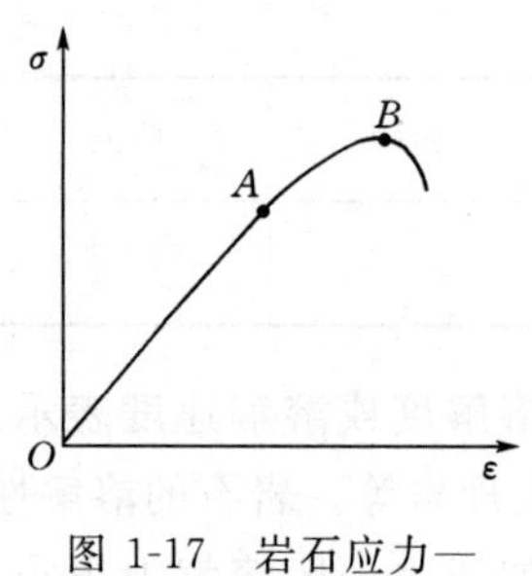

图 1-17　岩石应力—应变关系图

OA—弹性变形阶段；AB—塑性变形阶段；B—破坏阶段

（1）弹性变形阶段　当荷载不大时，应力和应变大致呈正比，在曲线上近似为直线关系，如图中的 OA 段。与 A 点相对应的应力 σ_A 值称为弹性极限强度。岩石的弹性变形符合虎克定律：$\sigma=E\cdot\varepsilon$。

（2）塑性变形阶段　当外力超过弹性极限以后，岩石变形速度加快，稍增加荷载，应变即显著增大，卸荷后变形也不能完全恢复，即产生一部分塑性变形，如图中所示的 ε_0，正是由于岩石的塑性变形，才形成了地壳中的各种褶皱构造。

（3）断裂变形阶段　当外力继续增大，达到某一极限值时，岩石内部结合力遭到破坏，产生破裂面，岩石失去连续完整性。这时的极限应力值称为极限强度，如图中的 σ_B。

岩石的变形特征主要与岩性和所处的地质环境有关。一般说来，脆性岩石只有弹性变形，没有或只有很小的塑性变形，当外力作用达到一定程度，即由弹性变形转为断裂变形。在高温和高静围压力作用下，岩石的变形会有明显的粘滞性或流变性的特点。

2. *岩石的变形指标*

岩石的变形指标，常采用对岩石试样直接加荷载的试验方法测定。一般把应力与弹性应变的比值，称为弹性模量；应力与总应变的比值，称为塑性模量，即

$$E=\frac{\sigma}{\varepsilon_y} \tag{1-10}$$

$$E_0=\frac{\sigma}{\varepsilon}=\frac{\sigma}{\varepsilon_0+\varepsilon_y} \tag{1-11}$$

式中　E——弹性模量，MPa；

E_0——变形模量，MPa；

σ——总应力，MPa；

ε——总应变；

ε_0——塑性应变；

ε_y——弹性应变。

岩石越是坚硬，抵抗变形的能力越大，因而变形模量越大；反之，较软弱的岩石变形模量较小。对于完整坚硬岩石，E 和 E_0 值相差很小，但岩石越破碎，风化越严重，则二者相差也越大。对层状岩石来说，一般平行层的方向和垂直层的方向，变形模量相差是较大的，这表明层状岩石具有各向异性的性质。

岩石的试样受力作用后，除受力方向发生纵向应变被压缩外，在垂直受力方向上也会产生横向应变，发生膨胀。横向应变与纵向应变之比，称为泊松比 μ，即

$$\mu=\frac{\varepsilon_2}{\varepsilon_1} \tag{1-12}$$

式中　μ——泊松比，也称为侧压力系数（无量纲量）；

ε_2——纵向应变，cm；

ε_1——横向应变，cm。

岩石的泊松比一般在0.2～0.4之间，其值越大，反映岩石受力后横向变形越大。应注意到，泊松比μ与弹性模量E成正比。软弱岩石的μ值很低，坚硬岩石的μ值较高。

（二）岩石的强度特性与指标

岩石受力发生破坏有两种类型，一是脆性破坏，二是塑性破坏。脆性破坏的特点是岩石破坏没有产生显著的塑性变形；而岩石的塑性破坏则相反，在破坏时岩石产生了明显的塑性变形。一般认为，脆性破坏是由于岩石裂隙的产生和发展的结果；塑性变形则是岩石中的矿物晶体格架错动变位的结果，因此塑性破坏甚至处在塑性流动状态，而没有产生明显的破坏面。如软弱岩石组成的边坡，由于长期缓慢蠕动变形，最终导致边坡急剧变形破坏。

岩石受力作用破坏有压碎、拉断及剪断等形式，故岩石的强度可分为抗压强度、抗拉强度和抗剪强度。

（1）岩石的抗压强度（R）　岩石的抗压强度是指在单向压力作用下，抵抗压碎破坏的能力。其值用岩石达到破坏时的极限压应力表示：

$$R=\frac{P}{F} \tag{1-13}$$

式中　R——抗压强度，MPa；

P——岩石破坏时的压力，MN；

F——岩石试件的受压面积，cm^2。

岩石的抗压强度一般都大于30MPa，坚硬厚层的岩石可达100～200MPa，甚至更大；弱胶结的软弱岩石只有3～30MPa。对于风化的岩石，其抗压强度随风化程度加深而降低。

抗压强度分为干抗压强度和湿抗压强度。一般在天然状态下测定的抗压强度称为干抗压强度；岩石试样在饱水状态下测定的抗压强度称为湿抗压强度。湿抗压强度一般小于干抗压强度。在水利工程建设中，考虑建筑物与水的作用，一般都采用湿抗压强度这个指标来评价岩体的稳定性。

（2）岩石的抗拉强度（σ_t）　岩石的抗拉强度是指岩石在单向拉伸时，抵抗拉断破坏的能力，即拉断破坏时的最大张应力。岩石的抗拉强度远远低于抗压强度，一般只有1～10MPa。由于抗拉强度在水利工程建筑中不是控制值，故一般很少测定它。

（3）岩石的抗剪强度（τ）　岩石的抗剪强度是指岩石抵抗剪切破坏的能力，以岩石被剪断时的极限剪应力表示。由于抗剪强度试验的型式不同（图1-18），岩石被剪切破坏的形式也不同，所以抗剪强度可分为下列几种：

1）抗剪断强度　是指在垂直压力作用下将完整岩石剪断的强度，即

$$\tau=\sigma \mathrm{tg}\varphi+C \tag{1-14}$$

式中　τ——岩石的抗剪断强度，MPa；

σ——剪裂面上的法向应力，MPa；

φ——岩石的内摩擦角，度。$\mathrm{tg}\varphi=f$，f称为岩石的摩擦系数；

C——岩石的粘聚力，MPa。

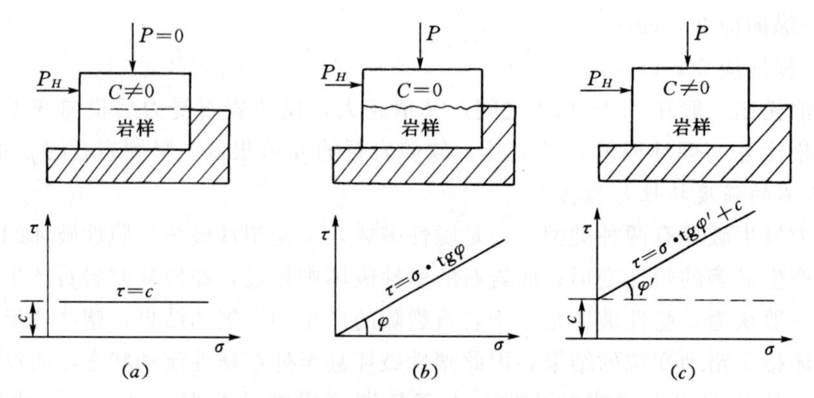

图 1-18 岩石的抗剪强度及其试验原理

(a)抗切试验及抗切强度;(b)抗剪试验及抗剪强度;(c)抗剪断试验及抗剪断强度

P—正压力;P_H—水平推力;τ—剪应力;σ—正应力;τ—P_H/F;

$\sigma=P/F$;φ'—内摩擦角;C—粘聚力

因坚硬岩石有牢固的结晶联结或胶结联结,故其抗剪断强度很高,如内摩擦角一般在30°~40°以上,粘聚力 C 值可达几千 kPa 以上。

2)抗剪强度 是指在垂直压力作用下,岩石沿已有破裂面剪切破坏时的摩擦阻力,即

$$\tau=\sigma \mathrm{tg}\varphi \tag{1-15}$$

显然,抗剪强度是沿岩石破裂面或软弱面等发生剪切滑动的指标,故它大大低于该完整岩石的抗剪断强度。

3)抗切强度 是指剪切面上的压应力等于零时的抗剪断强度,实际上也就是岩石的粘聚力,即

$$\tau=C \tag{1-16}$$

抗切强度常用来校核抗剪断强度中的岩石粘聚力 C 值。

岩石的三个强度指标中,抗压强度最大,抗剪强度居中,抗拉强度最小。抗剪强度为抗压强度的10%~40%,抗拉强度仅是抗压强度的2%~16%。岩石越坚硬相差越大,软弱岩石差别较小。岩石的抗剪强度和抗压强度是常用来衡量岩石稳定性的指标,是水工设计中较为重要的定量分析依据。

常见岩石的主要物理力学性质指标可参考表 1-13。

四、岩石的工程地质分类

自然界的岩石种类很多,岩石的物理力学性质也不相同,为了综合分析岩石的工程地质性质,常对岩石进行工程地质分类,将工程地质特征相似的岩石归为一类,并尽可能给出定性和定量的评价,以便于工程使用。

1. 按岩石强度分类

根据新鲜岩石的湿抗压强度(R_b),以 30MPa 为界,将岩石分为坚硬的岩石($R_b \geqslant$ 30MPa)和软弱的岩石($R_b <$ 30MPa)两大类,每大类中又进一步分为两个亚类,见表 1-14。

2. 按岩石的质量指标分类

岩石质量指标是美国伊利诺斯大学的迪尔(1967,Deere)等人提出的。他们认为岩

石的力学性质可以用岩石质量指标 RQD 值来表示，它是在岩石中钻进并采取了岩心，将不小于 10cm 的岩心段长度加在一起，然后除以进尺总长度而得到的岩心获得率用百分数表示，即

$$RQD=\frac{L_p}{L_f}\times 100\% \tag{1-17}$$

式中 RQD——岩石质量指标，%；

L_p——钻进中不小于 10cm 的岩心总长度，m；

L_f——为该回次钻孔进尺总长度，m；它的基准长度为钻孔的深度。

根据 RQD 值，将岩石质量分为：很好的、好的、中等的、坏的、极坏的等五类，见表 1-15。

表 1-13 常见岩石的物理力学性质指标

岩石名称	天然密度 ρ (g/cm³)	相对密度 d (g/cm³)	空隙率 n (%)	吸水率 W_1 (%)	软化系数 K_d	弹性模量 E (万 MPa)	泊松比 μ	抗压强度 R (MPa)	抗拉强度 σ_t (MPa)	抗剪强度 (MPa)
花岗岩	2.30～2.80	2.50～2.84	0.04～2.80	0.10～0.70	0.75～0.97	2.55～6.86	0.15～0.24	118～275	3.9～7.8	4.9～9.8
闪长岩	2.52～2.96	2.60～3.10	0.25 左右	0.30～0.38	0.60～0.84	2.2～11.4	0.10～0.254	120～250		
玄武岩	2.54～3.10	2.60～3.30	1.26 左右	0.30 左右	0.71～0.92	1.98～9.81	0.14～0.25	78～421	5.9～11.8	4.9～12.7
砂岩	2.20～2.70	2.50～2.75	1.68～28.30	0.27～7.00	0.44～0.97	4.41～5.10	0.21～0.24	49～98	19.6	2.9
页岩	2.30～2.62	2.57～2.77	0.40～10.00	0.51～1.44	0.24～0.55	1.20～4.40	0.23～0.30	9.8～98	2.0～9.8	2.9～29.4
石灰岩	2.30～2.70	2.48～2.76	0.53～27.00	0.10～4.45	0.58～0.94	0.98～7.85	0.16～0.23	3.9～196	1.0～6.9	1.5～6.9
片麻岩	2.69～3.00	2.63～3.10	0.30～2.40	0.10～3.20	0.91～0.97	1.42～7.00	0.09～0.20	78～245	3.9～6.9	2.9～6.9
片岩	2.69～2.92	2.75～3.02	0.02～1.85	0.10～0.20	0.49～0.80	4.0～7.05	0.01～0.20	60～140		
大理岩	2.63～2.75	2.70～2.87	0.10～6.00	0.10～0.80	0.70～0.90	4.93～8.70	0.16～0.27	49～177	4.9～7.8	3.4～7.8
石英岩	2.60～2.80	2.63～2.84	0.10～8.70	0.10～0.45	0.86 左右	4.5～14.2	0.15～0.20	85～353	2.9～4.9	19.6～58.8

表 1-14 岩石坚硬程度分类表

类别	亚类		抗压强度 R_b (MPa)	代表性岩石
硬质岩石	极硬岩石		＞60	花岗岩、花岗片麻岩、闪长岩、玄武岩、石灰岩、石英砂岩、石英岩、大理岩、硅质钙质砾岩与砂岩等
	次硬岩石		30～60	
软质岩石	次软岩石	较软岩	15～30	粘土岩、页岩、千枚岩、板岩、绿泥石片岩、云母片岩、泥质砾岩与砂岩、凝灰岩等
		软岩	5～15	
	极软岩石		＜5	

表 1-15 岩石质量指标分类

RQD (%)	＞90	75～90	50～75	25～50	＜25
岩石质量评价	很好的	好的	中等的	坏的	极坏的

本 章 小 结

1. 知识点

(1) 地球的圈层构造
- 外圈：大气圈、水圈、生物圈
- 内圈：地壳、地幔、地核

(2) 地表面的地形地貌
- 大陆地形：山地、丘陵、高原、盆地、平原
- 大洋地形：海岭、海沟、大洋盆地、深海平原

(3) 地壳发生的地质作用
- 内力作用：地壳运动、岩浆活动、变质作用、地震
- 外力作用：风化、剥蚀、搬运、沉积和硬结成岩作用

(4) 地壳组成的物质
- 基本物质：各种化学元素，如氧、硅、铝、铁等
- 基本单位：岩石（岩浆岩、沉积岩、变质岩）和地层

(5) 地层时代与岩性
- 地层时代单位：界、系、统等
- 岩石性质
  - 自然属性特征：成因、产状、颜色、结构、构造、成分等
  - 工程地质性质：物理性质、力学性质和水理性质

2. 造岩矿物的物理性质

造岩矿物的物理性质主要有形态、颜色、条痕、光泽、透明度、硬度、解理和断口等，它们是肉眼鉴定矿物的重要标志。常见的造岩矿物有10多种，其中云母、绿泥石和粘土矿物等对岩石性质有显著的影响，故在工程地质中意义较大。粘土矿物主要是长石和云母通过风化而形成的层状硅酸盐，由于它有很大的亲水性、可塑性和膨胀性，因而在工程中它是潜在的不稳定的因素。

3. 岩石

岩石是由矿物组成的天然集合体，极少数岩石是由岩石碎屑组成。岩石的形成方式和基本循环过程为：原始岩浆→岩浆岩→沉积物→沉积岩→变质岩→次生岩浆→岩浆岩。这一循环过程对岩石的性质有着重要的影响。岩浆岩多为结晶结构，矿物颗粒紧密镶嵌，形成一种刚强的、主要是均质各向同性的岩石材料。沉积岩主要是岩矿碎屑的机械沉积物和溶液的化学沉积物胶结、固结而成的，强度不高，尤其是未固结的松散沉积物强度及坚固性较小，而且沉积岩层理构造发育，使得其力学性质各向异性显著。变质岩多为重结晶结构，强度一般较高，但受构造运动影响片理构造发育，使岩性各向异性。

4. 地壳

地壳是由岩石组成的。从分布面积来看，沉积岩占75%，岩浆岩和变质岩仅占25%；从体积含量来看，岩浆岩占64.7%，变质岩占27.4%，沉积岩仅占7.9%；从地质时代来看，变质岩的形成约占全部地质历史的5/6，前震旦界（包括太古界和下元古界）地层，经受强烈的褶皱和岩浆作用的影响，主要是由各种变质很深和较深的岩石组成，构成陆地古老的基底部分。前震旦界以后的地层则是没有变质的或变质程度很低的沉积岩，形成古老基底的盖层。通过学习，要认识地壳中常见的岩石和矿物（表1-16）。

5. 地层岩性

地层岩性是最基本的工程地质条件之一，它对评价工程岩体的稳定性和渗漏性具有重要的意义。地层是在地壳发展过程中形成的各种成层和非成层的岩石总称。从岩性上讲，

它包括了岩浆岩、沉积岩和变质岩三大类岩石；从时代上讲，它有新有老。一般说来，地质时代老的地层岩石，固结程度高，空隙率和透水性小，强度和坚硬程度高。通过研究建筑场地的地层岩性，可以了解岩石的形成时代、成因、产状、颜色、结构、构造和成分等自然属性特征，对岩石的工程地质性质作出定性评价；而岩石的物理性质、力学性质和水理性质指标，则是定量评价岩石工程地质性质的可靠依据。岩石的工程地质分类，通常是以力学强度指标为基础。如根据湿抗压强度 R_b 将岩石分为：坚硬的岩石（$R_b \geqslant 30$MPa）和软弱的岩石（$R_b < 30$MPa）。

表 1-16　　地壳中岩石和矿物的含量

岩石类型	体积百分数	矿物类型	体积百分数
玄武岩、辉长岩	42.5	石英	12.0
花岗岩、闪长岩	21.6	长石	51.0
正长岩	0.4	云母	5.0
超镁、铁质岩	0.2	角闪石	5.0
粘土和页岩	4.2	辉石	11.0
石灰岩、白云岩	2.0	橄榄石	3.0
砂岩	1.7	粘土矿物	4.6
片麻岩	21.4	方解石	1.5
片岩	5.1	白云石	0.5
大理岩	0.9	其他	6.4

复习思考题与练习

1-1　你知道天有多高、地有多厚吗？试叙述地球各圈层的主要特征，回答地壳是由什么组成的？岩石圈是指地壳吗？试举一例说明人类活动对地球生态环境的影响。

1-2　地形与地貌有何区别？常见大陆地貌形态有哪些类型，在这些地区修建工程时应注意什么问题？

1-3　地质历史是根据什么来恢复的？熟悉地层和地质年代表，概述地球的发展历史。

1-4　举例说明地质作用和地质现象，两者有什么联系？水工建筑中常遇到的不良地质现象有哪些？

1-5　什么叫矿物、造岩矿物？简述常见造岩矿物的鉴定特征。

1-6　粘土矿物主要包括哪三种矿物？它们的共同特点是什么？对水工建筑影响较大的矿物有哪些？

1-7　岩石按成因分为哪几类？熟悉常见岩石的岩性特征。

1-8　何谓岩石的产状、结构、构造？试比较岩浆岩、沉积岩、变质岩的产状、结构、构造及组成物质有什么异同点。

1-9　岩石命名的依据主要有哪些？三峡坝基岩体为闪云斜长花岗岩，试说出其命名依据。

1-10　如何区别地层和岩层、地层岩性和岩石性质？熟悉教材后面附图一“清水河水库库区工程地质图”上出露地层的地质时代和岩石性质。

1-11　岩石的工程地质性质主要包括哪些方面？表征岩石变形和强度的指标有哪些？

1-12　衡量岩石透水性、软化性、抗冻性的指标分别是什么？评价透水的岩石、易软化的岩石、抗冻性差的岩石的定量标准分别是什么？试对教材附图二坝址区主要岩石的透水性、软化性和抗冻性作出评价。

1-13　什么叫岩石的抗剪强度，它主要取决于哪两个参数？根据不同的剪切破坏形式，它可分为哪三种试验？试以图和公式表示这三种抗剪强度试验结果。

1-14　怎样综合评价岩石的工程地质性质？试以教材后面附图二清水河水库梅村坝址区主要岩石（花岗岩、石英砂岩、细砂岩、页岩）为例说明之。

1-15　根据岩石强度，岩石工程地质分类有哪些类型？试对梅村坝址区主要岩石进行工程地质分类。

1-16　黄河三门峡坝址区地质剖面如图 1-19 所示。试比较坝址附近各种岩石工程地质性质的优劣，并回答坝体为什么布置在闪长玢岩上，它的产状是什么？

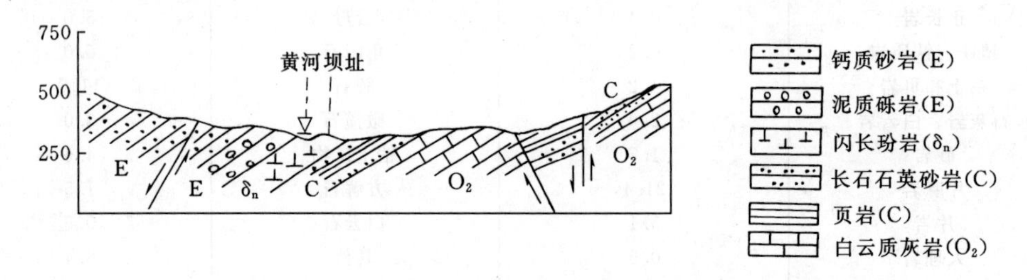

图 1-19　黄河三门峡坝区地质剖面示意图

第二章　地质构造与岩体结构

第一节　地 壳 运 动 概 述

一、地壳运动

地壳自形成以来，一直处于不断运动、发展和变化之中。地壳运动，是指由内力作用引起地壳结构改变和组成物质变形变位的机械运动。地壳运动又称构造运动。人们可以直接感受到十分剧烈的地壳运动，如地震、火山活动等。但通常情况下，地壳运动是长期而缓慢进行着的，不易被人们觉察。例如喜马拉雅山是今天世界上最雄伟的大山脉之一，但是在4亿～5亿年以前，这里还是一片汪洋大海，直到距今2500万年前的时候才开始从海底升起。据大地水准测量资料，现在仍以每年18.2mm的速度不断上升，并向北偏东方向位移60～70mm。可见，地壳运动的速度尽管很慢，但由于它是长期地进行着，所以地壳运动对地壳变形的影响是十分巨大的，甚至引起海陆变迁也就不足为奇了。

二、地壳运动的基本形式

地壳运动具有方向性，它是沿着水平和垂直两个主导方向进行的。因此，地壳运动可以分为水平运动和垂直运动两种基本形式。

（1）水平运动　是指地壳物质沿大致平行地表面方向进行的水平位移运动。它使地壳岩层遭受不同程度的挤压力或引张力，形成巨大而强烈的褶皱和断裂构造，使地表起伏加大。由于水平拉张，地壳发生破裂，形成地沟，如东非大裂谷；由于水平挤压，地壳大规模隆起，形成高山，如昆仑山、祁连山、秦岭、喜马拉雅山以及世界上许多大山脉，都是挤压褶皱形成的，故有人把水平运动称为造山运动。

（2）垂直运动　是指地壳物质沿着地球半径方向进行的垂直升降运动。它常表现为大规模的隆起和拗陷，并引起地势高低的变化和海陆变迁，有人把这种运动称为造陆运动。

从地壳发展历史来看，地壳运动总的表现形式是以水平运动为主，而垂直运动是派生的，二者长期交替进行。

地壳运动根据其发生的时间，可分为两类：一是发生在晚第三纪末以前各地质时期的构造运动，称古构造运动；一是发生在晚第三纪末和第四纪的构造运动，称新构造运动。还有人把人类历史时期（距今五六千年到现在）发生的新构造运动称为现代构造运动。我国现代地形的基本轮廓就是新构造运动所形成的。我国新构造运动的特点是：在大陆部分以垂直升降运动为主，上升地区的面积约占全国陆地的80％；运动的幅度是西部大于东部。在研究建筑场地区域地壳稳定和地震中，新构造运动是必须考虑的重要因素。

三、地壳运动的起源

关于地壳运动的起源问题有很多学说，如有地球自转速度变化说和板块构造学说等。

1. 地球自转速度变化说

1926年，我国著名地质学家李四光从地质力学的观点，提出了地球自转速度变化说。他认为："在论到地壳运动的方向的因素时，我们应当考虑的不是地球自转，而是地球自转速度的变更问题”。众所周知，地球是围绕太阳运动的行星之一，每年绕太阳公转一次，其线速度每小时高达 10.8 万 km；同时，地球本身每天自转一次，赤道上任何一点的线速度每小时也有 1674km。如此高速旋转的球体，除两极外，任何一点都受到不同的离心力作用。当地球自转速度发生变化时，就会起自动刹车的作用，从而引起地壳的构造运动。如我们坐汽车，高速行进的车突然减速，人会向前拥；缓慢行驶的车突然加速，人会向后倒。地球自西向东旋转，当变慢时，地壳物质向东挤；当变快时，地壳物质向西滑动，使地壳上粘得不甚牢固的部分跟不上速度加快的步伐而掉队。如美洲大陆相对欧非大陆落后了，在它们之间形成了大西洋；美洲大陆西缘遇着太平洋底阻挡，形成南北向的巨大挤压带。所有这些都已为地质构造的客观事实所证明。

在漫长的地质年代里，地球自转速度到底变化了没有？有人发现，现在生长的珊瑚，每年留下 360 条生长线，可是在中泥盆世时的某种珊瑚，显示一年内有 385～410 条生长线，就是说在那时候一年有 385～410 天。而在晚石炭世时代，珊瑚显示有 385～390 条线。如果地球绕太阳的轨道不变，它公转一周的时间就不大可能有所变化，那么在过去那些时代，地球自转速度比现在就快多了。由于原子钟的诞生，人们可以精确测定地球自转速度的变化。这些事实都反映地球自转速度在漫长的地质年代里是有变化的。

2. 板块构造学说

板块构造学说，是综合许多学科的最新成果而建立起来的关于地球海陆形成和变迁的学说，是 20 世纪世界重大科技成果之一。它是 1968 年由法国地质学家勒皮顺（Lepichon）提出的。他认为地球的岩石层并不是整体一块，而是被一些活动的构造——如海岭（海洋底的山岭）、海沟、平移大断层等所割裂，形成若干个有限的岩石单元，叫做板块。全球岩石层可划分成六大板块，即太平洋板块、亚欧板块、印度洋板块、非洲板块、美洲板块和南极洲板块。在每一个板块内部一般都是比较稳定的，而板块与板块交界的地方，则是地壳比较活动的地带。这里常有火山、地震活动以及挤压褶皱、地热增高、岩浆上升和地壳俯冲等。

地壳上的这些板块是怎样形成的呢？1912 年德国气象学家魏格纳（Wegener）提出了大陆漂移说。他认为，原始地壳大陆象冰山在海中一样漂浮在软流圈上，在 2 亿年前的中生代初，大陆自东向西漂移，美洲漂得最快，亚、澳大陆漂得最慢。首先美洲和欧、非洲之间形成大西洋，接着澳大利亚和南极洲之间形成印度洋。这个漂流过程很慢，直到第四纪初期才形成象现代世界上海陆分布的轮廓。仔细观察地球仪和世界地图上各大洲的分布，可以看到世界大陆轮廓具有显著的相似性。如果现在我们把南美大陆和非洲大陆彼此相向移动拼合在一起，两者可以吻合得很好，几乎不留什么空隙。根据大地测量资料，近年来美洲与欧洲之间的距离有所增加，说明这两个大陆至今还处在漂移中。

什么力量驱使大陆漂移和板块运动呢？1961 年美国的赫斯（Hess）和狄兹（Dietz）提出了海底扩张说，表明板块相互水平移动是热力对流作用的结果。大洋中的海岭中脊是地壳张裂的地带，地幔物质不断从这里涌出，冷却固结形成新的海洋地壳。而后涌出的“热流”，又把先前形成的海洋地壳向外推移，自海岭中脊向两旁每年以 0.5～5cm 的速度扩展。当移动的海洋地壳遇到大陆地壳时，就俯冲钻入地幔之中。在俯冲地带，由于拖曳作用，形成了很深的海沟（图 2-1）。如由于印度洋板块向亚欧大陆板块的南缘俯冲，两

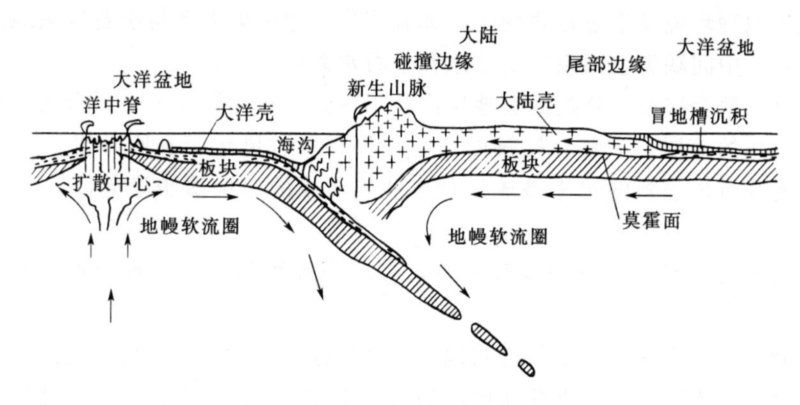

图 2-1　由于海底扩张板块前缘碰撞俯冲形成海沟

板块相撞击，古海槽褶皱形成了巍峨的喜马拉雅山脉。俯冲带实际上是一个面，它大约以45°的倾斜钻入大陆地壳下。因此，在海洋地壳向大陆地壳俯冲的地方，好象一个漏斗，岩石圈的物质随着俯冲地块进入这个漏斗之中，逐渐为地幔所吸收同化。由于海洋地壳在海岭中脊处诞生，到海沟消失，海洋地壳大约 2 亿～3 亿年就可以全部更新一次，所以，海底的岩石都很年青。近代海洋地质调查一直没有找到比中生代还早的海底沉积。太平洋是地球上最老的大洋，海底最古老的岩石是距今 1 亿～2 亿年侏罗纪的沉积岩。

大陆漂移——海底扩张——板块构造是一个问题的三部曲，海底扩张是大陆漂移的新形式，板块构造是海底扩张的引伸，大陆漂移导致了板块构造的形成。板块构造这种新学说，证明地球上正发生着极活跃的“新陈代谢”作用，地球绝不是有些人所想象的那样沉寂，而是一个仍然充满活力、不断运动的星体。

四、地层接触关系

地壳运动不仅与形成岩层有密切关系，而且也影响了地层的接触关系。不同时代地层之间的接触关系有整合、平行不整合、角度不整合三种接触形式，如图 2-2 所示。

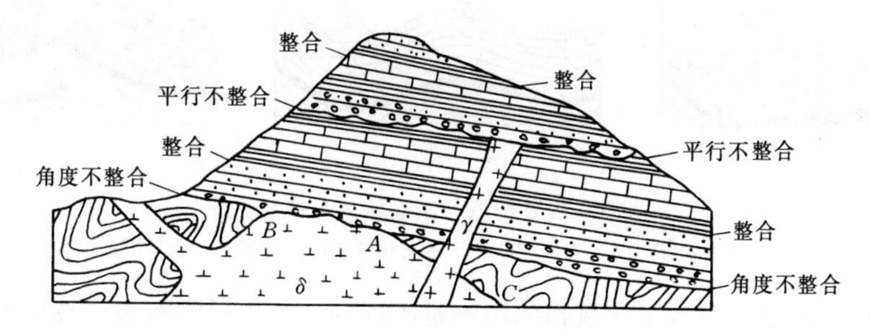

图 2-2　地层接触关系示意图

AB—沉积接触面；*AC*—侵入接触面；*δ*—侵入岩体；*γ*—岩脉

（1）整合接触　是指上下两套地层连续沉积，无间断，产状一致。它说明沉积时，地壳处于比较稳定的持续均匀下降阶段，无显著的构造运动，古地理环境变化很小。在地质图上，两套地层分界线平行重合一致。

（2）平行不整合接触　是指两套地层产状基本一致，但其间沉积不连续，缺失某地质时代的地层。不整合接触面起状不平，常分布有一层底砾岩。它说明地壳有过显著的垂直升降运动，古地理环境发生过显著变化。如我国华北地区奥陶系与中石炭系地层之间即为这种接触关系，中间缺失志留系、泥盆系和下石炭系地层。

（3）角度不整合接触　是指两套地层产状不一致，在接触面上呈一定角度相交，其间缺少某地质时代的地层。不整合接触面上往往保存着古风化壳和底砾岩，有明显侵蚀特征。它说明地壳有过强烈的水平挤压运动，使先形成的地层褶皱隆起，然后下沉接受新的沉积。

此外，岩浆岩与周围岩石的接触关系，有沉积接触和侵入接触两种，如图 2-2 中的 AB 和 AC。

地层之间的不整合接触，不仅说明地壳运动的性质和古地理环境的变迁，而且在工程上具有重要意义。不整合面上下两套地层的岩性常发生突变，剥蚀面上还往往有古风化残余的岩石碎屑和古土壤，由于岩性不均和软弱夹层的存在，可能引起建筑物发生不均匀沉降和滑动破坏，特别是山坡地区的第四纪沉积物和基岩之间的不整合接触更应加以注意。

五、地质构造

地壳运动不仅改变了地表形态，也改变了岩层的原始产状，使其发生变形、变位，甚至破裂，形成了各种各样的构造形态。这些由于地壳运动引起岩层产状变化，形成的不同构造形态统称为地质构造。

一般层状岩石，受到地壳运动作用时，首先产生倾斜弯曲变形，使岩层形成单斜或褶皱，随着作用力的增加，岩层弯曲越来越厉害，当应力超过岩石的强度极限时，便产生破裂错动（图 2-3）。所以，地质构造按构造形态可分为倾斜构造、褶皱构造和断裂构造三种基本类型。

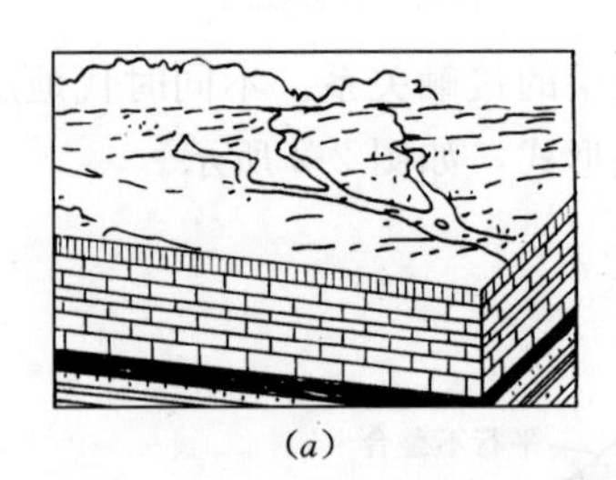
(*a*)

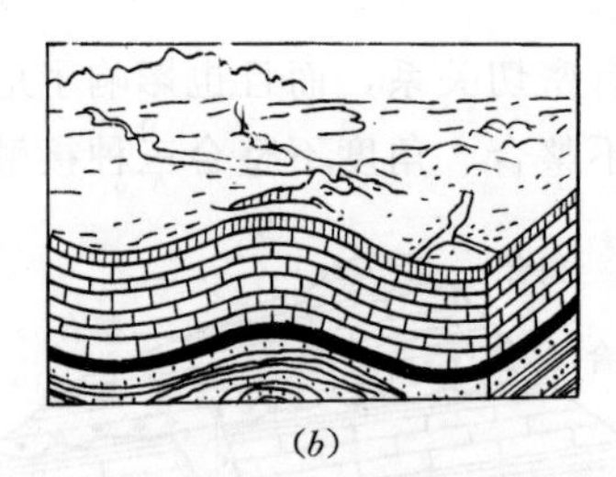
(*b*)

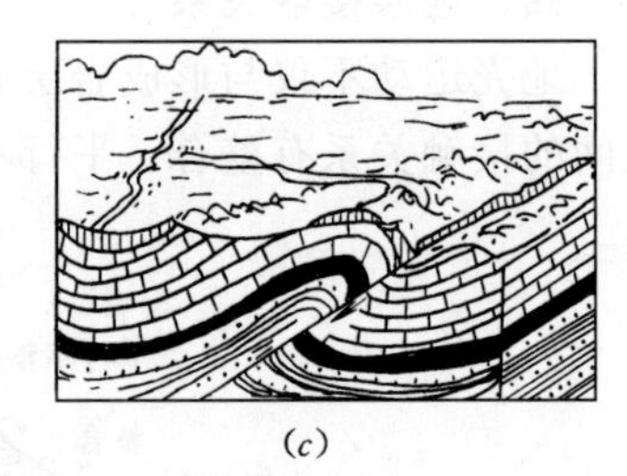
(*c*)

图 2-3　褶皱构造与断裂构造形成示意图

（*a*）岩层的原始状态；（*b*）岩层弯曲产生褶皱构造；（*c*）褶皱进一步发展成断裂构造

不同的构造形态，对水工建筑物的影响是不同的。如岩层的断裂，破坏了岩体的完整性，降低了岩体的稳定性，增大了岩体的透水性，故对水工建筑物产生了不良影响。而单斜或褶皱构造，使岩层层面的倾斜方向和倾角发生变化，从而改变了岩体的稳定条件和渗漏条件。因此，在水利建设中研究地质构造具有非常重要的意义。

第二节　倾斜构造和岩层产状

原始沉积的岩层，除少部分未受到地壳运动的影响仍然保持其近似水平的产状外，大部分都经过地壳运动而改变了原来的产状，使岩层与水平面之间形成一定角度关系，这种倾斜岩层称为倾斜构造。在一定范围内，岩层的倾斜方向和倾角大体一致的单斜岩层，称为单斜构造。倾斜构造在地表出露往往是局部现象，在一定区域内它常是组成其他较大地质构造的一部分。

一、倾斜岩层的产状

岩层的产状，是指岩层在地壳中的空间方位。为了确定倾斜岩层的产状，必须用岩层面的走向、倾向和倾角三个产状要素来表示（图 2-4）。

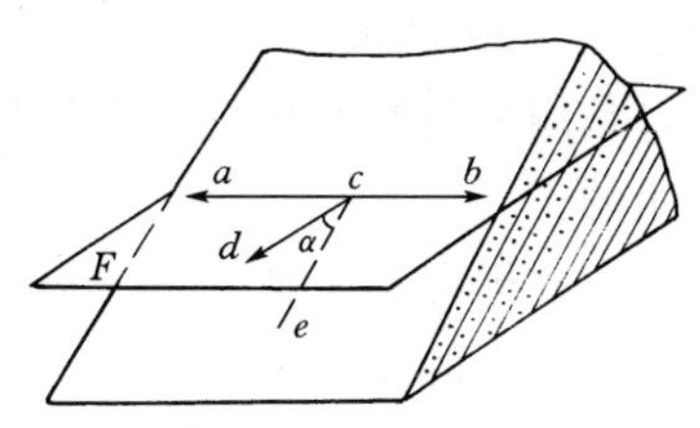

图 2-4　岩层产状要素

ab—走向线；cd—倾向线；ce—倾斜线；F—水平面；α—倾角

（1）走向　倾斜岩层面与水平面的交线称为走向线，走向线的方向即为岩层的走向。走向表示岩层在水平面上的延伸方向，多数山脊的延伸方向都是与岩层走向一致的。对于同一岩层面，其走向有两个方向，角度相差 180°。

（2）倾向　在岩层面垂直于走向线，沿岩层倾斜面向下所引的一条直线叫倾斜线，倾斜线在水平面上的投影所指的方向即为岩层的倾向。倾向表示岩层面的倾斜方向。对于同一岩层面，倾向只有一个方向，并且倾向与走向垂直，因此倾向只能用一个角度数值表示，倾向±90°＝走向，但走向±90°≠倾向。

（3）倾角　岩层面与水平面的夹角称为岩层的倾角。倾角的大小表示岩层的倾斜程度。倾角变化在 0°～90°范围内。若倾角等于 0°，为水平岩层；倾角等于 90°，则是直立岩层。倾角分为真倾角和视倾角。真倾角相当于岩层面与水平面的最大夹角；视倾角为岩层面上任一与走向线斜交的直线和该线在水平面上的投影的夹角。视倾角永远小于真倾角，二者的关系可用下式表示：

$$\mathrm{tg}\beta = \sin\theta \cdot \mathrm{tg}\alpha \qquad (2\text{-}1)$$

式中　β——岩层的视倾角，°；

θ——岩层走向线与任一视倾斜线投影的夹角，°；

α——岩层的真倾角，°。

在工程中绘制地质剖面图时，常需要利用上式换算剖面上岩层的倾角。

倾斜岩层的产状三要素，对测定一切岩体中的地质结构面的空间位置都是适用的。

二、岩层产状要素的测量

在野外，岩层产状三要素是用地质罗盘测量的。常见的地质罗盘有长方形和圆形（八边形）两种。它的主要构件有磁针、刻度环、方向盘、倾角旋钮、水准泡

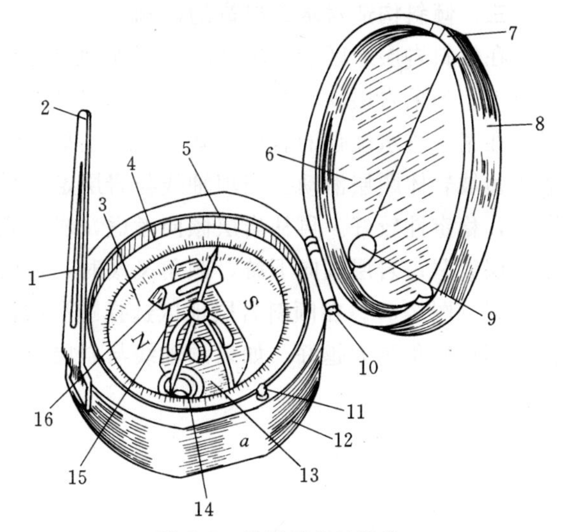

图 2-5　地质罗盘的结构

1—长照准合页；2—短照准合页；3—方向盘；4—刻度环；5—磁针；6—反光镜；7—照准尖；8—上盖；9—反光镜椭圆观测孔；10—连接合页；11—磁针锁制器；12—壳体；13—倾角指示盘；14—圆水准泡；15—测角旋钮（位于仪器方向盘背面）；16—长水准泡

等（图 2-5）。

刻度环和磁针是用来测岩层的走向和倾向。刻度环按方位角分划，以北为 0°，逆时针方向分划为 360 °。在方向盘上用四个符号代表地理方位，即 N，代表北 0°；S，代表南 180°；E，代表东 90°；W，代表西 270°。注意罗盘上标注的东西方向和实际相反，这是因为磁针永远指向南北，当用罗盘测量时，只是方向盘转动，磁针指向不动。方向盘向东转时，磁针则相反地朝西转动。所以，只有将方向盘上的 E、W 方向与实际的东西方向互换位置，才能使测得的方位角与实际相一致。

方向盘和倾角旋钮是测倾角用的。方向盘的角度变化介于 0°～90°之间。

水准泡分固定的和活动的两种。固定水准泡多是圆形的，是用来调整刻度环位置使其水平，以测定岩层的走向和倾向的。活动水准泡是用来测倾角的。

（1）测走向　将罗盘平行于南北方向的长边与层面紧贴，调整固定水准泡居中，这时罗盘边与岩层面的接触线即为走向线，指南针或指北针所指刻度环上的读数就是走向。

（2）测倾向　将罗盘平行于东西方向的短边与层面紧贴，且使方向盘上的北端朝向岩层的倾斜方向，调整固定水准泡居中，这时指北针所指刻度环上的读数就是倾向。

（3）测倾角　将罗盘平行于南北方向的长边紧贴岩层面，使罗盘呈直立状态，并垂直于走向线，转动罗盘背面的倾角旋钮，使活动水准泡居中，这时倾角旋钮所指方向盘上的读数就是倾角。

岩层产状记录时，可写成：走向 E90°，倾向 S180°，倾角 30°，也可只记倾向和倾角两个数据，如写成 180°∠30°。在地质图上可用符号：$\top_{30°}$表示岩层产状，长线表示走向，短线表示倾向，数字表示倾角。

三、倾斜构造对水工建筑的影响

在倾斜岩层地区选择坝址时，当坝轴线与岩层走向垂直时，坝基往往置于不同性质的岩层上，如果岩层软硬相差较大，坝基就可能产生不均匀沉降，也易于产生顺层渗漏，只要存在某一透水性强的岩层，就可能产生集中渗漏。同时，岩层倾向河谷的一侧，可能会造成边坡岩体顺层滑动。当坝轴线与岩层走向平行时，坝基可选择在岩性较好的同一种岩层上，稳定性较好。再从岩层倾向考虑，岩层倾向上游，对坝基抗滑稳定有利，也不易产生顺层渗漏；岩层倾向下游，倾角又缓时，岩层的抗滑稳定性最差，也容易向下游产生顺层渗漏（图 2-6）。在倾斜岩层地区选择隧洞线路时，应使洞轴线与岩层走向的交角要大，而且岩层倾角越大越好。如果洞轴线与岩层走向交角小或几乎平行时，则洞顶产生较大偏

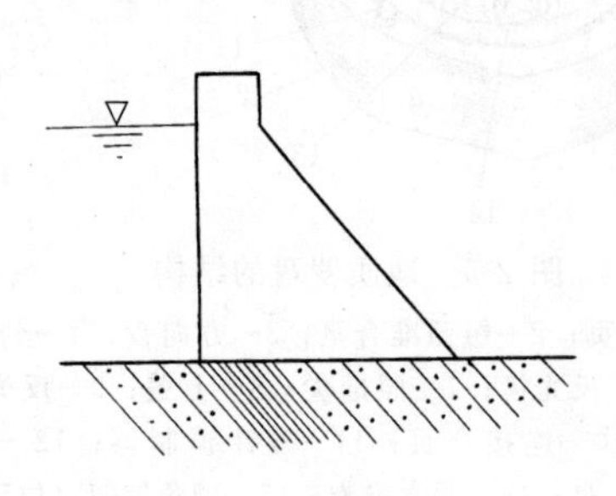

图 2-6　岩层倾向下游时对坝基稳定渗漏的影响

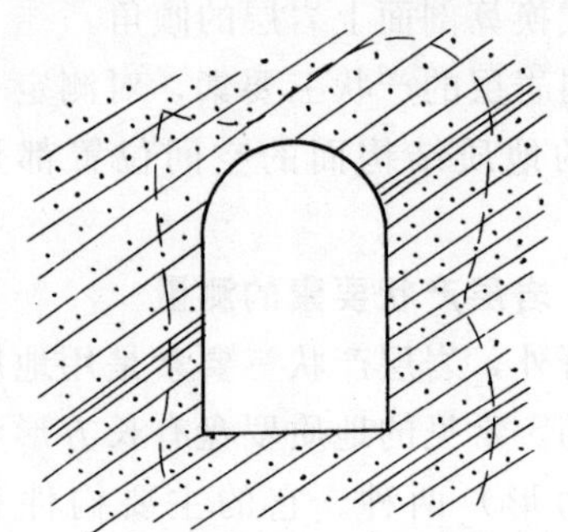

图 2-7　倾斜岩层山岩压力分布示意图

压（图 2-7），不利于隧洞围岩稳定。

第三节 褶 皱 构 造

岩层在地壳运动作用下产生一系列波状弯曲，这种塑性变形特征称为褶皱构造。岩层的弯曲有的向上，有的向下，每一个弯曲都叫褶曲。两个或两个以上褶曲的组合叫褶皱。因此，褶曲是褶皱构造的基本单位。褶曲构造是地壳上广泛发育的地质构造形态之一，它的规模大小不一，小的可以出现在一小块岩石标本上，大的在野外可达数十公里。褶曲一般在层状沉积岩中最为明显，而在块状岩体中则很难看到。

一、褶曲要素

褶曲的形态是多种多样的，为了研究褶曲形态及其空间展布特征，先要了解褶曲要素，即褶曲的组成部分。它包括褶曲的核部、翼部、轴面、轴和枢纽等（图 2-8）。

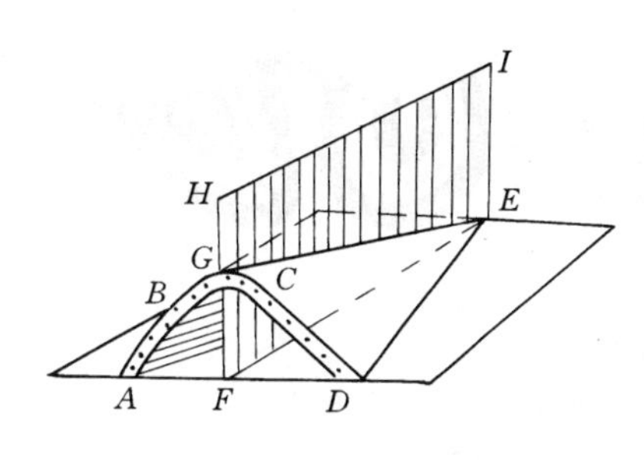

图 2-8 褶曲要素示意图

AB、CD—翼部；被 ABGCD 包围的内部岩层-核部；BGC—转折端；EG—枢纽；EFHI—轴面；EF—轴

（1）核部　指褶曲中心部位的岩层。核部的岩层有的时代老，有的时代新。褶曲两侧同一岩层在核部相交，形成一定夹角，这个角称顶角，顶角的大小反映了褶曲的弯曲程度。

（2）翼部　指褶曲核部两侧部位的岩层。一个褶曲具有两个翼，两翼岩层与水平面的夹角叫翼角，翼角越小，褶曲越平缓。由褶曲一翼向另一翼过渡的弯曲部分叫转折端。

（3）轴面　指假想的平分褶曲顶角或两翼的平面。轴面把褶曲分成相等或近似相等的两部分。轴面可以是直立的、倾斜的，或是水平的，轴面的产状变化反映了褶曲横剖面的形态。

（4）轴　指轴面与水平面的交线。轴永远是水平的，它可以是水平的直线，或是水平的曲线。轴的方向代表褶曲的延伸方向，轴的长度可以反映褶曲的规模。

（5）枢纽　指褶曲岩层的层面与轴面的交线。枢纽可以是水平的、倾斜的，或是波状起伏的，它反映了褶曲在其延伸方向上产状的变化。

二、褶曲的类型

（一）褶曲的基本类型

尽管褶曲有各式各样的形态，但根据组成褶曲的核部与翼部岩层时代的新老关系，可将褶曲分为背斜和向斜两种基本类型（图 2-9）。

（1）背斜　在外形上是一个岩层向上拱起的弯曲。两侧岩层常向外倾斜，核部为时代较老的岩层，向两翼逐渐变为时代较新的岩层，并且两边呈对称重复出现。在地形上，背斜可以形成山岭，也有的背斜由于核部是软弱岩层，在遭受风化剥蚀后形成谷地。

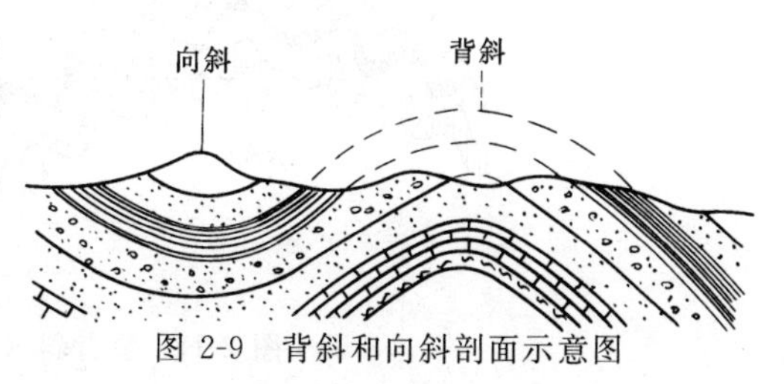

图 2-9 背斜和向斜剖面示意图

（2）向斜　在外形上是一个岩层向下坳陷的弯曲。两侧岩层多向内倾斜，其核部岩层时代较新，向两翼渐变为时代较老的岩层，并且两边呈对称重复出现。在地形上，向斜往往构成低洼谷地，但有时核部是坚硬岩层，而两翼是软弱岩层，经风化剥蚀后核部也能形成高山。

（二）褶曲的形态类型

在自然界，褶曲构造除背斜和向斜两种基本类型外，还可进一步按轴面产状进行形态分类。褶曲的形态在一定程度上反映了褶曲形成的力学背景和构造条件。常见的有：

（1）直立褶曲　轴面直立，两翼岩层向两侧倾斜，且翼角近于相等，如图 2-10（*a*）。

（2）倾斜褶曲　轴面倾斜，两翼岩层向两侧倾斜，但翼角不等，如图 2-10（*b*）。

（3）倒转褶曲　轴面倾斜，两翼岩层向同一方向倾斜，如图 2-10（*c*）。倒转褶曲中，一翼岩层层序正常，新岩层位于老岩层之上；另一翼岩层倒转，老岩层盖在新岩层之上。

（4）平卧褶曲　轴面近于水平，一翼岩层层序正常，另一翼则倒转，如图 2-10（*d*）。

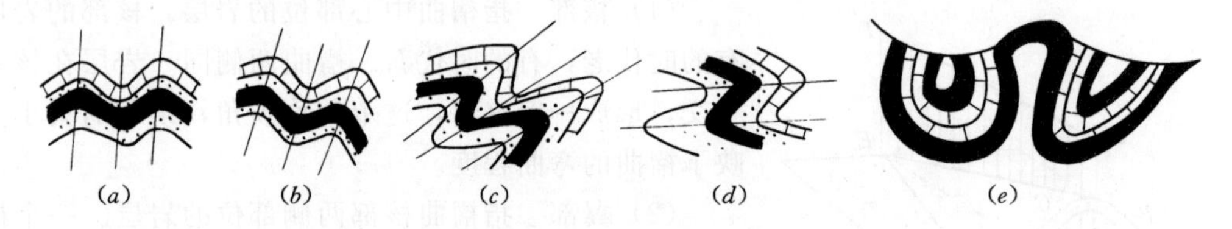

图 2-10　褶曲形态分类剖面图

（*a*）直立褶曲；（*b*）倾斜褶曲；（*c*）倒转褶曲；（*d*）平卧褶曲；（*e*）扇形褶曲

（5）扇形褶曲　两翼岩层均倒转，形似扇子的褶曲。扇形褶曲转折端平缓，轴部常有隔离核心，如图 2-10（*e*）。这种褶曲岩层褶皱强烈，它反映了两翼遭受挤压力较大。

此外，还有一些其他类型的褶曲构造。如果枢纽是水平的或倾斜的，可分别称为水平褶曲和倾伏褶曲。如果褶曲轴向不明显，长与宽之比小于 3：1，近于浑圆形时，若核部由老岩层组成，四周为新岩层则称为穹窿；若核部由新岩层组成，四周为老岩层则称为构造盆地。

（三）褶曲的组合类型

一系列褶曲组合起来统称为褶皱。在广大的地区内，褶曲组合的褶皱形态有以下两种类型：

（1）复背斜　是由一系列较小的背斜与向斜而组成的一个大型背斜，如图 2-11（*A*）。

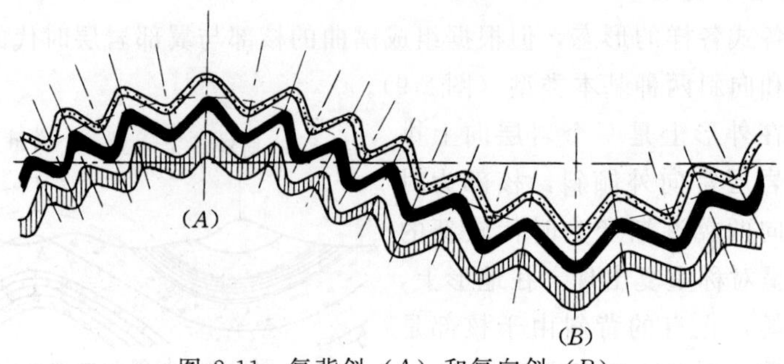

图 2-11　复背斜（*A*）和复向斜（*B*）

（2）复向斜　是由一系列较小的背斜与向斜而组成的一个大型向斜，如图 2-11（*A*）。

复背斜、复向斜和背斜、向斜一样，复背斜核部仍然由较老岩层组成，而复向斜核部则由较新岩层组成。复背斜和复向斜都是在地壳运动比较强烈地区形成的褶皱构造，所涉及的范围较大。我国一些著名的山脉如昆仑山、祁连山、秦岭等都具有这种构造形态。

三、褶曲构造的野外识别

在野外识别褶曲构造时，首先要注意两点：一是不要把褶曲构造和现代地形混同起来，即不能把高山看作为背斜，而把谷地看作为向斜。褶曲构造形态与地形有时基本一致，有时又不相吻合。因为褶曲在形成以后，一般要遭受风化剥蚀作用，背斜轴部由于裂隙发育，易于风化剥蚀，这里反而可能形成谷地，而向斜轴部则可能形成高山。特别是当背斜核部为软弱岩层或向斜核部为坚硬岩层时，更易形成地形倒置现象（图 2-12）。二是判断褶曲基本类型不能只根据岩层产状，即认为岩层相背倾斜的就一定是背斜，岩层相向倾斜的就一定是向斜，这也可能得出错误的结论，如扇形背斜两翼岩层产状相向倾斜，扇形向斜则相背倾斜，当然这种情况是很少见的。

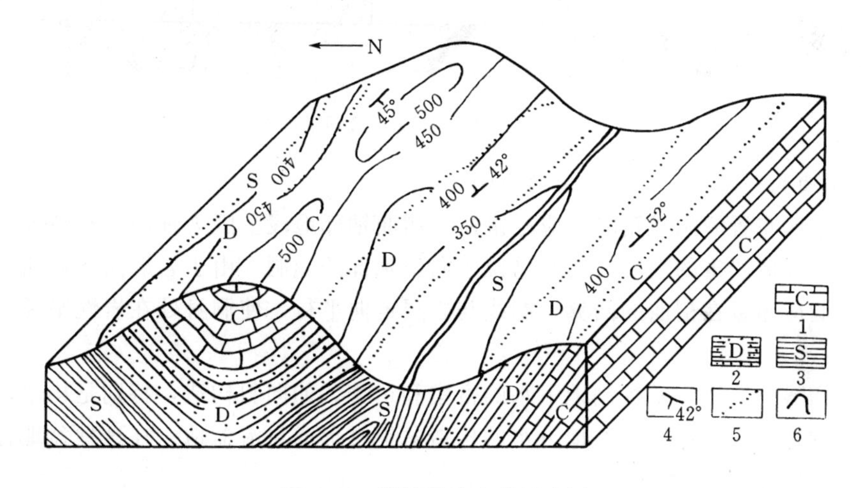

图 2-12　褶皱构造立体示意图

1—石炭系；2—泥盆系；3—志留系；4—岩层产状；5—岩层分界线；6—地形等高线

野外分析褶曲构造时，应垂直岩层走向观察出露岩层的层序、时代和产状。如果发现岩层有规律对称重复出现，就可以肯定存在褶曲构造。然后，再分析岩层新老组合关系，如果老岩层在中间，新岩层在两边，可认为是背斜；反之，则是向斜。最后，还要分析岩层产状，如果两翼岩层均向外倾斜或向内倾斜，倾角大体相等者，可认为是直立背斜或直立向斜，倾角不等者则为倾斜褶曲。若两翼岩层向同方向倾斜，则为倒转褶曲；若两翼岩层均倒转，则为扇形褶曲。如图 2-12 是一个地区的立体地质示意图，区内岩层走向近东西，垂直岩层走向（即从南北方向）观察，就会发现志留系及石炭系地层是两个对称中线，其两侧地层对称分布重复出现，所以该地区有两个褶曲。再比较地层新老关系，可以看出其中一个褶曲的核部为志留系老地层，两翼为泥盆系和石炭系新地层，故是个背斜；另一个褶曲的核部为石炭系新地层，两翼为泥盆系和志留系老地层，故是个向斜。最后，分析岩层产状，发现向斜两翼岩层向内倾斜，倾角相近，分别为 42°、45°，所以是一直立向斜；背斜两翼岩层均向北倾斜，因此，是一个倒转背斜。

四、褶曲构造对水工建筑的影响

（一）褶曲构造对坝基岩体稳定和渗漏的影响

在褶曲地区选择坝址时，应尽量避开褶曲的核部地段，因为核部尤其是转折端的顶部张应力集中，往往岩层破碎，裂隙发育，易风化，岩体强度低，透水性强，所以工程地质条件较差。当坝址选择在褶曲的翼部时，要注意岩层的产状。岩层倾向上游，且倾角较大（约45°左右）时，对坝基岩体抗滑稳定最有利，也不易产生顺层渗漏；岩层倾向下游，且倾角平缓（小于30°）时，岩层的抗滑稳定性最差，也容易向下游产生顺层渗漏。如图2-13，在褶皱构造的不同部位上布置了四条坝线可供选择，其中Ⅱ、Ⅳ坝线分别位于背斜和向斜的核部，首先予以淘汰；Ⅰ、Ⅲ坝线分别位于褶曲的两翼，因为Ⅰ坝线位于倾向上游一翼，故为最优坝线。

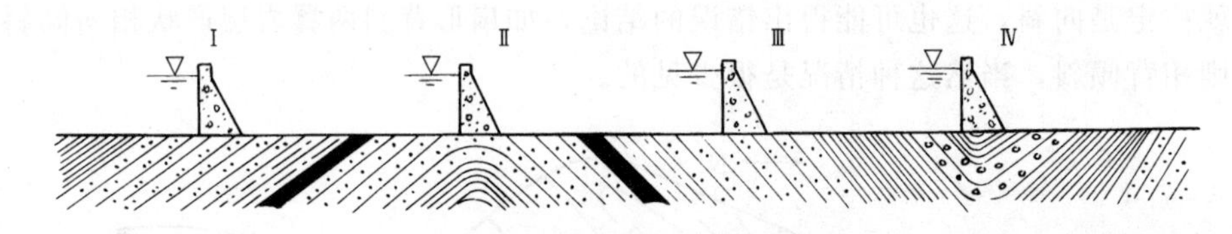

图 2-13　褶皱不同部位上筑坝剖面图

（二）褶曲构造对隧洞围岩稳定的影响

在褶曲地区布置隧洞线路时，应尽量避开褶曲轴部地段。因为轴部岩石破碎，在隧洞开挖时有可能造成严重的塌方，尤其是位于向斜轴部的隧洞，由于岩层向下弯曲，其稳定性极差。隧洞应布置在褶曲的两翼，洞线与岩层走向平行，使洞身处在岩性坚硬、稳定性好的岩层中。

此外，褶皱构造还经常控制地下水的富集和运移。如向斜构造，特别是构造盆地常是良好的储水构造。这种储有丰富地下水的构造盆地常形成自流盆地。在这种盆地打井，地下水可源源不断地流出。

第四节　断　裂　构　造

岩层在地壳运动的作用下产生断裂错动的现象，称为断裂构造。根据断裂面两侧岩层有无明显的位移，可将断裂构造分为裂隙和断层两类。断裂面两侧岩层没有发生明显位移的，称为裂隙；有明显位移的称为断层。所以，断层与裂隙不同，它包括断裂和位移（即错动）两重意义。断裂构造破坏了岩层的连续完整性，因此，它对水工建筑物地基岩体的稳定和渗漏有很大影响，而且常起控制作用。

一、裂隙

岩层受构造力影响而产生的裂缝叫构造裂隙，亦称为节理。由于地壳运动在一个地区有方向性，所以构造裂隙在自然界的分布是有规律的（图2-14）。它一般延伸较长、较深，且成系统，成组成群的出现。通常把在同一时期、同一作用力下形成的彼此平行或近于平行的裂隙，称为裂隙组。

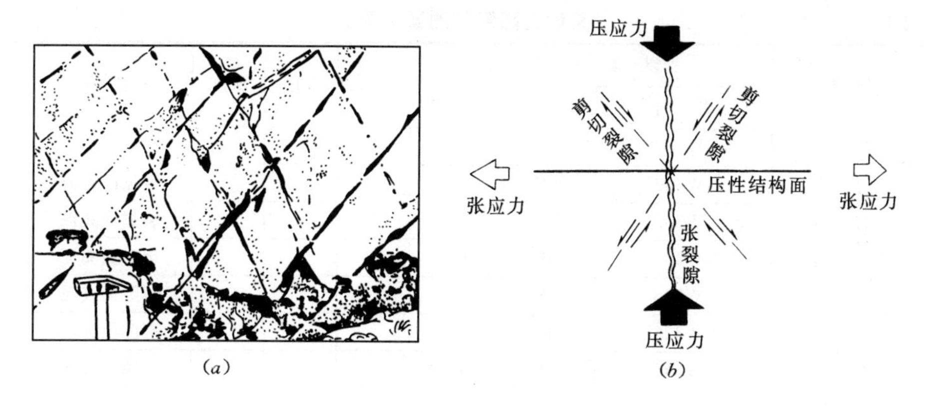

图 2-14 岩石中的构造裂隙

（a）广东德石灰岩中的剪切裂隙；（b）构造应力场恢复

（一）裂隙的类型及特征

构造裂隙按力学性质，可分为张裂隙和剪切裂隙两种。

（1）张裂隙　张裂隙是由张应力作用而产生的裂隙。它具有张开的裂口，呈上宽下窄的楔形，破裂面粗糙不平，平面上延伸不远即尖灭，相邻裂隙间距较大等特点。张裂隙如果通过坚硬的砾岩，裂隙面往往绕过砾石颗粒，呈现凹凸不平状。这种裂隙多发育于褶皱轴部等张应力集中的部位，并常为石英脉、方解石脉和粘土等物质所充填。

（2）剪切裂隙　剪切裂隙是由剪应力作用而产生的裂隙。它具有紧闭的裂口，裂隙面平直光滑，延伸较远，有时断裂面上可见小擦痕，相邻裂隙间距小等特点。如果剪切裂隙通过砾岩，裂隙面往往切断砾石颗粒。这种裂隙在岩层中多成对交叉出现，具有共扼关系，所以也叫“X”节理（图 2-14）。剪切裂隙发生的位置，一般是在与压应力方向夹角呈 $45°-\frac{\varphi}{2}$ 的平面上，据此可推测区域构造应力的作用方向。

（二）裂隙统计及工程地质评价

在生产实践中，研究裂隙主要解决两个基本问题：一是对裂隙发育程度进行定量评价；二是查明裂隙分布规律，找出其发育的主要方向，并结合具体的工程对其危害性作出评价。为了反映裂隙的分布规律和发育程度，常采用调查统计和图解的方法把它表示出来。

1. 裂隙玫瑰图的编制与分析

（1）选择裂隙观测点　作裂隙玫瑰图前，首先在主要建筑物地段（如坝基、坝肩、隧洞进出口、溢洪道边坡等处），选择岩石露头较好，裂隙比较发育，面积为 1m×1m 或 2m×2m 的地块作为观测点。

（2）裂隙观测内容　野外裂隙观测的内容主要有：裂隙类型、裂隙产状（包括裂隙面的走向、倾向和倾角）、裂隙的延展性（包括裂隙的长度、宽度和深度）、裂隙的充填情况、裂隙发育的条数等。裂隙面产状测量方法与岩层产状测量相同，为了测量方便，可将硬纸板插入岩石裂缝中测其产状要素。表 2-1 是某地裂隙野外测量的结果。

（3）作裂隙走向玫瑰图　对裂隙产状要素中的走向资料进行整理，以每 10°（或 5°）为一区间分组，并统计每组裂隙的条数和平均走向（或用区间中值），如表 2-2 所示。

表 2-1　　　　　　　　　　**某地裂隙野外测量记录表**

编号	裂隙类型	裂隙产状			长度	宽度	深度	充填情况	条数
		走　向	倾　向	倾　角					
1	剪　切	NW307°	NE	18°					2
2	剪　切	NW332°	NE	10°				裂隙面夹泥	2
3	剪　切	NW335°	NE	12°				裂隙面夹泥	1
4	剪　切	NW336°	NE	15°				裂隙面夹泥	1
5	剪　切	NW338°	NE	15°				裂隙面夹泥	1
6	剪　切	NW325°	NE	22°				裂隙面夹泥	3
7	剪　切	NW341°	SW	60°				裂隙面夹泥	1
8	剪　切	NW344°	SW	62°					1
9	剪　切	NW348°	SW	65°					1
10	张	NW353°	NE	75°					2
11	张	NE7°	NW	80°					4
12	张	NE15°	SE	80°					3
13	张	NE26°	NW	73°					1
14	剪　切	NE33°	SE	70°					4
15	剪　切	NE45°	NW	60°					2
16	剪　切	NE52°	NW	55°					4

然后取适当长度值为半径作半圆，把半径按比例分成等份，代表裂隙的条数。沿半圆周标出北、东、西三个方向，并按方位角划分出刻度，表示裂隙的走向。根据表 2-2 裂隙走向分组统计资料，按每组节理的平均走向和条数在半圆坐标系的相应位置上画点，将相邻组的点用直线连接。若相邻组之间没有点时，需将该点和圆心相连。把所构成的图涂上颜色，即得裂隙走向玫瑰图，如图 2-15 所示。从图中可以看出裂隙的分布规律和最发育的节理组。该观测点发育三组裂隙，平均走向分别为 NW335°、NE7°、NE40°左右，其中走向 NW335°一组裂隙最发育。所谓最发育一组裂隙，是指数量最多的一个走向区间或相邻几个走向区间的裂隙。图 2-15 中最发育一组裂隙包括了走向 NW321°～330°、331°～340°、341°～350°三个相邻区间的 11 条裂隙。

（4）作最发育裂隙组的倾向、倾角图　将

表 2-2　　　　**裂隙走向分组表**

走向 NE			走向 NW		
走向区间	平均走向	条数	走向区间	平均走向	条数
1°～10°	7°	4	301°～310°	307°	2
11°～20°	15°	3	321°～330°	325°	3
21°～30°	26°	1	331°～340°	335°	5
31°～40°	33°	4	341°～350°	344°	3
41°～50°	45°	2	351°～360°	353°	2
51°～60°	52°	4			

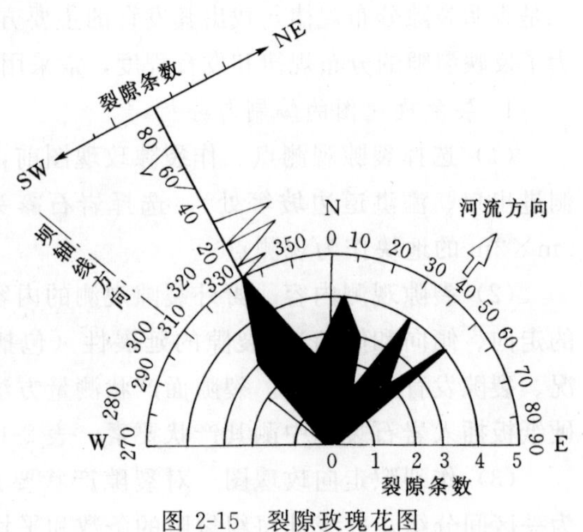

图 2-15　裂隙玫瑰花图

表 2-1 中最发育一组裂隙的倾向分为 NE 和 SW 两组。接着对倾角以每 10°为一区间再进行分组，并统计每组裂隙的条数，结果见表 2-3。

表 2-3　　最发育裂隙倾向倾角分组表

走　向 NW		
倾　向	倾角分组	条　数
NE	1°～10°	2
	11°～20°	3
	21°～30°	3
SW	51°～60°	1
	61°～70°	2

作图时，沿最发育一组裂隙的平均走向向圆外引一直线，并将此直线分为 0°～90°，用来表示裂隙的倾角。在该线顶端再作一垂线，垂线长度按比例等分代表裂隙的条数，垂线的方向代表裂隙的倾向。根据表 2-3 中的数据，按裂隙倾向，以倾角分组区间中值和裂隙条数在半圆外的坐标系中画出一些点，将每个点与所在区间的端点相连，每组分别画成三角形，就完成了最发育一组裂隙的倾向、倾角图（图 2-15）。

（5）裂隙对水工建筑物影响的分析　在裂隙玫瑰图上标出河流及建筑物方向，如图 2-15 所示，坝轴线方向为 NW310°，河流方向为 NE40°。从图中可以看出，该坝址区发育三组裂隙，其中最发育一组裂隙的平均走向是 NW335°，倾向 NE 者较多，且倾角多小于 30°（属于缓倾角裂隙），裂隙面夹泥，所以对坝基抗滑稳定很不利，裂隙倾向下游，易顺裂隙面产生渗漏。在这组裂隙中，倾向 SW 者较少，且倾向上游，倾角较陡，因此，对坝基抗滑稳定影响不大，也不易向下游渗漏。

2. 裂隙数量的统计及裂隙发育程度的评价

表示裂隙发育程度的定量指标有裂隙率、裂隙频数、裂隙系数等。岩石中裂隙数量越多，说明裂隙越发育、岩石越破碎，其工程地质性质越差。

（1）裂隙率　是指一定岩石露头面积内，裂隙面积与岩石总面积之比，即

$$K_j = \frac{\sum A_j}{F} \times 100\% \tag{2-2}$$

式中　K_j——岩石的裂隙率，%；

$\sum A_j$——裂隙面积总和，m^2；

F——所测量的岩石露头总面积，m^2。

（2）裂隙频数　野外选择有代表性的岩石露头，量测两个互相垂直方向上的裂隙条数。然后计算出裂隙总条数与量测线段总长之比值，此值即为裂隙频数，单位以条/m 表示。也有的是只计算大致垂直于某裂隙组走向的单位距离的裂隙条数。裂隙频数亦称为线密度。

（3）裂隙系数　是指野外原位岩石（即岩体）的弹性纵波速度与实验室该岩石试件的弹性纵波速度之比的平方值，也称为岩体的完整性指数，即

$$K_V = \left(\frac{V_{pm}}{V_{pr}}\right)^2 \tag{2-3}$$

式中　K_V——岩石的裂隙系数或岩体的完整性指数（无量纲量）；

V_{pm}——野外原位岩石（即岩体）的弹性纵波速度，m/s；

V_{pr}——实验室岩石试件的弹性纵波速度，m/s。

考虑裂隙率、裂隙频数、裂隙系数和裂隙状况等多方面的因素，岩石的裂隙发育程度可分为不发育、中等发育和很发育三等。它们的特征见表 2-4。

表 2-4　　　　　　　　　　　　　裂隙发育程度等级表

裂隙发育程度等级	裂隙率（%）	裂隙频数（条/m）	裂隙系数	基　本　特　征
不发育	<2	<2	>0.75	裂隙发育1～2组，宽度<1mm，间距>1m，裂隙多闭合，岩体被切割成大块状，对工程建筑可能影响不大
中等发育	2～8	2～5	0.75～0.45	裂隙发育2～3组，宽度1～5mm，间距1～0.4m，裂隙部分闭合，部分微张，少有填充物。岩体被切割成小块状，对工程建筑物可能产生较大影响
很发育	>8	>5	<0.45	裂隙发育3组以上，宽度>5mm，间距小于0.4mm，以张开的为主，一般均有填充物。岩体被切割成碎块状，对工程建筑物可能产生严重影响

二、断层

（一）断层要素

断层的组成部分叫断层要素（图2-16）。一般断层的基本要素有断层面、断层线、断层带、断盘及断距等。

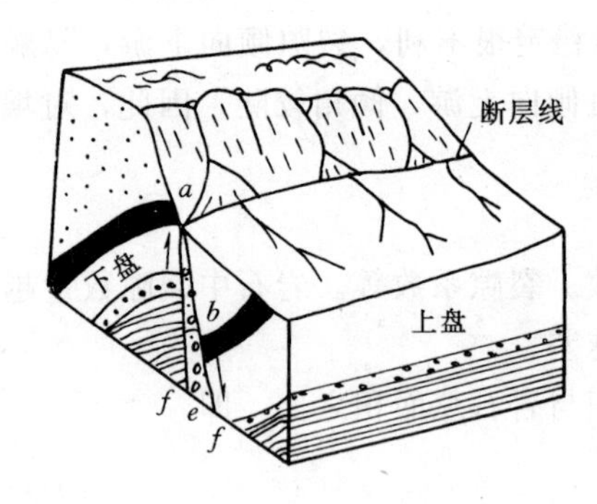

图2-16　断层要素图

ab—断距；e—断层破碎带；f—断层影响带

（1）断层面　是岩层断裂错开的面。断层面上常有擦痕，它可以是平面，也可以是弯曲的或波状起伏的面；可以是直立的，但大多是倾斜的。断层面的空间位置用产状要素来表示。

（2）断层线　是指断层面与地面的交线。它表示断层在地面的延伸方向。

（3）断层带　包括断层破碎带和影响带。较大规模的断层，不是沿着一个简单的破裂面发生，而往往是沿着一个错动带发生，即由几个甚至很多个大致互相平行的破裂面组成，破裂面之间的岩层十分破碎，从而形成具有一定宽度的断层破碎带，其宽度从数厘米到数十米不等。破碎带是指两侧为断层面所限制的岩石强烈破坏部分，常由断层角砾岩、糜棱岩、断层泥等动力变质岩组成。在断层破碎带一侧或两旁的一定宽度范围内，受断层影响裂隙发育或岩层发生牵引弯曲的部分，叫断层影响带，由压碎岩和碎块岩等组成。一般断层面上面这一侧的影响带要宽一些（图2-17）。

（4）断盘　是位于断层面两侧的岩块。如果断层面是倾斜的，则位于断层面以上的岩块叫上盘，反之称下盘。如果断层面是直立的，则往往以方向来说明，如断层的东盘或西盘、左盘或右盘等。还可以根据断层面两侧岩块运动方向分为上升盘和下降盘。

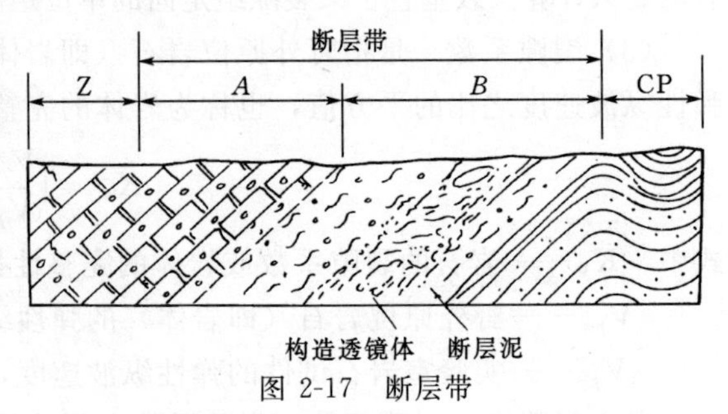

图2-17　断层带

A—断层影响带碎裂硅质白云岩；B—断层破碎带角砾岩和构造岩；Z—震旦系白云岩；CP—石炭二叠系砂页岩

（5）断距　是断层两盘沿断层面相对错开的距离。在实际位移方向上的距离称总断距，其水平分量为水平断距，垂直分量为垂直断距。

（二）断层的基本类型

根据断层两盘相对位移情况，断层可分为正断层、逆断层和平移断层三种基本类型。

（1）正断层　上盘沿断层面相对下降，下盘相对上升，如图 2-18（*a*）。这种断层通常是受到张力或重力作用而形成的，断层面较陡，多在 45°以上，断层面很少见到大片擦痕。在断层两盘之间往往是破碎带，由断层角砾岩组成。

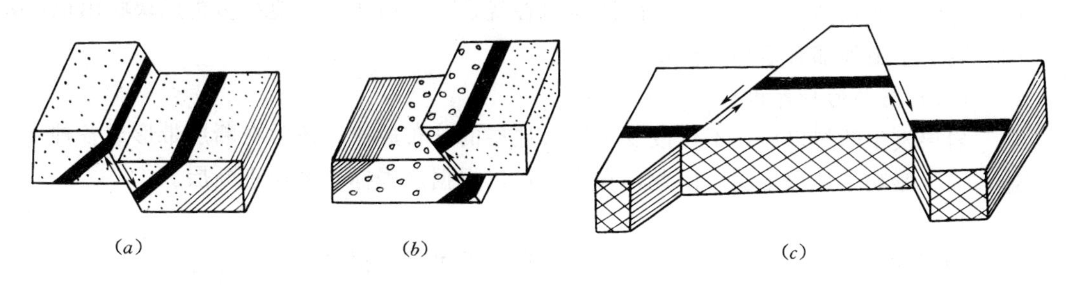

图 2-18　断层类型示意图

（*a*）正断层；（*b*）逆断层；（*c*）平移断层

（2）逆断层　上盘沿断层面相对上升，下盘相对下降，如图 2-18（*b*）。逆断层一般发育在强烈地壳运动的地区，由挤压力作用而形成，上盘岩块被挤压上升重叠在下盘岩层之上。断层面呈舒缓波状，其上往往有擦痕。由于岩层所受挤压力大，所以破碎带中岩屑较多，岩石破碎成片状，并使一些岩块呈透镜体被包裹在破碎带中。根据断层面的倾角，逆断层可分为三种：断层面倾角大于 45°的叫冲断层；在 45°～25°之间的叫逆掩断层；小于 25°的叫辗掩断层。逆掩断层和辗掩断层常是规模很大的区域性断层。

（3）平移断层　两盘沿断层面作相对水平移动。它是在水平挤压力作用下，岩层被剪切破裂而形成的，如图 2-18（*c*）。断层面一般平直光滑，有时好象镜面，并有较多的水平擦痕。破碎带中有大量的由岩石碾磨而成粉末状物质所组成的断层泥。

（三）断层的组合类型

在自然界，断层往往不是单独存在，而是成群出现，许多断层排列在一起形成不同的组合形式，常见的有：

（1）地垒　由两条正断层组合而成，中间岩块上升，两边岩块相对下降，如图 2-19（*a*）。

（2）地堑　由两条正断层组合而成，中间岩块下降，两边岩块相对上升，如图 2-19（*a*）。

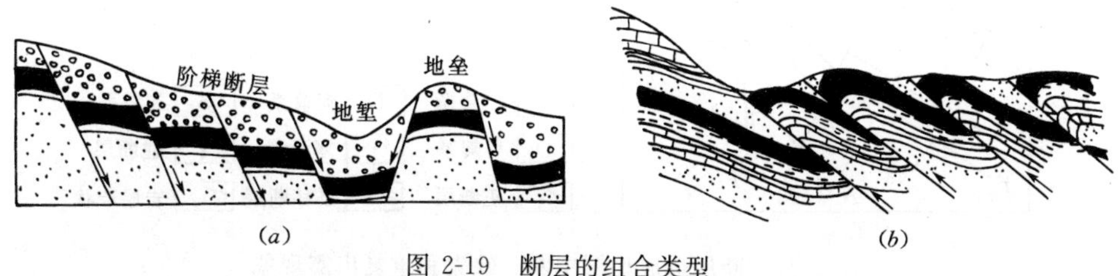

图 2-19　断层的组合类型

（*a*）地垒、地堑和阶梯式；（*b*）叠瓦式

（3）阶梯式断层　由两条或两条以上倾向相同，而又互相平行的正断层组合而成，其上盘岩块依次下降呈阶梯状，如图 2-19（a）。

（4）叠瓦式构造　由一系列大致平行，且倾斜相似的逆断层组合而成，其上盘岩块依次向上冲掩，呈叠瓦式排列，如图 2-19（b）。

地垒和地堑常常共生，两个地堑之间一定是地垒；在两个地垒之间就是地堑。大规模地垒和地堑的形成，往往与区域性地壳的隆起和陷落有关。在地形上，地堑常造成狭长的凹陷地带，如我国山西汾河与陕西渭河河谷就是地堑构造；而地垒多构成块状山地，如天山、阿尔泰山等都有地垒式构造。

（四）断层的野外识别

岩层发生断裂以后，不仅改变了原有地层的分布规律，还常在断层带形成各种伴生构造，而且影响了地形地貌。因此，在野外可以根据这些标志来识别断层。

1. 地层特征

地层的缺失、重复和中断是判别断层存在的可靠证据之一。

（1）地层的重复和缺失　当断层走向大致平行地层走向时，由于断层两盘的相对升降，可造成地层缺失及变窄，或造成地层不对称重复出现及变宽。它取决于断层两盘的相对运动关系及断层面和岩层产状的相互关系，如图 2-20 所示。

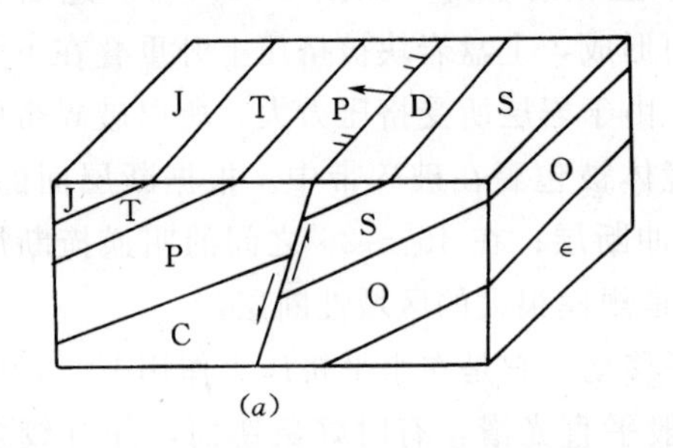

(a)

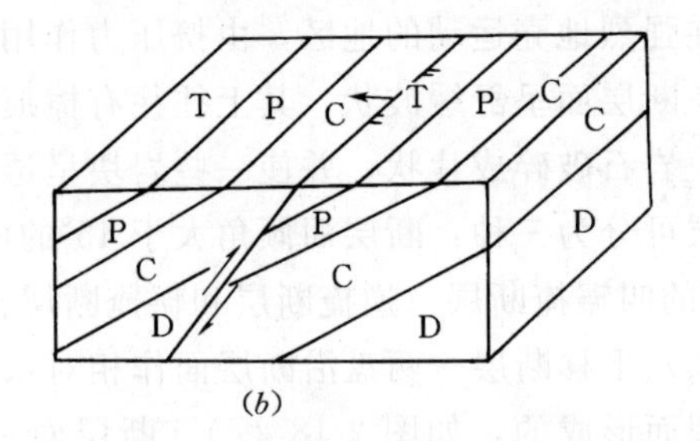

(b)

图 2-20　断层造成的地层重复、缺失

（a）地层缺失（正断层）；（b）地层重复（逆断层）

（2）地层的中断　当断层走向与地层走向垂直或斜交时，无论是正断层、逆断层，还是平移断层，在野外追索某一地层都会出现突然中断，使不同时代或不同岩性的地层顺走向突然接触，而且在剖面图上也都可表现为地层的相对升降和错开，如图 2-21 所示。

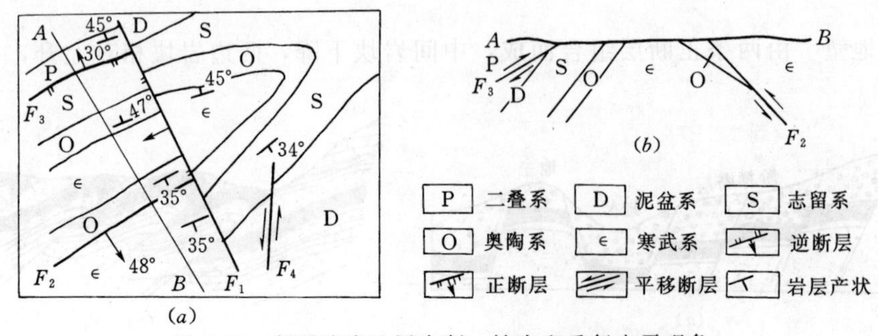

图 2-21　断层造成地层中断、缺失和重复出露现象

（a）平面图；（b）剖面图

应用上述地层标志识别断层时，要注意与岩层的不整合接触而造成的地层缺失和由褶皱所造成的地层对称重复现象区别开来。否则，会把地层的不整合接触、岩层的自然尖灭等现象误认为是断层。

2. 伴生构造现象

断层的伴生构造是断层在发生、发展过程中所留下的形迹，常见的有断层面上的擦痕、岩层的牵引褶曲和断层带的构造岩等，它们是识别断层的又一重要标志。

（1）断层面上的擦痕　由于断层两盘的相对移动和摩擦作用，在滑移面上产生一条条彼此平行密集的微细刻槽，这些刻槽称为擦痕（图 2-22）。顺擦痕方向用手抚摸，感到光滑的方向即为擦痕对盘岩块的移动方向。另外，在擦痕的一端常有与滑动方向垂直的小阶梯称为阶步，它是两盘错动时被拉断而形成的，其阶面所对的方向即为对盘的移动方向。

（2）岩层的牵引褶曲　是指断层两盘在相互移动时，断层带两侧的岩层因受其影响而形成的小弯曲（图 2-23）。一般情况下，牵引褶曲在柔性岩层和薄层岩石中易于形成，厚层岩石中则少见。根据牵引褶曲的弯曲方向，可以判断两盘相对位移的方向。

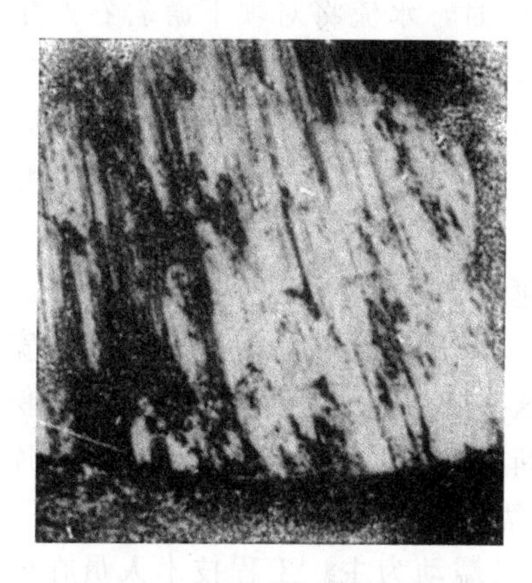

图 2-22　南京幕府山断层擦痕

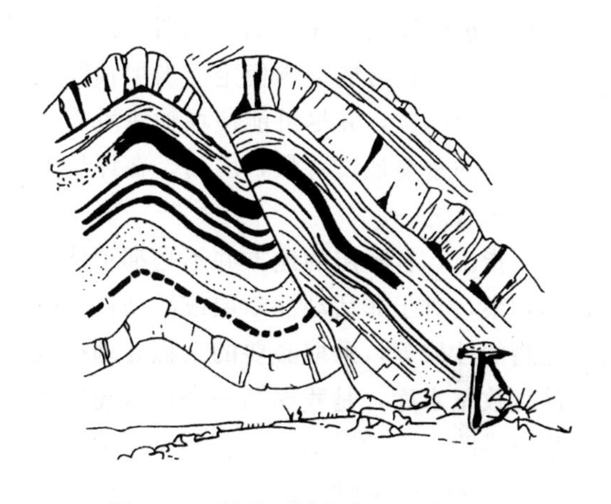

图 2-23　断层两侧的牵引弯曲现象

（3）断层带的构造岩　在断层带（包括破碎带和影响带）内因受构造作用所产生的动力变质岩，统称构造岩。除断层角砾岩外，它还包括断层泥、糜棱岩、压碎岩、片状岩等。

3. 地形、水文和植被上的标志

大的断层可使地形地貌形态发生突然变化，如高山突然变为平原，连续的山脊突然中断或错开位置，山脊垭口的出现，大冲沟的形成等。此外，断层的上升盘可以突出地表形成悬崖，叫做断层崖。断层崖因受垂直于断层面的流水侵蚀而形成 V 型谷，谷与谷之间形成的三角面，叫断层三角面（图 2-24）。假如山前有一系列三角面存在，则很可能有断层存在。

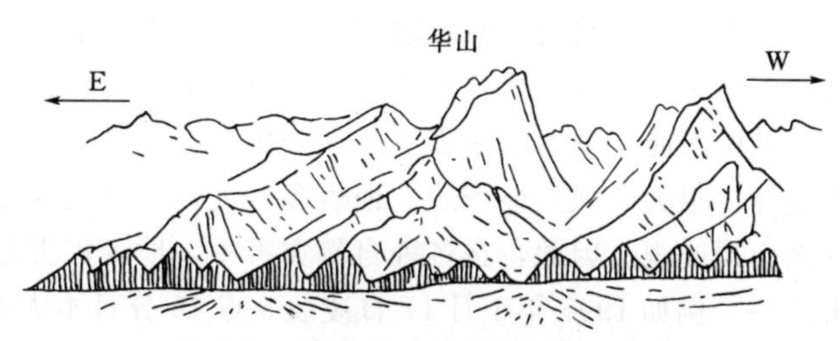

图 2-24　西岳华山北侧的断层三角面

断层还可以影响地表水和地下水的分布和流动方向。如河流突然改变方向，支流以直角注入干流，成线状分布的一系列湖泊和泉水等。著名的北京玉泉山泉水就是出现在石炭二叠系煤系地层与奥陶系石灰岩接触的断层线上。云南东部的草海、阳宗海、滇池、抚仙湖等大小几十个湖泊，都是沿着滇东大断裂分布的。

植物分布的特点，有时也可以作为分析断层存在的一种标志。如有时沿断裂带两侧因岩性不同而生长着不同的植物群落，有时在断层带内因水分较充足，生长着喜湿的高大植物等等。

三、断裂构造对水工建筑的影响

断裂构造破坏了岩石的完整性和连续性，降低了岩石强度，增强了透水性，所以断层破碎带和裂隙密集带往往成为地下水的良好通道，在山区找水时要很好地研究断裂构造。但它常给水工建筑物的稳定和渗漏带来不良影响。因此，在选择坝址、确定隧洞和渠道线路时，要尽量避开大的断层带、断层交汇带、裂隙密集带等构造破碎带和集中渗漏带。当无法避开时，可调整建筑物轴线的位置，以减轻断裂对工程建筑的不利影响。如坝轴线与断层带平行时，应尽能使断层带位于坝址上游区，不宜放在下游区，因为坝址下游应力集中，岩基要承受较大的压应力。另外，当坝顶有溢流段时，水流将对坝下游岩石产生冲刷，有断层带存在可能影响稳定。当坝轴线与断层带斜交时，最好不要使断层斜交在坝基中部最大受力部位，并尽可能使坝轴线垂直通过断层带。此外，断层特别是活动性断层，是导致地震的重要地质背景，因而，在评价大型水工建筑物的区域地壳稳定性时，它是研究的主要内容之一。

必须指出，有断层的地方并不是都不能进行工程建筑，对具体情况应作具体分析。经过详细勘察，对于非活动性断层或活动性不强的断层，可根据断层的大小、破碎带的宽度与填充物的性质等，采取必要的工程处理措施之后，这些断层仍然是可以搞建筑的。例如新疆的克孜尔水库，是我国第一个挡水建筑物跨越活断层的大型水利水电工程。该水库副坝右坝肩横跨一条活断层和层间错动带，这条断层两盘平均差异升降0.307mm，年平均缩短量0.48mm，反时针扭动量0.572mm，活动方式以蠕动为主。工程技术人员在研究了该活断层变形资料和压水试验资料后，认为可对断层带进行处理，经过采取固结灌浆和帷幕灌浆、设计两排高塑性粘土墙及砂砾料坝体等措施后，大坝已蓄水发电。该水库的兴建，为我国在构造稳定性差或较差地区修建水利工程提供了有益经验。

第五节　地　震

一、地震及其成因类型

地壳快速颤动的自然现象称为地震。地震从孕震、发震，到余震的全部作用过程，称为地震作用。地震是现今地壳运动的一种特殊表现形式。全世界每年约发生500万次地震，其中人能感觉到的地震不过5万次左右，至于7级以上的大地震平均约20次。地震的破坏力很大，强烈地震后，地表多有变动，如地裂、山崩、滑坡、地陷或喷水冒砂等，甚至山川改观。因此，在各种自然灾害中，地震灾害是对人类和社会威胁最严重的自然灾害之一。例如1995年1月17日凌晨5点46分日本大坂神户的地面突然颤抖起来，2秒钟后变为剧烈震撼，7.5秒种后一切都改变了模样。震后拍摄的航空照片犹如第二次世界大战时被美军炸毁的东京一样残不忍睹。这次坂神 7.2 级大地震，释放的能量至少相当于 70 多颗 1945 年美国投向广岛原子弹能量的总和，共震毁房屋 5.5 万间，破坏 3.2 万余间，死亡 6430 人，伤 2.6 万余人，灾民总数达 380 余万人，造成直接经济损失超过 960 亿美元，给日本经济以沉重打击，特别是对电子、汽车、机械等工业和海陆交通运输业打击最沉重。在修建水利工程时，应当调查研究建筑地区地壳的稳定性和发震的可能性及其影响程度，以便为工程建筑选择安全稳定的场址，并采取相应的防震、抗震措施。

（一）震源、震中和地震波

地球内部发生地震的地方叫震源，震源在地面上的垂直投影叫震中。由震中到震源的深度叫震源深度（图 2-25）。根据震源深度，地震分为浅源地震（深度为 0～70km）、中源地震（70～300km）和深源地震（超过 300km）。目前观测到的最大震源深度是 720km。世界上 70%以上的地震都属浅源地震。我国深源地震主要集中于黑龙江和吉林东部地区，1999 年 4 月 8 日 21 时 10 分吉林浑春发生 7 级深源地震，震源深度 540km，没有造成地表破坏，也没有余震发生，此次地震是太平洋板块向欧亚板块俯冲而引起的。

地震引起的振动是以波的形式从震源向四面八方辐射传播的，这种传播地震能量的弹性波称为地震波。根据地震波的波动性质和形式可分为两种：一种是体波，另一种是面波。

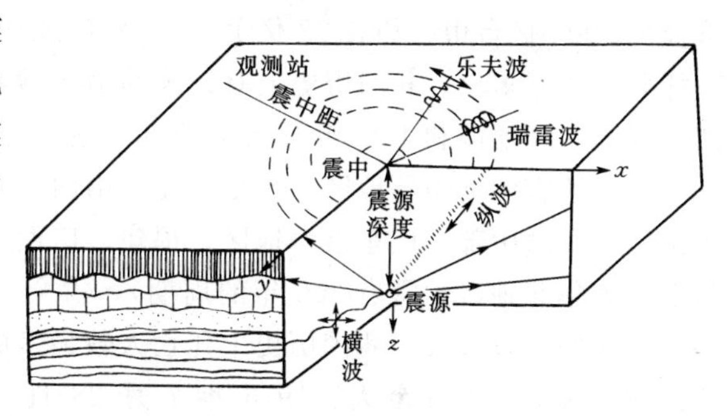

图 2-25　地震名词及地震波

1. 体波

体波是地下震源直接产生的地震波。它可分为纵波（P 波）和横波（S 波）。

（1）纵波　是由震源向外传递的压缩波，其质点的振动方向与波的前进方向一致。它好似弹簧受压缩后，在松弛时所产生的前后运动情况一样。纵波在固体、液体、气体中都能传播。纵波的周期短，振幅小，传递速度快，在地壳中约 5～6km/s，振动的破坏力较大。

（2）横波　是由震源向外传递的剪切波，其质点的振动方向与波的前进方向相互垂直。它好似上下抖动一端被固定的绳子后所产生的波动一样。横波只能在固体中传播，而不能穿过气态和液态物质。横波的周期较长，振幅较大，波速比纵波慢，在地壳中约为 3～4km/s，振动的破坏力较大。

2. 面波

面波是体波传到地面以后激发产生的沿地表面传播的波，即 L 波。它就象把石子扔到平静的水面后所产生的水波一样。面波传播速度慢，约为 3km/s，但周期长，振幅大，故对地面的破坏力最大。面波又分为瑞雷波（在地面上滚动的波）和乐夫波（在地面上呈蛇形运动的波）。

地震波在传播过程中，由于机械能逐渐消减，因而离震源越远，震动越小，破坏力也就越微弱。地震波由地震仪测量记录。

大地震发生时，地面出现的各种破坏现象都是地震波强烈冲击所造成的。从震源发出的地震波首先到达震中的是纵波，它引起地面上下跳动，这时在震中地区人会感到上下颠簸；接着横波到来，又引起地面水平晃动，人会感到前后、左右摇晃。在离开震中的地方，纵波和横波以不同的角度与地面接触，再加上面波的作用，使地表的震动极为复杂。

（二）我国地震的分布

地震在地表的分布很不均衡，某些地区或地带地震强烈，次数频繁，分布较为集中，人们便称这些地方为地震区或地震带。我国地理位置是处在世界两大地震带之间，即环太平洋地震带（占全球地震总数的75％以上）和阿尔卑斯——喜马拉雅地震带（占22％）。所以，我国是一个多地震的国家，地震活动很强烈，它们集中分布在23条地震带上（图2-26）。根据历史上地震活动强度、频率、分布情况和区域地质构造特点，我国地震可划分为以下三类地区：

（1）地震活动强烈地区　包括台湾、西藏、新疆、甘肃、青海、宁夏、云南、四川西部等省区。这些地区地震活动特别频繁，而且强烈，约占全国地震总数的80％。例1999年9月21日1时47分台湾省的台南地区发生7.6级地震，震源深度10km左右，造成经济损失3000亿台币（约合92亿美元），死亡2403人，失踪41人，伤9406人，房屋倒塌破坏共4.6万多户。我国历史上有记录的最大地震也发生在这个地区，如1950年西藏察隅地区8.5级地震和1920年宁夏海原8.6级地震。

（2）地震活动中等地区　包括河北、山西、陕西关中地区、山东、辽宁南部、吉林延吉地区、安徽中部、广东沿海地区、福建、广西等省区。地震震级可达7～8级，但频率较低（如华北地区地震有300年的周期），占全国地震总数的15％。因为这里人口稠密，地震造成的破坏极大。我国历史上死亡人数最多的地震是1556年1月23日陕西华县的8级地震，死亡83万余人。1976年7月28日3时42分河北唐山7.8级地震，死亡24.2769万人，重伤16.4851万人，造成经济损失96亿元。

（3）地震活动较弱的地区　包括江苏、浙江、湖南、湖北、河南、贵州、四川东部、黑龙江、吉林及内蒙古的大部分地区。最大震级只有6级左右，而且强震时间间隔很长，一般约在百年以上。

（三）地震成因类型

地震的成因很多，如有构造地震、火山地震和塌陷地震以及其他激发因素引起的地震。

（1）构造地震　由于构造运动作用所产生的地震，叫构造地震。岩层在构造应力作用下产生应变，积累了大量的应变能；当应变能一旦超过岩石所能承受的强度极限时，就会由量变到质变，使岩石在一刹那间发生断裂，或者使原来已经存在的断层突然活动，释放出大量的能量。其中一部分能量是以弹性波（即地震波）的形式传播出来，当地震波传到地表时，地面就震动起来，这就是构造地震。这种地震一般有孕震、发震和余震的序列过程，它是岩层中地应力积累→急剧释放→调整衰减的具体表现。构造地震发生次数多，占地震总数的90％。历史上的大地震，多属于构造地震。例如我国唐山7.8级地震，就属于这种构造地震。唐山是处在NE向沧东断裂带和东西向燕山褶皱带的交汇、复合地位。当沧东断裂带继续活动时，它影响及改造了开平向斜构造（图2-27），这时开平向斜西翼岩层发生变形及断裂，造成岩层直立及倒转，从而形成唐山断裂，引起地震，震源深度只有12km。

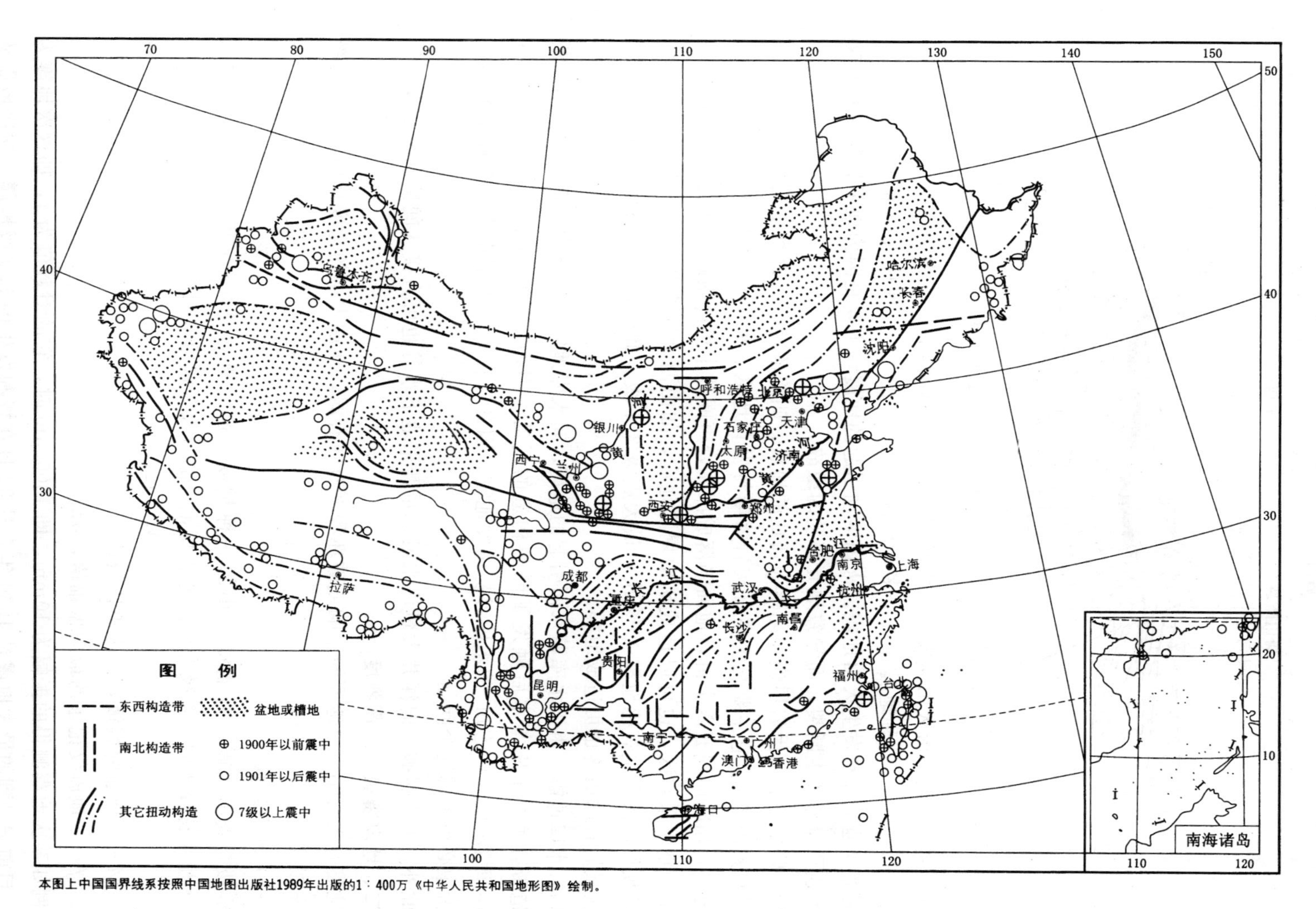

本图上中国国界线系按照中国地图出版社1989年出版的1∶400万《中华人民共和国地形图》绘制。

图 2-26　中国地震分布图(公元前1831年-公元1997年,M≥6)

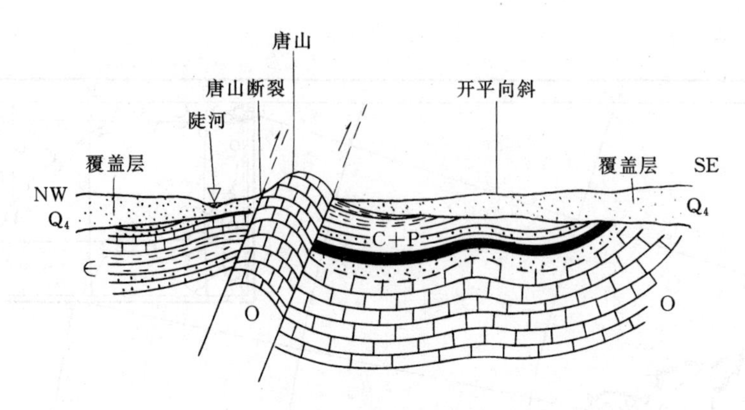

图 2-27　唐山 7.8 级地震发震构造示意图

（2）火山地震　由火山喷发活动引起的地震，叫火山地震。它影响范围一般不大，深度多不超过 10km。这种地震为数不多，约占地震总数的 7%。现代火山带如日本、美国夏威夷岛等地最容易发生火山地震。火山活动引起的地震，主要是因为地下岩浆的冲击或者由于强烈爆炸产生断裂，而导致地壳移动的缘故。

（3）陷落地震　因岩层崩塌陷落而造成的地震，叫陷落地震。这种地震为数很少，约占地震总数的 3%。它主要发生在石灰岩喀斯特发育地区。如 1935 年广西百寿县曾发生塌陷地震，塌陷面积五六十亩，地面陷落成深潭，声闻数十里，附近屋瓦震动。有时在一些矿山的地下采空区，也可以造成矿山塌陷地震，如山西大同煤矿区自 1956～1980 年，因煤矿顶板塌落产生有感地震 40 多次，最大震级 3.4 级。此外，在高山地区因悬崖或山坡上大量岩石的崩落也可造成地震。

（4）水库地震　由于水库蓄水而引起的地震，叫水库地震。它与库区存在的活动性断裂构造带有关。水库蓄水后触发了断裂构造的复活，因而产生了地震。一般坝高超过 100m，库容超过 10 亿 m^3 的水库容易诱发地震。因此，在大、中型水库可行性研究和环境评价中必须考虑这个问题。

此外，人工爆破、向深井大量注水或过量开采地下水等也可直接或间接诱发地震。

二、地震震级和地震烈度

地震有大有小，对地面的影响或破坏程度有强有弱。地震大小的量度指标有地震震级和地震烈度。

（一）地震震级

震级是表示地震本身能量大小的一种量度。这一概念是 1935 年由美国地震学家 C·F·里克特提出的。震级是根据地震仪记录的最大振幅值取对数而得，即

$$M=\lg f \tag{2-4}$$

式中　M——地震的震级，又称里氏震级；

f——地震仪记录的最大振幅值，μm。

例如某次地震测得的振幅为 10mm，即 10000μm 时，它的对数值为 4，即这次地震为 4 级。目前记录到的最大地震是 1960 年 5 月 22 日在智利发生的 8.9 级地震。这次地震从 5 月 21 日开始，时震时停，先后发生了 225 次大小不一的地震，使震中方园 600km 以内

成为一片废墟，有 14 万人死亡。

震源释放出的能量越大，震级就越大。震级每增加一级，能量增大约 32 倍。1956 年古登堡给出震级 M 与释放能量 E 两者之间的关系式为

$$\lg E = 4.8 + 1.5M \tag{2-5}$$

式中　E——震源释放的总能量，J（焦耳）。

地震按释放能量的大小来划分等级，震级从 1 级到 8.9 级划分为 10 级（表 2-5）。一般说来，7 级以上的浅源地震，可以引起大的灾害，7 级以下至 6 级的地震，可以造成一定的灾害，但影响的面积较小；小于 5 级的地震，多不会造成灾害。所以，对于 5 级以上地震，国家通过监测、分析确认后将向社会发布。地震按震级可进一步分类，见表 2-6。

表 2-5　地震震级及其能量表

震级	能量 E（J）	震级	能量 E（J）
1	2×10^{6}	6	6.3×10^{13}
2	6.3×10^{7}	7	2.0×10^{15}
3	2.0×10^{9}	8	6.3×10^{16}
4	6.3×10^{10}	8.5	3.6×10^{17}
5	2.0×10^{12}	8.9	1.0×10^{18}

表 2-6　地震按震级分类

分类名称	震级 M
大地震	$M\geqslant7$
中地震或强震	$7>M\geqslant5$
小地震或弱震	$5>M\geqslant3$
微震	$3>M\geqslant1$
超微震	$M<1$

（二）地震烈度

烈度是指地震对地面和地表建筑物的影响和破坏的强烈程度。1883 年罗西—佛瑞尔最早提出了地震烈度表，将烈度分为Ⅻ度。我国和世界上大多数国家一样，采用Ⅻ度烈度表（表 2-8）。

一次地震只有一个震级，然而烈度却不同，它因地而异。一般说来，离震中越近，震级越大，震源越浅，地震烈度就越大。浅源地震震级与震中烈度的关系式为

$$M = 0.58I_0 + 1.5 \tag{2-6}$$

式中　I_0——震中烈度。震级与震中烈度及震源深度的关系如表 2-7 所示。

从中国地震烈度表可以看出，Ⅵ度以下的地震一般对建筑物不会造成破坏，无需设防。Ⅹ度以上的地震过于强烈，又难以有效预防。因此，建筑物抗震设防的重点是Ⅶ、Ⅷ、Ⅸ度地震。我国需抗Ⅵ度以上地震烈度的区域占国土面积的 61%，全国 40% 以上的国土和 60%～70%以上的大中城市处于地震基本烈度Ⅶ度以上区域。在这些地区从事工程活动，建筑物必须进行抗震设计。工程设计时，经常用的地震烈度有基本烈度和设计烈度。

表 2-7　震级与震中烈度及震源深度的关系

震源深度（km）	5	10	15	20	25
震级 M	震中烈度 I_0				
2	3.5	2.5	2	1.5	1
3	5	4	3.5	3	2.5
4	6.5	5.5	5	4.5	4
5	8	7	6.5	6	5.5
6	9.5	8.5	8	7.5	7
7	11	10	9.5	9	8.5
8	12	11.5	11	10.5	10

（1）基本烈度　是指一个地区今后在 50 年内，在一般场地条件下可能遭遇的最大地震烈度，即国家地震局《中国地震烈度区划图》（1/300 万，1990 年）规定的地震烈度。

表 2-8　　中国地震烈度表（1980 年）

烈度	人的感觉	一般房屋		其他现象	参考物理指标	
		大多数房屋震害程度	平均震害指数		加速度（cm/s^2）（水平向）	速度（cm/s）（水平向）
Ⅰ	无感					
Ⅱ	室内个别静止中的人感觉					
Ⅲ	室内少数静止中的人感觉	门、窗轻微作响		悬挂物明显摆动，器皿作响		
Ⅳ	室内多数人感觉，室外少数人感觉，少数人梦中惊醒	门、窗作响		悬挂物明显摆动，器皿作响		
Ⅴ	室内普遍感觉，室外多数人感觉，多数人梦中惊醒	门、窗、屋顶、屋架颤动作响，灰土掉落，抹灰出现细微裂缝		不稳定器物翻倒	31 （22～44）	3 （2～4）
Ⅵ	惊慌失措，仓惶逃出	损坏——个别砖瓦掉落，墙体微细裂缝	0～0.1	河岸和松软土上出现裂缝，饱和砂层出现喷砂冒水，地面上有的烟囱轻度裂缝、掉头	63 （45～89）	6 （5～9）
Ⅶ	大多数人仓惶逃出	损坏——个别砖瓦掉落，墙体微细裂缝	0.11～0.30	河岸出现坍方，饱和砂层常见喷砂冒水，软土层上裂缝较多，大多数砖烟囱中等破坏	125 （90～177）	13 （10～18）
Ⅷ	摇晃颠簸，行走困难	中等破坏——结构受损，需要修理	0.31～0.50	干硬土层上亦有裂缝，大多数砖烟囱严重破坏	250 （354～707）	25 （19～35）
Ⅸ	坐立不稳。行动的人可能摔跤	严重破坏——墙体龟裂，局部倒塌，修复困难	0.51～0.70	干硬土上有许多地方出现裂缝，基岩上可能出现裂缝。滑坡、坍方常见。砖烟囱出现倒塌	500 （354～707）	50 （36～71）
Ⅹ	骑自行车的人会摔倒。呈不稳定状态的人会摔出几尺远，有抛起感	倒塌——房屋大部分倒塌，不堪修复	0.71～0.90	山崩和地震断裂出现，基岩上的拱桥破坏，大多数砖烟囱从根部破坏或倒毁	1000 （708～1414）	100 （72～141）
Ⅺ		毁灭	0.91～1.00	地震断裂延续很长，山崩常见，基岩上拱桥毁坏		
Ⅻ				地面剧烈变化，山河改观		

（2）设计烈度　是指建筑物在进行抗震设计时采用的烈度。它是根据建筑物的重要性，同时综合考虑场地地质条件和工程结构特征，在基本烈度基础上调整确定的，一般情况下取基本烈度。设计烈度须经过国家授权的主管部门审定。水工建筑物已有专门的抗震设计规范，设计部门应根据此规范确定设计烈度。

地震造成生命财产损失的原因，来自建筑物的破坏和与之伴生的灾害。建筑物破坏主要是地震波猛烈冲击地表产生的水平地震力（推拉）和竖向地震力（颠簸）共同作用造成的。因此，建筑物地基不牢固，建筑物结构不合理，建筑材料不佳，施工质量不高等，是建筑物遭受地震破坏的重要原因。

第六节　岩　体　结　构

在工程建筑中，接触到的地质体并不是单个完整的岩石块体，而是含有各种地质界面的岩体。所谓的岩体，是指天然产状的岩石和分布在其中的地质界面（如裂隙面、断层面、软弱夹层等）组合而成的总体。很明显，岩体和岩石的工程地质性质是不一样的，单就强度来说，岩体的强度多小于岩体中岩石的强度。岩石的强度，一般受其组成矿物颗粒和颗粒之间的联结特性所影响，这些性质是在岩石的形成过程中生成的。岩石形成以后，由于地质构造作用，岩石发生褶皱和断裂，加上又受到风化等外力地质作用的影响，使岩石颗粒之间的联结进一步遭到破坏，其强度大为改观。因此单块岩石的力学性质不能代表岩体的力学特性。例如，坚硬的岩层，其完整的单块岩石的强度较高，而当岩层被裂隙、断层等切割成碎裂状态时，构成的岩体之强度则较小。所以，岩体的稳定性不仅受岩性支配，而且更多地受地质界面的影响和控制。工程岩体的失稳破坏，往往是由于各种地质界面的存在，特别是软弱夹层的存在而引起的。由于岩体中的地质界面多与地质构造有关，故有人将岩体结构和地质构造统称为地质结构，它是最重要的工程地质条件之一。

一、岩体结构分析

岩体具有一定的结构特征。岩体结构是指岩体中不同组成部分之间的配置和排列。岩体中存在的各种地质界面称为结构面，被结构面切割而形成不同形状和大小的岩块称为结构体。结构面和结构体的组合就构成岩体结构。

（一）结构面

岩体结构面，是指在地质发展历史中，在岩体内形成的具有一定方向、延展较长、厚度较小的各种地质界面。它包括不连续面（如裂隙面、断层面等）、物质分异面（如层面、层理面、片理面等），以及强度较低的软弱夹层和构造破碎带等。所以，结构面这一术语具有广义的性质。

1. 结构面的成因类型

按地质成因，结构面可分为原生的、构造的、次生的三大类。

（1）原生结构面　是指岩体在成岩过程中形成的结构面，按岩石的成因又可分为沉积的、火成的、变质的三种类型。

沉积结构面包括层理、层面、不整合面、原生软弱夹层等。一般层理和层面结合是良好的，其抗剪强度并不低。而位于坚硬岩层之间的泥岩、页岩和泥灰岩等力学强度低的软弱夹层，泥质含量高，抗风化能力差，在水的作用下易于软化或泥化，往往形成泥化夹层，成为岩体中的最薄弱部位。

火成结构面包括原生冷凝裂隙、流纹结构面、侵入体与围岩的接触面，以及凝灰岩夹层等。其中侵入体与围岩接触面附近的裂隙带或蚀变带、凝灰岩夹层均属于软弱夹层，工程上应予以重视。

变质结构面包括片理面和坚硬变质岩中所夹的薄层软弱夹层，如云母片岩、绿泥石片岩、滑石片岩、千枚岩以及含泥质较多的板岩等。变质结构面容易裂开和滑动破坏。

（2）构造结构面　是指岩体在构造应力作用下形成的结构面，如构造裂隙面、断层面、层间错动面和破碎带等。构造结构面多成组有规律出现，延伸长，深度大，往往组合起来将岩石切割成分离体，故对岩体滑动破坏起控制作用。断层破碎带和层间错动破碎带均易风化、软化，其力学性质较差，属于构造软弱带。

（3）次生结构面　是指岩体在风化、重力、地下水等外力作用下形成的结构面，如有风化裂隙、卸荷裂隙和风化夹层、泥化夹层及次生充填夹泥层等。风化裂隙和卸荷裂隙一般分布在地表或距地表不深的范围内，往深处发育逐渐减弱，工程上容易处理。而风化夹层、泥化夹层和充填夹泥层一般发育较深，且泥质含量高，遇水易软化或泥化，其工程地质性质极差，对工程影响较大。国内外许多水利工程失事，大多与软弱夹层、泥化夹层问题有关。

2. 结构面的自然特性

结构面形成以后，又历经改造和演化，其工程特性也变得更为复杂。因此，在分析结构面对岩体稳定的影响时，除应查明其成因类型外，还应注意了解结构面的规模、形态、密集程度、连通性、充填情况、产状与组合，以及发展历史。

（1）结构面的规模　不同类型的结构面，其规模可大可小。一般说来，延伸数十公里，宽度达数十米的大断层，对岩体稳定性影响较大；而一些比较短小、互不连通的裂隙，对工程影响不大，因为岩体强度有一部分仍受单块岩石强度控制，其稳定性较好。但有时规模小的结构面对稳定也可起控制作用，对具体工程要作具体分析。

（2）结构面的形态　各种结构面的起伏形态和光滑程度是不同的，常见的起伏形态有：平直的、波状起伏的、锯齿状的和不规则的。结构面的光滑程度可分为镜面的、光滑的、粗糙的。通常剪切裂隙面较平直光滑，张性裂隙面曲折粗糙，起伏差大，甚至呈锯齿状，后者比前者有较高的抗剪强度。

（3）结构面的密集程度　结构面的密度反映了岩体的完整性。结构面平行密集或相互交织切割时，可使岩体稳定性大为降低（表 2-9）。所以，必须注意对结构面间距和线密度进行统计，并描述其特征。

表 2-9　　裂隙密度对岩体抗压强度的影响

岩石名称	正长岩	砂岩	薄层灰岩	粘土岩	板岩
裂隙密度（条/m）	无明显裂隙	3	20	3	40
岩块抗压强度 R_r（MPa）		10	130	1.96	26
岩体抗压强度 R_m（MPa）		3.2	14	0.52	2.3
强度比值 R_m/R_r	0.7	0.32	0.11	0.27	0.09

（4）结构面的张开度和充填情况　这对结构面力学性质影响很大。结构面的张开度是指结构面的两壁离开的距离，可分为三级：闭合的，张开度不大于0.5mm；微张的，张开度为0.5～5.0mm；张开的，张开度不小于5.0mm。

闭合结构面的力学性质取决于结构面两壁的岩石性质和结构面粗糙程度。张开结构面的抗剪强度则主要取决于充填物的成分和厚度，一般充填物是粘土，要比充填物为岩屑强度低。

（5）结构面的产状及组合关系　结构面的产状及其组合变化，常控制着工程岩体的滑动边界条件和破坏机制。因而，它是岩体稳定分析的重点内容。

（6）结构面的发展历史　原生结构面形成以后，由于受构造运动和外力地质作用的影响，也是在不断变化和发展的。例如，原生的软弱夹层受构造错动而形成破碎的层间错动层，其工程地质性质变差；而层间错动层又在地下水作用下发生次生泥化、软化，其性质更差。所以，在研究结构面时，还要注意分析它的演变历史。

（二）结构体

岩体中结构体的形状和大小是多种多样的，但根据其外形特征，可分为柱状、板状、块状、楔形、菱形和锥形等6种基本形态（图2-28）。不同形态和不同产状的结构体，其稳定程度不同。如楔形体或锥形体位于坝基，其尖端指向下游时不利于坝基岩体的稳定；当楔形体或锥形体位于隧洞顶部，其尖端朝下时围岩稳定性较好。

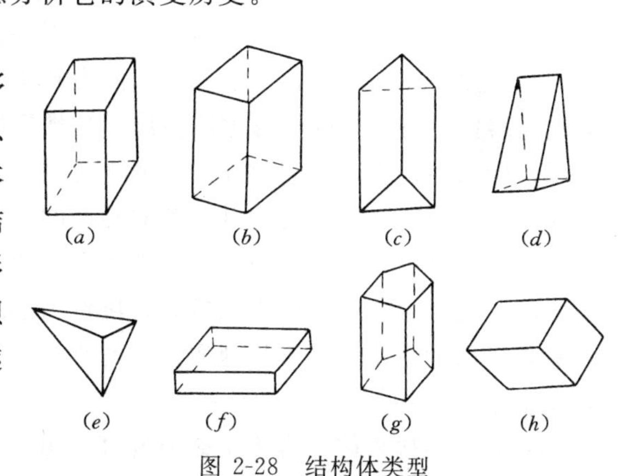

图2-28　结构体类型

(a)长方柱(块)体；(b)菱形柱体；(c)三棱柱体；(d)楔形体；(e)锥形体；(f)板状体；(g)多角柱体；(h)菱形块体

（三）岩体结构特征

1. 岩体结构类型

根据结构面与结构体的组合方式，以及结构面的间距和岩体的完整程度，可将岩体结构划分为：块状结构、层状结构、碎裂结构和散体结构等四种基本类型。考虑到层状结构岩体中不属于层面的裂隙的间距，在评价岩体完整程度方面同样具有实用意义，因此，又根据结构面的间距将层状结构岩体分为：巨厚层状结构、厚层状结构、中厚层状结构、互层状结构和薄层状结构五个亚类（表2-10）。

表2-10　　岩体结构分类

类型	亚类	岩体结构特征
块状结构	整体状结构	岩体完整，呈巨块状，结构面不发育，间距大于100cm
	块状结构	岩体较完整，呈块状，结构面轻度发育，间距一般100～50cm
	次块状结构	岩体较完整，呈次块状，结构面中等发育，间距一般50～30cm
层状结构	巨厚层状结构	岩体完整，呈巨厚层状，结构面不发育，间距大于100cm
	厚层状结构	岩体较完整，呈厚层状，结构面轻度发育，间距一般100～50cm
	中厚层状结构	岩体较完整，呈中厚层状，结构面中等发育，间距一般50～30cm
	互层状结构	岩体完整或完整性差，呈互层状，结构面较发育或发育，间距一般30～10cm
	薄层状结构	岩体完整性差，呈薄层状，结构面发育，间距一般小于10cm

续表

类型	亚类	岩体结构特征
碎裂结构	镶嵌碎裂结构	岩体完整性差，岩体镶嵌紧密，结构面较发育到很发育，间距一般30～10cm
	碎裂结构	岩体较破碎，结构面很发育，间距一般小于10cm
散体结构	碎块状结构	岩体破碎，岩体夹岩屑或泥质物
	碎屑状结构	岩体破碎，岩屑或泥质物夹岩块

（引自《水利水电工程地质勘察规范》GB 50287—99）

2. 岩体的工程地质性质

岩体的工程地质性质首先取决于岩体结构类型与特征，其次才是组成岩体的岩石的性质。不同结构类型岩体的工程地质性质评述如下：

（1）块状结构岩体　因结构面稀疏、延展性差，结构体块大，且常为硬质岩石组成，不易风化，故整体强度高，抵抗变形的能力较强，变形特征接近各向同性的均质弹性体。所以这类岩体具有良好的工程地质性质，是理想的建筑物地基。

（2）层状结构岩体　岩体中结构面以层面与不密集的裂隙为主，由于层面结合力不强，使岩体变形特征和强度均具有各向异性的特点，尤其是当有软弱夹层或层间错动面存在时更为明显。一般平行层面方向的抗剪强度明显地比垂直层面方向的要低。当结构体尺寸较大时，这类岩体的强度仍然较高，可作为建筑物地基。当这类岩体作为边坡时，应特别注意岩层面的产状对其工程地质性质的影响，一般岩层倾向坡外时要比倾向坡里时的稳定性差很多。

（3）碎裂结构岩体　岩体中裂隙发育，组数多（大于2～3组），常有泥质充填物，结合力不强，结构体尺寸较小，岩体完整性破坏较大，故稳定性较差。其中镶嵌碎裂结构，因其结构体为硬质岩石，故在整体上强度仍然较高，但不连续性较为显著，经过局部处理后，仍不失为良好的建筑物地基；而层状碎裂结构，岩体强度和承载力不高，工程地质性质很差。

（4）散体结构岩体　岩体裂隙很发育，十分破碎，结构体有时手捏即碎，接近松散堆积物属于碎石土类，可按土体研究，这类岩体稳定性最差。

二、岩体工程地质分类

岩体工程地质性质受多种因素的影响和控制，如有岩体结构类型、结构体性质及抗压强度、结构面状态与组合及抗剪强度、岩体的完整性、地下水情况等。由于岩体的变形和产生滑移的条件，既与上述影响因素有关，还与工程的类型、特点有关。因此，目前岩体的工程地质分类有多种方案，既有主要考虑单一影响因素（或适用于某一类工程）的分类，也有综合考虑多种影响因素（或适用于各种工程）的分类方案。

1. 按岩体质量系数分类

已故中国科学院地质研究所谷德振教授，考虑岩体完整性、结构体的坚硬性、结构面的抗剪特性，将这三种内在因素指标的乘积称为岩体质量系数，其表达式为

$$Z = I \cdot f \cdot S \qquad (2\text{-}7)$$

式中　Z——岩体质量系数；

I——岩体完整性系数，$I=(V_{pm}/V_{pr})^2$，其中 V_{pm}、V_{pr} 分别为岩体及岩石的弹性波纵波速度，m/s；

S——岩块坚固系数，取值为岩块饱和单轴抗压强度 R_b 的百分之一，即 $S=R_b/100$。

按岩体质量系数，岩体可分为五级：特好岩体（$Z>4.5$）；好岩体（$Z=2.5\sim4.5$）；坏岩体（$Z=0.1\sim0.3$）；极坏岩体（$Z<0.1$）。

2. 按岩体基本质量指标分类

岩体基本质量指标，综合反映了岩石的强度和岩体完整性两个方面的特性，可用下式计算：

$$BQ=90+3R_b+250K_V \tag{2-8}$$

式中 BQ——岩体基本质量指标；

R_b——岩石单轴饱和抗压强度，MPa；

K_V——岩体完整性指数。

计算 BQ 时应注意，当 $R_b>90K_V+30$ 时，应以 $R_b=90K_V+30$ 和 K_V 代入式（2-9）计算 BQ；当 $K_V>0.04R_b+0.4$ 时，应以 $K_V=0.04R_b+0.4$ 和 R_b 代入式（2-9）计算 BQ。《工程岩体分级标准》（GB 50218—94）中岩体基本质量分级如表 2-11 所示。

表 2-11　　岩体基本质量分级

基本质量级别	岩体基本质量的定性特征	岩体基本质量指标 BQ
Ⅰ	坚硬岩，岩体完整	>550
Ⅱ	坚硬岩，岩体较完整； 较坚硬岩，岩体完整	550～451
Ⅲ	坚硬岩，岩体较破碎； 较坚硬岩或软硬岩互层，岩体较完整； 较软岩，岩体完整	450～351
Ⅳ	坚硬岩，岩体破碎； 较坚硬岩，岩体较破碎～破碎； 较软岩或软硬岩互层，且以软岩为主，岩体较完整～较破碎； 软岩，岩体完整～较完整	350～251
Ⅴ	较软岩，岩体破碎； 软岩，岩体较破碎～破碎； 全部极软岩及全部极破碎岩	<250

第七节　地质图的阅读与分析

一、地质图的类型

地质图是反映各种地质现象和地质条件的图件。它是将自然界的地质情况按一定的比例投影在平面上，并用规定的符号来表示的图件。主要用来表示地形地貌、地层岩性、地质构造以及矿产分布等内容的图件，称为普通地质图，习惯上简称为地质图。此外，还有专门性的地质图，常用来表示某一项地质条件，或服务于国民经济某一个产业部门，它是一种使用单位特别感兴趣的图件。如有专门表示第四纪松散沉积物的第四纪地质图；表示地下水条件的水文地质图；服务于各种工程建设的工程地质图等。

地质图是综合野外地质勘察工作所取得的成果而编制成的，是地质工作的最基本图件，各种专门性的地质图件一般都是在它的基础上绘制出来的。在水利工程建设中，当缺乏工程地质图时，往往可以直接利用地质图作为工程规划、设计的依据或参考；也可以通过分析已有的地质图，再结合工程的条件和设计阶段的需要，进一步开展工程地质调查工作，编制专门的工程地质图。因此，学会阅读、分析和应用地质图是很重要的。

二、地质图的基本内容

一幅完整的地质图应包括有：图名、比例尺、地质平面图、地质剖面图、综合地层柱状图、图例以及地质图说明书等。其中最主要的是平面图、剖面图和柱状图，它们相互配套，相互对照补充，共同说明一个地区的地质条件。

(1) 地质平面图　是反映地表出露的地质条件的图。一般是通过地质测绘工作，在野外直接填绘到地形图上编制出来的。它能全面反映一个地区的地质条件，是最主要的图件。

(2) 地质剖面图　是反映地表以下某一断面或工程某一重要部位地质条件的图。它对地层层序和地质构造现象的反映，要比平面图更清晰，更直观。它可以通过野外测绘或根据勘探资料编制，也可以在室内根据地质平面图来切绘。

(3) 地层柱状图　是综合性地反映一个地区各时代地层的岩性、最大厚度和接触关系的图。该图对了解一个地区的地层特征和地质发展史很有帮助。它是将出露的所有地层按从老到新的顺序，自下而上用柱状图的形式表示出来，但不反映褶皱和断裂条件。按照惯例，柱状图的左侧为地层时代及其代号、地层厚度，右侧为地层岩性描述。柱状图中所显示的地层缺失则表明了不整合或断层的存在。不整合面通常以波状线来表示。在工程中，地层柱状图中除一般岩性描述外，还应描述岩层的工程地质性质。对工程具有重要意义的软弱夹层，若按比例尺无法表示时，可用扩大比例尺或用特定符号的方法把它表示出来。

三、地质条件的表示方法

地质图上的地质条件，一般包括地层岩性、岩层产状、岩层接触关系、褶皱和断裂构造等。这些条件需采用规定的符号和方法，才能综合性地表示在一幅图中。

(1) 地层岩性　是通过地层分界线、地层时代代号和颜色以及岩性符号，再配合图例的说明来反映的。地层分界线在地质图上可呈直的、弯曲的、不规则的等各种形状。一般岩浆岩类岩体分界线不规则；第四系松散层和基岩分界线较不规则；层状岩层的分界线规律性强，它的形状是由岩层产状和地形之间的关系决定的，其分布情况有以下几种：

1) 岩层水平时，岩层分界线与地形等高线平行或重合。

2) 岩层垂直时，岩层分界线沿岩层走向线延伸，不受地形影响，一般为一直线。

3) 岩层倾向与地形坡向相反时，岩层分界线的弯曲方向和地形等高线的弯曲方向相同。

4) 岩层倾向与地形坡向相同时，若岩层倾角大于地形坡角，岩层分界线弯曲方向和等高线弯曲方向相反；若岩层倾角小于地形坡角，则岩层分界线为一封闭曲线，其弯曲方向和地形等高线弯曲方向相同。

（2）岩层产状　是用规定的岩层产状符号表示的。如倾斜岩层用符号⊤40°表示，其中长线表示岩层走向，垂直于长线的短线表示岩层倾向，角度值代表岩层的倾角。

（3）褶曲构造　在地质平面图上，褶曲主要是通过对地层分布规律、时代新老和岩层产状来分析的，其方法和褶皱的野外识别方法相同。有时，为了表明褶曲的轴部位置和褶曲的基本类型，常用一定的符号标在褶曲核部地层的中央，如符号⊹代表背斜；⊹代表向斜。

（4）断层构造　在地质平面图上，断层是通过地层分布特征和用规定的符号来表示的。用地层特征来分析断层和野外识别断层的方法相同。一般表示断层的符号是：正断层⊤36°，逆断层⊤60°，平移断层⇌。除平移断层外，符号中的长线表示断层的出露位置和断层面走向；垂直于长线带箭头的短线表示断层面的倾向；数值表示断层面的倾角，垂直于长线不带箭头的短线表示断层两盘的相对移动方向，短线所在一侧是相对的下降盘。平移断层中是用平行于长线带箭头的短线来表示断层两盘的相对运动方向。

四、地质剖面图的切绘

根据地质平面图切绘地质剖面图的方法如下。

1. 选择剖面方向，在地质平面图上确定剖面线位置

一般剖面线的方向应尽量垂直地形等高线、岩层走向线和主要构造线方向，以便能更清楚、更全面地反映该区的地形地貌和地质构造特征。剖面线应选在地层出露最全、能基本反映区内主要构造的部位。在绘制为工程服务的地质剖面图时，剖面线常沿建筑物轴线（如坝轴线、隧洞和渠道中心线等）方向布置。当剖面线方向不垂直岩层走向时，地质剖面图上的岩层倾角必须换算为该剖面线方向的视倾角，换算公式为 $\mathrm{tg}\beta=\sin\theta\cdot\mathrm{tg}\alpha$（式中 β 为视倾角，θ 为剖面线和岩层走向线夹角，α 为岩层真倾角）。选定剖面线后，将其画在地形地质图上，两端注上剖面符号（如 I—I′、A—A′等）。

2. 选择适当的纵横比例尺，沿剖面线作地形剖面

一般情况下，剖面图的纵横比例尺最好与平面图的比例尺一致，否则会改变图的真实面貌。有时因平面图比例尺过小，或地形平缓时，也可将剖面图的垂直比例尺适当放大，但此时剖面图中所采用的岩层倾角需查表 2-12 或根据公式 $\mathrm{tg}x=n\cdot\mathrm{tg}\alpha$ 进行换算校正（式中 n 为垂直比例尺放大倍数，α 为岩层倾角，x 为校正倾角），而且绘制的剖面图对构造形态的反映有一定程度的失真。

表 2-12　　剖面垂直比例尺放大后，岩层倾角大小歪曲结果表

垂直比例尺相应放大倍数	真倾角																
	5°	10°	15°	20°	25°	30°	35°	40°	45°	50°	55°	60°	65°	70°	75°	80°	85°
×2	10	19	28	37	43	50	54.5	59	63.5	67	71	74	77	80	82.5	85	87.5
×3	15	30	39	47.5	54.5	60	65	68.5	72	74.5	77	79	81	83	85	87	88
×4	19	35	47	55.5	62	66.5	70	72.5	76	78	80	82	83	85	86	87.5	89
×5	23	41.5	53	61	67	71	74	77	79	81	82	83	85.5	86	87	88	89

选好比例尺后，根据剖面线所通过的地形高程，按比例绘制地形剖面图。

3. 填绘地质界线，完成地质剖面图

把剖面线与地质界线的交点垂直投影在地形剖面上，然后，再根据岩层产状和断层面产状等画出地质界线，并加注地质时代代号，标注规定的岩性符号和剖面线方向。最后，写上图名、比例尺、图例、制图人和日期，即完成了地质剖面图的绘制工作。

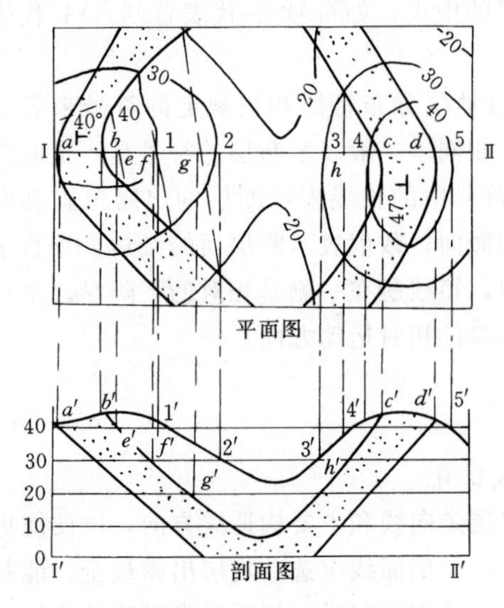

图 2-29　地质剖面图作法

下面以图 2-29 为例，具体说明地质剖面图的绘制方法。该图上部是一幅简略的地质平面图，Ⅰ—Ⅱ是剖面线的位置。作地形剖面时，首先作平行于Ⅰ—Ⅱ的直线Ⅰ′—Ⅱ′，并使两者长度相等，Ⅰ′—Ⅱ′称为基线。其次，在基线两端点上各引一垂线，并按制图比例尺画等间距的短线表示高程。剖面线基线标高的确定，应低于剖面所通过的最低点的标高，一般低于一、二条等高线即可。剖面线Ⅰ—Ⅱ和平面图中的地形等高线的交点分别为 1、2、3、4、5。可自基线左端点起量取和剖面线上Ⅰ—1 线段相等的距离，并投影到与其高程相应的剖面图上。得到点 1 的投影点 1′。同理，可得到点 2、3、4、5 的投影点 2′、3′、4′、5′。当剖面图的基线与剖面线平行时，可直接通过点 1、2、3、4、5，作剖面线Ⅰ—Ⅱ的垂线至剖面相应的高程线上。最后，将 1′、2′、3′、4′、5′各点连接为圆滑的曲线，即为地形剖面线。在连接相邻的两个地形投影点时，不能用直线，要参照平面图上的地形情况，是窿起还是下凹，以圆滑的曲线连接，使画出的地形曲线尽量符合实际。

地质界线在地形剖面线上的投影方法和等高线相似。该平面图中，仅表示了一个弯曲的岩层出露在图的左半部和右半部，这个岩层的界线和剖面线Ⅰ—Ⅱ的交点为 a、b、c、d，垂直投影到地形剖面线上分别为 a'、b'、c'、d'。当剖面图的基线与剖面线不平行时，需分别量取距离进行投影。然后，根据平面图中已标出的岩层产状，绘出岩层界线，并画出规定的岩性符号。如图的左半部，岩层走向与剖面线垂直，岩层倾向东，倾角 47°，剖面图中的岩层界线应朝右下方划斜线，斜线与水平线夹角为 47°。

五、地质图的阅读与分析

了解了地质图的基本知识后，便可阅读和分析地质图。

（一）读图的步骤

1. 看图名和比例尺，了解图的地理位置及精度

图名可以告诉我们图幅所在的地理位置。一幅地质图通常是选择图面所包含地区中最大的行政区、居民点或主要河流、山岭等命名的。比例尺可以告诉我们图的缩小程度以及地质现象在图上能够表示出来的精度和详细程度。如比例尺为 1∶50000 的地质图，图上距离 1cm 代表野外实际距离 500m。按填图的最小尺寸要求和误差（一般规定为 2mm），野外只有大于 100m 的地质体才能在该图中反映出来。否则，图上看不到。

2. 看图例，概括了解图中反映的地质信息及其表示方法

图例一般放在图幅的右侧，其排列顺序为地层符号、构造符号、其他符号。地层一般用颜色或符号表示，按自上而下由新到老的顺序排列。每一图例为长方形，左方注明地层时代，右方注明地层岩性，方块中注明地层时代代号。岩浆岩一般放在沉积岩图例之下。构造符号放在地层符号之下，一般顺序是褶皱、断层、产状要素等。

3. 分析地形特征，了解地形起伏及山川形势

正式读图时，先分析地形，要熟悉地形的形态和地形的变化情况，了解山脉的一般走向、分水岭所在地，地形的最高点和最低点以及相对高差，重点认识河谷地貌和各种不良地质现象（如滑坡、崩塌、岩堆、泥石流、冲沟、喀斯特等）在地貌上的形态。

4. 阅读地质内容，掌握全区地质轮廓和发展规律

阅读地质内容时，应当按照从整体到局部，再到整体的方法。

（1）首先了解图内的一般地质情况。例如：①地层分布情况，老地层分布在哪些部位，新地层分布在哪些部位，地层之间有无不整合现象等；②地质构造总的特点是什么，如褶曲是连续的还是孤立的，断层的规模大小，它发育在什么地方，断层与褶皱的关系怎样，是与褶皱轴的延伸方向平行还是垂直或斜交等；③岩浆岩分布情况，是沿构造带有规律分布，还是零星散布。

（2）详细了解局部地质条件。开始时最好从图中老地层着手，逐步向外扩展，以免茫无头绪。例如：①对每一种地层，包括其分布、岩性、厚度、产状，以及与相邻地层的接触关系；②对每一种构造形态，包括其分布、规模、类型、性质、组成特点以及产状等；③对出露的岩浆岩，包括它的类型、形成年代、产状和分布范围等；④对地下水的露头，包括出露位置、出露形式、出露高程、水位及埋深等。

（3）把各个局部地质现象联系起来，综合分析其间的关系、规律性及其形成过程。主要包括：①地形地貌与地层岩性、地质构造的关系；②地层岩性特征与古地理环境的关系；③褶皱、断层与岩浆岩的关系；④各种不良地质现象的形成条件与地形地貌、地层岩性和地质构造的关系；⑤泉水的出露与地形、岩性和构造的关系等。

（4）最后，根据地层和构造分析，恢复全区的地质发展历史。

（二）地质图阅读与分析实例

以教材后面附图一“清水河水库库区工程地质图”为例，进行阅读与分析。

1. 地形地貌

本区属中低山地貌，西有落雁山、青龙山，东有蛇山、白龙山，山顶高程一般为700～900m，最高在1100m以上，山脚高程约100m。山脉走向NE—SW向，分水岭高程在450m以上。清水河自西向东流经本区，并与岩层走向以45°角相交，形成斜交河谷，谷坡为40°以上的陡坡。河流流经图幅中部光华镇——鹿岭镇的山间堆积盆地，地形开阔，可作为理想的库区。清水河流出盆地后，自牛头山至白石岭一带均为坚硬岩石组成的峡谷河段，具有筑坝的可能。沿河两岸发育有两级阶地，河谷第四系冲积层一般厚5～10m。河流出峡谷后进入冲积平原。

2. 地层岩性

本区出露的地层，从时代上来看有晚古生代、中生代和新生代地层；从岩性上来看有

沉积岩、变质岩和岩浆岩。地层由老到新分述如下：

（1）志留系　分布在黄泥沟、老鹤沟和东墙峪一带。岩性上部为紫红色页岩，中部夹有数层砂岩，下部为黄绿色页岩，局部受侵入岩浆高温影响已千枚岩化，厚度750m。由于岩性较软，易风化剥蚀，地形上多为沟谷。页岩隔水性能良好，与其接触的泥盆系砂岩含水层中有泉水出露。

（2）泥盆系　分布在竹岭、蛇山、孤山等地，出露面积最大。岩性上部为石英砂岩，中下部为灰绿色厚层中粒砂岩夹数层页岩，厚度930m，与下伏志留系地层呈平行不整合接触。石英砂岩为硅质基底式胶结，质地坚硬，饱和抗压强度达150MPa以上。砂岩中发育三组裂隙，风化深度较浅，一般为5～10m。

（3）石炭系　分布在落雁山、白龙山和牛头山等地。岩性为灰白色或淡紫色中粒石英砂岩，硅质胶结，局部已变质成石英岩，底部为石英质砾岩，石质坚硬，厚度1350m。与下伏泥盆系地层呈平行不整合接触。

（4）二叠系　分布在青龙山和听涛岭附近。岩性上部为炭质页岩夹煤数层，中下部为石灰岩，质纯，致密，坚硬，厚度650m。与下伏石炭系地层呈整合接触。石灰岩具可溶性，在其分布的地方可见到喀斯特现象。

（5）侏罗系　为燕山构造运动期的侵入岩，呈零星状态分布于鹿岭镇、听涛岭、梅岭和松山等地的山脚下。岩性为肉红色粗粒结晶花岗岩，岩性坚硬微风化，厚度550m。与下伏地层呈不整合接触或侵入接触。

（6）第四系　集中分布在山间盆地、河谷地带和山前冲积平原。岩性为松散的砂卵石及亚粘土，厚25m。与下伏地层呈不整合接触或沉积接触。

3. 地质构造

本区主要构造线（褶曲轴线和区域大断层线）均呈NE—SW向展布，系受NW—SE向地壳运动挤压力所形成，由一列褶曲和断裂构造所组成。褶曲构造主要有孤山背斜、白龙山—牛头岭向斜、黄泥沟背斜、青龙山—听涛岭向斜等。断裂构造有双吉山—孤山冲断层F_1、龙潭沟—西墙峪逆掩断层F_2与白石岭、羊坊、老鹤沟平移断层F_3、F_4、F_5。其中龙潭沟—西墙峪逆掩断层为区域性大断层，断层面产状为走向NE50°，倾向SE，倾角30°～36°，断层破碎带宽3～4m，由角砾岩、糜棱岩组成。由于构造影响，岩层裂隙发育，尤以背斜轴部和断层带附近为甚。如在泥盆系砂岩中发育构造裂隙三组：①走向NE50°，倾向SE，倾角60°～70°；②走向NW320°，倾向SW，倾角70°～80°。③走向SN，倾向E，倾角80°～90°。裂隙率1.435％，为裂隙发育微弱的岩石。

4. 水文地质条件（学完第四章内容后，再阅读分析水文地质条件）

本区地下水主要为基岩裂隙潜水和喀斯特潜水，在盆地、河谷阶地与冲积平原则为孔隙潜水。裂隙潜水分布在泥盆系和石炭系砂岩含水层中，有接触泉和侵蚀泉出露，泉水出口处高程100～200m。喀斯特潜水分布在二叠系石灰岩含水层中，该岩层喀斯特发育，地表可见到干溶洞和有水溶洞，并有接触泉出露。孔隙潜水分布于第四系松散的砂卵石含水层中，在沟谷中有侵蚀泉水出露。志留系页岩构成本区相对隔水层，侏罗系花岗岩微风化，只是近地表有少量风化裂隙水外，基本上也是相对隔水层，这从听涛岭、松山等地泉水沿花岗岩与石灰岩、砂岩接触处流出，可以得到证明。

从钻孔揭露的地下水位和泉水出露高程来看，山区以及山前的地下水位均在水库回水线以上。沿层面及裂隙有小溶洞发育，但多不连通。因此，库区永久渗漏问题不大。水库周围的孔隙潜水和边山的裂隙潜水和喀斯特潜水均流向盆地，利于水库蓄水。

5. 物理地质现象

本区冲沟发育，山前洪积扇、洪积锥、岩堆、泥石流、崩塌及滑坡均有分布，可能造成库区淤积问题。此外，在羊坊坝址右岸有正在发展的滑坡体存在，可能威胁坝肩稳定，应予注意。

6. 地质发展简史

从古生代志留纪到新生代第四纪，本区环境经历了由陆地→海洋→陆地的发展变化过程，其中二叠纪的早、中期为浅海环境，沉积了厚层石灰岩（含有海生动物化石），地壳运动经历了两次间歇性的垂直升降运动（志留纪末和泥盆纪末）和一次大的水平运动。其中发生在二叠纪以后、第四纪之前的水平运动，使地层受到 NW—SE 方向的挤压，而发生褶皱和断裂，并伴有岩浆侵入活动，形成一系列的背斜、向斜和断层。这次构造运动持续时间之长，活动之强烈奠定了本区地貌轮廓的基础。后来，由于风化、流水等地质作用的影响，岩层长期受到剥蚀，以致形成现在这样的中低山地貌。

本 章 小 结

1. 知识点

（1）地壳运动
- 起源：地球自转速度变化说、板块构造学说
- 形式：水平运动、垂直运动，以及特殊形式——地震
- 产物：地层接触关系、地质构造

（2）地质构造
- 单斜构造　倾斜岩层的产状要素：走向、倾向和倾角
- 褶皱构造　背斜、向斜；复背斜、复向斜
- 断裂构造　裂隙（节理）、断层（正断层、逆断层和平移断层）

（3）岩体结构
- 组成部分　结构面与结构体
- 类型　块状结构、层状结构、碎裂结构、散体结构
- 工程分类　Ⅰ很好、Ⅱ好、Ⅲ中等、Ⅳ坏、Ⅴ极坏

（4）地质图
- 类型：普通地质图、专门地质图
- 主要反映内容：地形地貌、地层岩性、地质构造
- 基本图件：地质平面图、地质剖面图、地层柱状图

2. 地壳运动

地壳运动是由内力作用而引起地壳结构改变和地壳组成物质变形变位的机械运动。地壳运动控制着地表海陆分布的轮廓，影响着各种地质作用的发生和发展，同时改变着岩层的原始产状和地层接触关系，并形成各种各样的构造形态。岩层的构造变动和构造形态都是地壳运动的结果。从这个意义上讲，地壳运动又称构造运动。地震是地壳的一种快速运动，由于它具有特殊的性质，一般不把它归并到地壳运动中，而是单独研究。

3. 地质构造

地质构造是最重要的工程地质条件之一，它对地层岩性也有很大影响。常见的地质构造有倾斜构造、褶曲构造和断裂构造。倾斜构造往往是褶曲和断裂构造的一部分。因此，野外观测倾斜岩层的产状及其出露分布特征，是研究地质构造的基础。

野外识别褶曲构造的地层依据是岩层呈有规律的对称重复出现。识别断层的地层依据是岩层中断、重复和缺失。但褶曲和不整合等构造也可以造成岩层的重复和缺失，应该严格加以区分。断层所产生的岩层重复是不对称的，岩层缺失不具有侵蚀面；而褶曲造成的岩层重复是对称的；不整合所形成的岩层缺失则具有侵蚀面，并往往有底砾岩。

不同的构造形态和不同的构造部位，对水工建筑的影响是截然不同的。在倾斜构造和褶曲构造中，岩层仅是发生了倾斜或弯曲变形，一般没有失去连续性。但由于岩层的产状（走向、倾向和倾角）发生了变化，从而改变了其工程特性，有时变得对工程更有利，有时则不利。如在褶曲地区选择坝址，应避开褶曲核部，宜选择在翼部的倾斜岩层上，岩层面倾向河流上游且倾角较陡（45°左右）时，对坝的抗滑稳定最有利，也不易产生渗漏。断裂构造使岩层发生了破裂变形，岩层的力学强度降低和透水性增大，故对水工建筑是极为不利的。选择坝址时，应尽量避开裂隙密集带和断层破碎带，避不开时要调整坝线，使断层远离坝基受力集中部位。

4. 岩体结构和地质构造

岩体结构和地质构造统称为地质结构。岩体结构是指岩体中结构面与结构体的组合方式。它的基本类型有块状结构、层状结构、碎裂结构、散体结构，其工程地质性质依次由好变坏。岩体的稳定性，在很大程度上取决于结构面的类型及其自然特征（尤其是缓倾角的软弱夹层和泥化夹层），但在一定条件下结构体也相当重要。

5. 地质图

地质图是反映各种地质现象和地质条件的图件。它包括地质平面图、地质剖面图和地层柱状图。水利工程建设中，常需沿建筑物轴线绘制地质剖面图，以了解地下的地层岩性和地质构造条件。

根据地质平面图切绘地质剖面图时，首先要选好剖面线。剖面线应选在地层岩性出露最全，能基本反映区内主要地质构造和地形地貌的方向上，也可沿建筑物方向绘制。画图时应注意以下三点：①当剖面线方向不垂直岩层走向时，剖面图上的岩层（或断层）倾角必须采用式 $\mathrm{tg}\beta=\sin\theta\mathrm{tg}\alpha$ 换算为该剖面线方向的视倾角；②剖面线基线标高的确定，应低于剖面线所通过的最低点的地形标高，一般低于一、二条地形等高线即可；③剖面图的垂直比例尺一般尽可能与水平比例尺一致（即与地质平面图的比例尺相同），在特殊情况下，如果要放大垂直比例尺时，则必须采用式 $\mathrm{tg}x=n\mathrm{tg}\alpha$ 换算校正岩层（或断层）倾角。

复习思考题与练习

2-1　何谓地壳运动？地壳运动有哪些表现形式？

2-2　如何区分地层接触关系中的整合接触、平行不整合接触和角度不整合接触？地层接触关系与地壳运动有何关系？试根据清水河水库库区地层的接触关系，指出该区何时发生过什么形式的地壳运动？

2-3　什么叫岩层产状，它包括哪些要素？野外怎样测量岩层产状要素？如果某地岩层产状测量结果为145°∠20°，试详细说明它在地壳中的空间方位。

2-4　何谓地质构造？常见的地质构造有哪些类型？

2-5　褶曲的基本形式有哪些，在野外如何识别？用虚线恢复下列剖面图（图2-30）的褶曲形态，并说出褶曲名称。

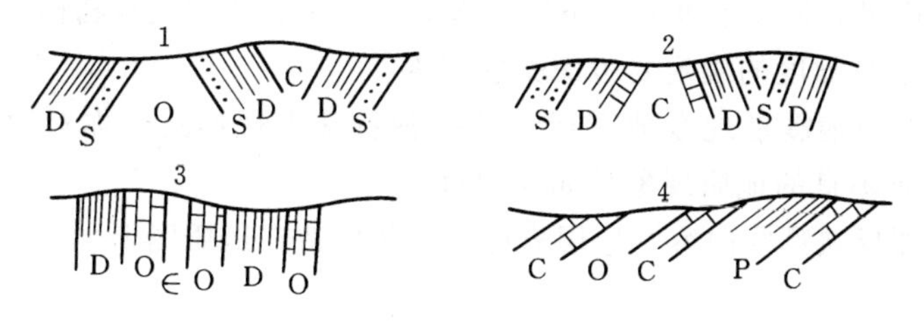

图2-30　恢复褶曲形态

2-6　阅读清水河水库库区工程地质图，分析图中有哪些褶曲？

2-7　褶曲构造对水工建筑物有何影响，试以选坝址为例说明。比较褶曲构造对清水河水库梅村坝址和羊坊坝址的影响。

2-8　构造裂隙有哪些类型，其特征如何？利用裂隙玫瑰花图，怎样分析裂隙发育规律及 其对坝基岩体稳定和渗漏的影响？

2-9　断层有哪些要素？根据断盘的相对位移，说出清水河水库库区断层的类型、性质和特征。

2-10　某地区的地质平面图如图2-31所示，图中有三条坝线可供比较选择。试分析：①该地区有无褶曲，如有说出其形态类型；②从褶曲构造和地层岩性综合考虑，选出一条最优坝线。

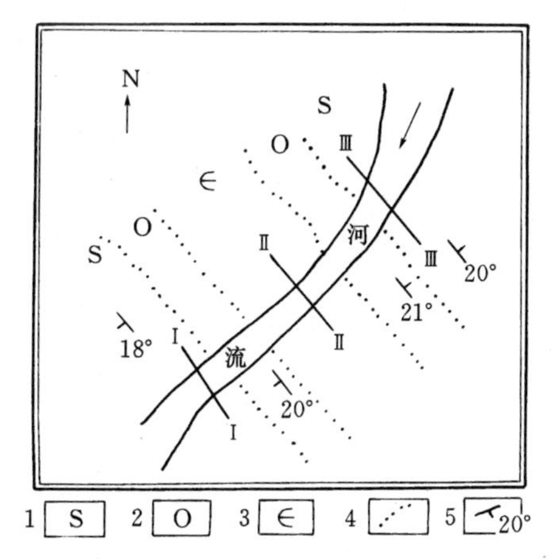

图2-31　某地区的地质平面图

1—志留系石英砂岩、粉砂岩；2—奥陶系石灰岩；3—寒武系页岩和石灰岩；4—岩层界线；5—岩层产状

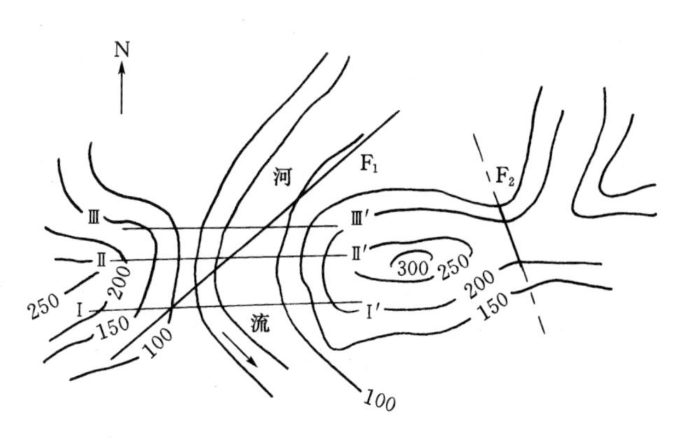

图2-32　某河段地质平面示意图

2-11　某一河段平面图如图 2-32 所示，F_1 和 F_2 为断层，图中有三条土坝坝线可供比较选择。试分析：①F_1 断层对三条坝线的影响，选择受断层影响相对较小的一条坝线；②F_2 断层对该水利工程可能造成的影响和危害。

2-12　什么是岩体结构，岩体与岩石有何不同？按岩体质量系数，岩体可分为哪几种类型？试述不同结构类型岩体的工程地质性质。

2-13　地震震级和地震烈度有何不同？多大地震便会造成建筑物破坏？工程建筑物进行抗震设计时，设计烈度的确定要考虑哪些因素？

2-14　为什么说地震是现今地壳运动的一种特殊表现形式？你对地震是一种地质作用，同时又是一种不良的地质现象是如何理解的？

2-15　地质图反映哪些内容？地层岩性、地质构造在地质图上如何表示？怎样阅读地质图？

2-16　在地质平面图上怎样切绘地质剖面图？利用教材后面附图二“清水河水库梅村坝址区工程地质图”，沿图上甲—甲线和乙—乙线，练习切绘地质剖面图。

第三章　物理地质作用与不良地质现象

地球孕育了生命，哺乳了人类和万物。但是，地球的外表和内部无时无刻不在活动，并由此引发山崩、海啸、滑坡、泥石流、岩石风化、荒漠化、石漠化、水土流失、黄土湿陷、沙土液化、地下潜蚀、喀斯特、地面沉降和地震等多种多样的地质灾害。我国地域辽阔，地理地质条件十分复杂。在地质构造上，多次遭受强烈地壳运动的影响，地质构造复杂，新构造活动频繁，山地、高原和丘陵占国土面积的69%，气象条件在时间、空间上的差异很大，这决定了我国是一个地质灾害多发的国家，地质灾害种类多、分布广、危害大。仅1999年，全国就发生较大规模突发性的地质灾害320起。20世纪90年代，我国因灾害产生的直接经济损失每年占国内生产总值（GDP）的3%～6%。工程地质学把影响建筑物稳定安全或经济效益的地质灾变，统称为物理地质作用及现象。本章仅介绍与水利建设密切相关的物理地质作用及不良地质现象，如风化作用、地面流水的地质作用、崩塌与滑坡、喀斯特等，研究它们的产生原因和发展规律，预测它们对建筑物的危害程度，以便在工程设计、施工和管理运用中采取有效的防治措施。

第一节　风　化　作　用

地表或接近地表的岩石，在气温、水、大气和生物等因素的影响下，所发生的一切物理状态和化学成分的变化称为风化作用。风化作用所产生的现象称为风化现象。风化作用揭开了外力地质作用的序幕，为其他外力地质作用的进行创造了条件，从而加速了大陆地形的改造和各种沉积物的形成过程。

一、风化作用的类型

岩石的风化作用，可分为物理风化作用、化学风化作用和生物风化作用等三种类型。

（一）物理风化作用

以温度变化为主要影响因素，而使岩石发生机械破坏的作用，称为物理风化作用。如因温差反复变化而引起岩石的剥离和崩解（图3-1）；岩石孔隙和裂隙中水的冻融所引起的冰劈胀裂；以及由盐类结晶引起的岩石崩裂等。物理风化使整体的岩石逐步崩解成碎块以至碎屑，而岩石的化学成分却很少发生变化。在日温差和年温差变化大的地区，物理风化作用的表现较为强烈。

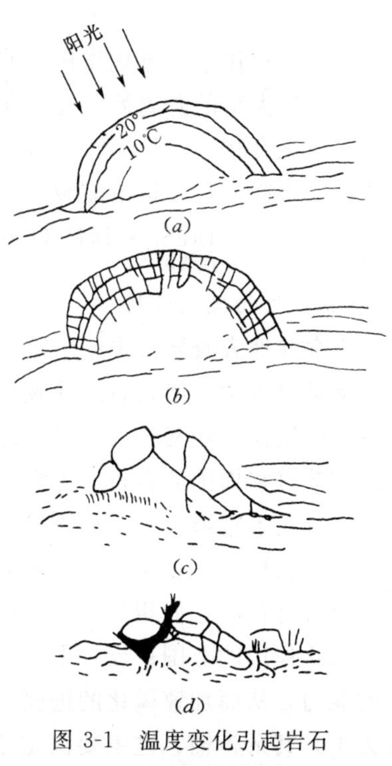

图3-1　温度变化引起岩石胀缩不均而崩解过程示意图

（二）化学风化作用

岩石与大气、水、生物中的各种化学组分发生一系列的化学反应，而使其组成的物质成分发生变化的作用，称为化学风化作用。化学风化作用不仅破坏岩石，改变其化学成分，并且能产生新矿物。水和温度是化学风化最重要的条件，如果没有水的参与，许多化学作用便不能进行。温度每升高10℃，化学反应速度增加为原来的2～3倍，因此，化学风化作用在炎热而潮湿的气候条件下最为显著。化学风化作用进行的方式主要有以下几种：

（1）溶解作用　岩石中的有些矿物可以直接溶解于水，如岩盐、石膏等，而且水中常含有各种酸类物质，可以增加水对岩石的溶解能力。如石灰岩中的方解石，在含有侵蚀性CO_2水的作用下，会形成可溶于水的重碳酸钙随水流失，结果造成石灰岩地区溶蚀现象，有的溶洞长达几十公里。

$$\underset{\text{石灰岩（不溶于水）}}{CaCO_3} + H_2O + CO_2 \rightleftharpoons \underset{\text{重碳酸钙（溶于水）}}{Ca(HCO_3)_2}$$

（2）水化作用　岩石中的有些矿物与水作用时，能吸收水分形成新的化合物，如硬石膏（$CaSO_4$）与水起作用后形成石膏（$CaSO_4 \cdot 2H_2O$），其体积增大60％，对周围岩石产生很大压力，促使岩石破坏。

（3）水解作用　岩石中的矿物与含有自由离子H^+和$[OH]^-$的水作用。能使矿物的阳离子形成氢氧化物，从矿物中解脱出来，这样岩石的结构就被分解破坏了。如正长石在水的作用下，一方面形成KOH溶液及SiO_2胶体随水流失；一方面形成不溶解于水的高岭石残留在原地。

$$\underset{\text{正长石}}{4K[AlSi_3O_8]} + 6H_2O \longrightarrow 4KOH + \underset{\text{高岭石}}{Al_4[Si_4O_{10}][OH]_8} + \underset{\text{硅胶}}{8SiO_2}$$

（4）氧化作用　氧化作用是自然界最常见的化学作用。在空气和水中或地下一定深度，都含有大量的游离氧。岩石在氧化作用下，使其中低价元素（或化合物）转变为高价元素（或化合物），形成新矿物，而岩石却遭到分解破坏。如黄铁矿经氧化作用后变为多孔疏松的褐铁矿，并析出硫酸溶液流失，对岩石和混凝土有强烈的侵蚀破坏作用。

$$\underset{\text{黄铁矿}}{4FeS_2} + 14H_2O + 15O_2 \longrightarrow \underset{\text{褐铁矿}}{2(Fe_2O_3 \cdot 3H_2O)} + \underset{\text{硫酸}}{8H_2SO_4}$$

（三）生物风化作用

生存在地表及岩石中的生物，在其生命过程中由于新陈代谢所产生的有机质，以及生长和活动过程中，使岩石遭受破坏或化学变化的作用，称为生物风化作用，如生长在岩石裂缝中的植物，随其长大，根部逐渐把岩石胀裂开来，而且根部能分泌出多种有机酸，会腐蚀和溶解它周围的岩石。生物风化作用的意义不仅在于它引起岩石的机械和化学破坏，而且特别在于它形成了一种既有矿物质又有有机质共同存在的新物质，这就是土壤。

上述物理的、化学的、生物的三种风化作用，在自然界不是单独进行的，而是同时或相互交替进行，它们相互依存、相互影响和相互促进。物理风化作用使岩石破碎，扩大了化学风化作用的范围；反过来，由于化学分解，使岩石变得疏松软弱，降低了抵抗机械破坏的能力，从而加速风化的进程。对一个地区而言，一定时期可以一种或两种风化作用方式为主，其余为辅，这主要决定于该区的气候特点。如果一个地区气候发生了显著的变化，那么，风化作用的方式、强度以及残积物的特点也随之发生变化。因此，根据风化残积物的特点，可以恢复古气候和古地理，也可以作为划分第四纪地层的标志之一。

二、风化带的划分

岩石经风化作用后所形成的风化产物，除一部分可溶物质被水溶解流失外，难溶物质和碎屑物质则残留于原地，形成残积物。在有生物活动的地区，残积物顶部常发育成土壤。残积物及其下伏的风化岩石构成了地壳的外壳，称为风化壳。风化壳的厚度因地而异，主要受风化作用的强度、作用时间长短和地形控制。一般由几米到几十米，有的地方最厚可达一二百米。当风化壳形成后，若被后来其他沉积物所覆盖而不再遭受风化作用时，便成为古风化壳了。

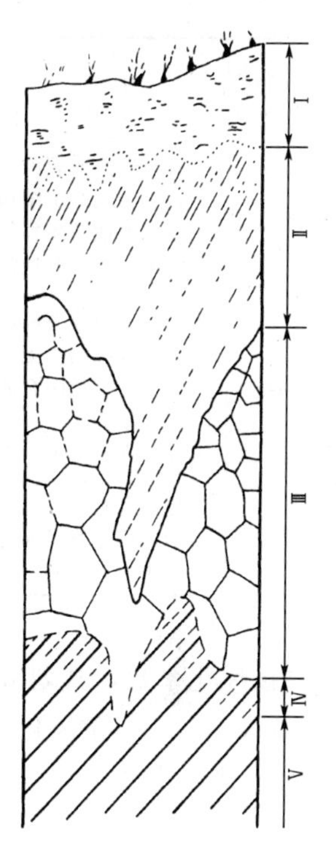

图 3-2 北京周口店花岗闪长岩的风化壳
Ⅰ—土壤；Ⅱ—全风化带；Ⅲ—强风化带；Ⅳ—弱风化带；Ⅴ—基岩

由于风化作用是由地表向地下深处逐渐减弱的，因此，风化壳常具有垂直分带的特点。在水利工程建设中，常根据不同风化程度岩石的野外特征，如颜色、矿物成分、结构和构造等的变化、来进行风化分带，一般可将风化的岩石分为全风化带、强风化带、弱风化带和微风化带，如图 3-2 和表 3-1 所示。

风化壳的垂直分带性是岩石在原地风化造成的，带与带之间的界面是不明显的，是逐渐过渡的，有时单纯依靠表 3-1 列的定性描述特征来分带是相当困难的。在实际工作中，还必须进行详细的地质勘探和试验工作，测定岩石的物理力学性质指标。由于岩石风化后，其物理力学性质指标均有不同程度的降低，据此，可用下述定量的指标和方法来划分风化带。

1. 风化系数法

$$K_f = \frac{R'_C}{R_C} \tag{3-1}$$

式中 K_f——风化系数（无量纲量）；

R'_C——为风化岩石饱和单轴抗压强度，MPa；

R_C——为新鲜岩石饱和单轴抗压强度，MPa。

表 3-1 岩石风化带的划分

风化带	野外主要地质特征	风化程度参考指标	
		风化系数 K_f	波速比 K_v
全风化	·全部变色，光泽消失 ·岩石的组织结构完全破坏，已崩解和分散成松散的土或砂状，有很大的体积变化，但未移动，仍残留有原始结构痕迹 ·除石英颗粒外，其余矿物大部分风化蚀变为次生矿物 ·锤击有松软感，出现凹坑，矿物手可捏碎，用锹可以挖动	<0.2	<0.4
强风化	·大部分变色，只有局部岩块保持原有颜色 ·岩石的组织结构大部分已破坏，小部分岩石已分解或崩解成土，大部分岩石呈不连续的骨架或心石，风化裂隙发育，有时含大量次生夹泥。 ·除石英外，长石、云母和铁镁矿物已风化蚀变 ·锤击哑声，岩石大部分变酥，易碎，用镐可以挖动，坚硬部分需爆破。	0.2～0.4	0.4～0.6

续表

风化带	野　外　主　要　地　质　特　征	风化程度参考指标	
		风化系数 K_f	波速比 K_v
弱风化	·岩石表面或裂隙面大部分变色，但断口仍保持新鲜岩石色泽 ·岩石原始组织结构清楚完整，但风化裂隙发育，裂隙壁风化剧烈 ·沿裂隙铁镁矿物氧化锈蚀，长石变得浑浊、模糊不清 ·锤击哑声，开挖需要爆破	0.4～0.8	>0.6～0.8
微风化	·岩石表面或裂隙面有轻微褪色 ·岩石组织结构无变化，保持原始完整结构 ·大部分裂隙闭合或为钙质薄膜充填，仅沿大裂隙有风化蚀变现象，或有锈膜浸染 ·锤击发音清脆，开挖需要爆破	0.8～0.9	>0.8～1.0
未风化	·保持新鲜色泽，仅大的裂隙面偶见褪色 ·裂隙面紧密，完整或焊接状充填，仅个别裂隙有锈膜浸染或轻微蚀变 ·锤击发音清脆，开挖需要爆破	0.9～0.1	>1.0

（引自《水利水电工程地质勘察规范》GB 50287—99）

按风化系数，其划分标准为全风化：$K_f<0.2$；强风化：$0.2\leqslant K_f<0.4$；弱风化：$0.4\leqslant K_f<0.8$；微风化：$0.8\leqslant K_f<0.9$；未风化：$K_f\geqslant 0.9\sim1.0$。

2. 波速比法

$$K_V=\frac{V'_P}{V_P} \tag{3-2}$$

式中　K_V——波速比（无量纲量）；

V'_P——风化岩石压缩波速度，m/s；

V_P——新鲜岩石压缩波速度，m/s。

按波速比，其划分标准为全风化，$K_V<0.4$；强风化：K_V 为 0.4～0.6；弱风化：$0.6<K_V\leqslant0.8$；微风化：$0.8<K_V\leqslant1.0$；未风化：$K_V>1.0$。

此外，也可根据压缩波速度 V_P（m/s）来划分，其标准为全风化：$V_P<1000$；强风化：$1000\leqslant V_P<2000$；弱风化：$2000\leqslant V_P<4000$；微风化：V_P 为 4000～5000；未风化 >5000。如长江三峡工程坝基闪云斜长花岗岩按压缩波速进行风化程度分带（图 3-3）。风化带的划分宜采用野外特征与定量指标相结合的原则，定量指标满足一项即可。

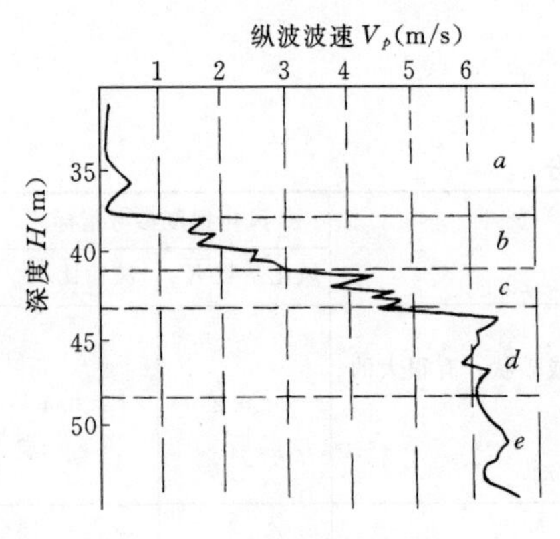

图 3-3　长江三峡工程花岗岩按纵波波速分带

a—全风化带；*b*—强风化带；*c*—弱风化带；*d*—微风化带；*e*—新鲜岩石

必须指出的是，并不是在任何地方、任何风化岩石的垂直剖面上都能看到表 3-1 所列的全部四个风化带。由于气候条件和其他条件不同，风化壳的类型、厚度等也不会一样。地形陡峭的地方，不利于风化岩石的保留，风化壳很薄，甚至新鲜岩石裸露地表，而沿断层破碎带，各类岩石普遍风化加剧，形成很深的风化槽或风化囊（图 3-4）。如长江三峡三斗坪坝址区花岗岩断裂带中形成的囊状风化，其断裂带中弱风化带的下限比周围岩石平均要低 20m，最深处相差达80m，长度数十米到数百米不等。对一些抗风化能力特别低的岩石，不仅要研究其风化程度，而且要预测它的风化速度。如我国南方的一些红色粘土岩、砂质粘土岩（又称红层），在常温条件下暴露地表几小时后，新鲜岩石便产生裂隙、剥落破碎，常因基坑开挖后未及时回填，而导致岩石迅速风化，造成超挖和增加混凝土的浇筑量。

研究风化带的特征及其空间分布规律，对于建筑位置的选择，确定基础开挖深度等，都具有重要意义。不同规模、不同类型的水工建筑物，对地基强度要求和工程处理措施是不同的。对大多数建筑物来说，并不是将风化岩石全部开挖、将基础置于新鲜完整的岩石上，而是在保证建筑物稳定和经济的前提下，只对那些风化较严重、工程地质性质不能满足设计要求的岩石，加以开挖或进行工程处理（如采取固结灌浆或帷幕灌浆等），对那些风化轻微、经稍加处理后，就能满足设计要求的风化层，就不必开挖。

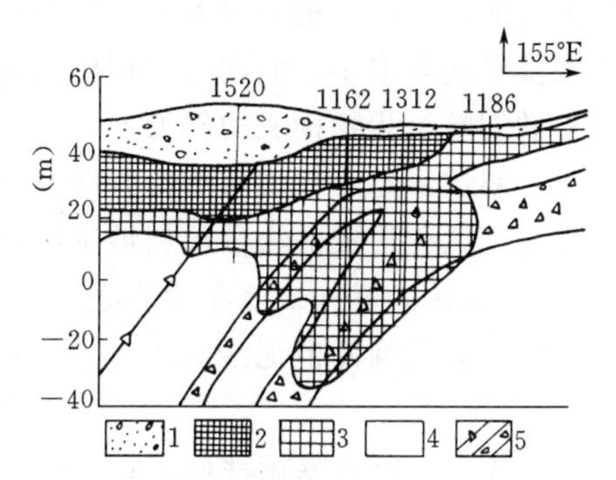

图 3-4　长江三峡三斗坪坝址花岗岩断裂带中的囊状风化

1—砂砾石；2—全、强风化带；3—弱风化带；4—微风化带及新鲜岩体；5—断裂带

第二节　地面流水的地质作用

地面流水的水源是雨水、冰雪融水和泉水。地面流水按其流动方式，可分为坡流、洪流和河流三种。大面积的沿着坡地呈片状的暂时性流水，叫做坡流。当坡流汇集于沟谷里作快速流动的暂时性流水时，叫做洪流。在固定河道内的长年流水，叫做河流。地面流水在重力作用下向低处流动，产生一定的动能，其大小同水流的质量和流速的平方成正比，可用下式表示：

$$E=\frac{1}{2}mV^2 \tag{3-3}$$

式中　E——流水的动能；

m——流水的质量；

V——流水的速度。

由于流量的大小主要受气候的影响，流速的大小主要取决于地面坡度，所以，控制地面流水动能大小的主要因素是气候和地形。流水在运动过程中，其动能主要消耗于两个方面：一是克服阻碍流动的各种摩擦力；二是搬运水流中所携带的物质（如泥沙等）。设这两部分动能的消耗为E'，则当$E>E'$时，流水多余的能量将对地面产生侵蚀作用；若$E=E'$时，流水仅起着维持本身运动和搬运水流中泥沙等物质的作用；当$E<E'$时，流水中所携带的泥沙将有一部分沉积下来。因此地面流水在流动的过程中进行着三种不同的地质作用，即侵蚀作用、搬运作用和沉积作用。

一、坡流的地质作用

大气降水或冰雪融化后，在斜坡地面呈片状或网状漫流的坡流，由于水流分散，流速较小，动能不大，所以坡流只能对斜坡上风化的岩石和其他松散物质进行破坏，其结果就象洗刷地面一样，把斜坡剥去一层表皮，这种破坏作用称为面状洗刷作用。坡流地质作用的规模看起来很小，但它发生在广阔地区，且反复长期地进行着，故侵蚀量较大。尤其是在松散细粒沉积物构成的斜坡上，常常造成严重的水土流失。坡流的洗刷强度主要决定于气候、斜坡形态、组成斜坡的岩性及植被发育情况。在干旱和半干旱地区，夏季的暴雨对久经物理风化形成的松散层斜坡洗刷破坏最为强烈。如我国西北地区，水土流失面积已超过 33 万 km^2，其中 2/3 集中在黄土高原，年侵蚀模数一般都在 2000～9000t/km^2，黄土高原每年向黄河倾泄泥沙 5.18 亿 t。雨后洗刷量可用下式计算：

$$W = AI^{0.75}L^{0.5}M^{1.5} \tag{3-4}$$

式中 W——该次暴雨洗刷量；

I——斜坡坡度；

L——斜坡长度；

M——降雨强度；

A——与其他因素有关的可变系数。

洗刷作用使斜坡由陡变缓并逐渐降低。洗刷下来的物质一部分直接或间接被搬运流入江河，成为河流泥沙的主要来源，一部分则在斜坡下部较平缓的地方堆积，形成坡积物。坡流地质作用的危害，不仅破坏了斜坡地形，还造成了大量的水土流失，使水库淤塞和下游河床泥沙淤积，构成严重的水患威胁。

二、洪流的地质作用

（一）洪流与冲沟

洪流俗称山洪，是沿着沟谷作快速流动的暂时性水流。每当雨季和冰雪融化期，特别是暴雨过后，坡面细流向洼地汇合，并不断侵蚀地面，形成沟槽。沟槽流水集中，流量大，流速快，并挟带大量泥沙、石块，对流经的地面产生强烈冲刷，可以使小沟加长、加宽和加深，不断发展扩大，形成冲沟。冲沟的发育主要受气候、岩性、沟底坡度、植被以及人类活动等因素的控制。如我国黄土高原地区，由于植被稀少，土质疏松，夏季暴雨强度大，所以冲沟发育很快，地面大多被切割得支离破碎，沟壑纵横。在我国南方厚层的红土风化壳上，如植被受到破坏，沟谷也很发育。冲沟的强烈发育和发展，对国民经济和工程建设都会造成很大的危害。它不仅加剧水土流失，蚕食耕地，使大量泥沙在河道和水库迅速淤积，而且会强烈切割地面，使潜水位下降，并给工程建筑造成很大困难。由于冲沟发育，引水渠道有时不得不选择较长的线路，或采取修建渡槽、倒虹吸、涵洞等工程措施来跨越冲沟障碍，从而提高了工程造价。

洪流除冲刷作用外，还能将它所破坏和携带的产物搬往沟口，在适当场所堆积下来。除少量可堆积在沟底的平缓低洼处以外，大部分都被运出沟口，并在山前沟口堆积，形成洪积物。由它形成的扇形堆积地形，叫做洪积扇，呈锥状者，称为洪积锥。山前洪积物常与山坡上面水流所挟带下来的坡积物汇合起来，形成宽广的山前洪积倾斜平原。

（二）泥石流

泥石流是一种山区突然发生的，含有大量泥沙、石块等固体物质，具有强大破坏力的特殊洪流。它与一般洪流不同，其泥沙石块体积含量大，一般都大于 15%，最高达 80%；相对密度大于 1.3t/m^3，最高达 2.3t/m^3；流速一般为 5～7m/s，最高可达 70～80m/s。

泥石流因流速快、粘度大，其侵蚀、搬运、堆积过程特别迅速，在数分钟至数十分钟内即可将数十万立方米至数千万立方米土石搬出沟口，并摧毁或掩没沿途房屋、道路等一切工程设施，造成重大地质灾害。在我国西南、西北的一些地区，由于高山深谷、暴雨等特殊的气候和地质地貌条件，导致泥石流频频发生。如 1981 年 7 月 9 日四川甘洛县大渡河支流利子依达沟，因暴雨引发泥石流，1 小时内即有 60 万 m^3 的土石倾入大渡河，摧毁大渡河对岸 800m 长公路和成昆铁路线上的利子依达沟桥，中断铁路行车 370 小时，当时开往成都的 442 次客车正行至桥上，两辆机车、一节邮车、一节客车被泥石流推入咆哮的大渡河，酿成我国铁路史上罕见的灾害事故，经济损失上千万元人民币。目前，我国至少有 400 多个县市和大型企业、1 万多个村庄受到泥石流的威胁。近半个世纪来，泥石流破坏水库 1000 多座，造成重大铁路事故 250 多起，颠覆列车 5 列，淤埋车站 41 次，死亡数千人，经济损失十分巨大。泥石流是工程建设的拦路虎，是人民生命财产安全的大敌。

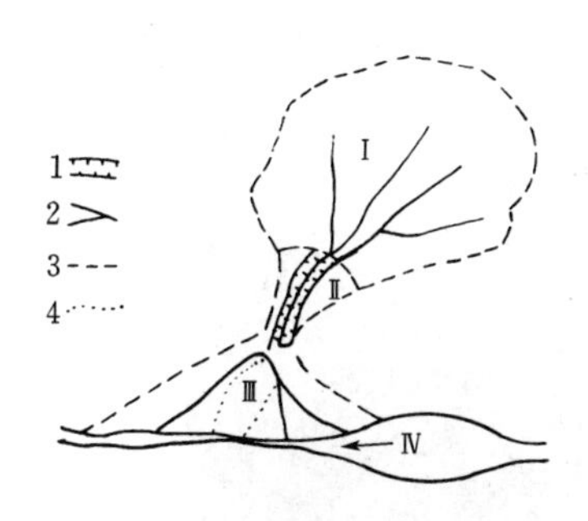

图 3-5　泥石流流域分区略图
Ⅰ—形成区；Ⅱ—搬运区；Ⅲ—停积区；
Ⅳ—泥石流堵河形成淹塞湖；
1—峡谷；2—有水沟床；
3—无水沟床；4—区界

典型的泥石流流域，从上游到下游可分为三个区，即泥石流的形成区、流通区和堆积区（图 3-5）。泥石流的形成条件概括起来为：①有陡峻便于集水、集物的地形；②有丰富的松散物质；③短时间内有大量水的来源。此三者缺一便不能形成泥石流。

泥石流发生和发展的原因是多方面的，因此对泥石流的防治应采取综合措施。一方面在可能发生泥石流的地区，采取植树造林、修筑排水沟系和支挡工程等预防措施；另一方面在泥石流沟谷区采取修筑拦截、滞流、利导和输排工程等治理措施，尽量减少产生新的泥石流的可能性。此外，在选择工程建筑场地或线路时，宜采取绕避方案，当必须建筑时应采取治理措施。

三、河流的地质作用与河谷地貌

河流是沿着一定的槽形凹谷作经常性或周期性流动的水流。河水所流经的谷地称为河谷。河谷由谷底（河床、河漫滩）和谷坡（阶地、谷岸）等部分组成（图 3-6）。河床是经常被河水占据的谷底部分；河漫滩是河水泛滥期间才全部或局部被河水淹没的谷底部分；谷坡是河谷两侧因河流冲刷侵蚀而形成的岸坡。古老的谷坡上常发育有阶地，即汛期河水也不能淹没的有陡坎的沿河平台。

（一）河流的地质作用

1. 侵蚀作用

河流冲刷破坏河床地表岩石，使河床逐渐加深、加宽、加长的作用，称为河流的侵蚀作用。它包括下蚀作用、向源侵蚀作用和侧蚀作用三种。

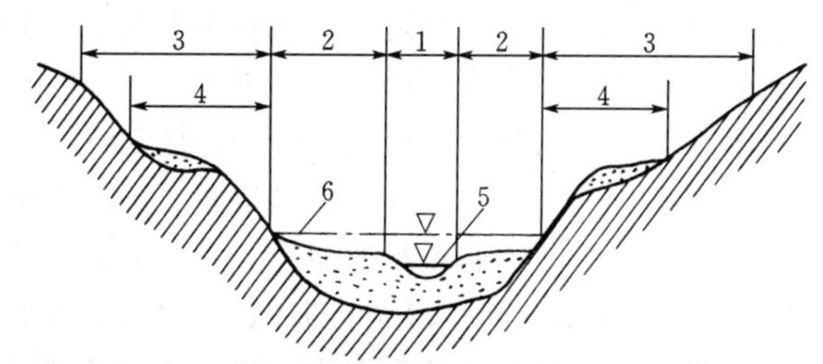

图 3-6　河谷要素示意图
1—河床；2—河漫滩；3—谷坡；4—阶地；
5—平水位；6—洪水位

下蚀作用不断加深河床，使河床纵坡变缓，下蚀作用最强烈的地方是在流速最大的地方。如山区河流，由于地势高，河床纵坡陡，河水流速快，其动能也大，下蚀作用就强烈，往往形成两岸陡直、谷底狭窄的V字型河谷，很深的V形河谷称为峡谷，如贵州乌江峡谷、长江三峡、黄河三门峡等。最近发现的世界第一大峡谷——雅鲁藏布大峡谷（图3-7），全长为504.6km，最深处达6009m，平均深度为2268m，河床坡降最大为75.35‰。平原区河流一般下蚀作用微弱，甚至没有。当河水流经由软硬相间的岩石组成的河床时，坚硬岩石下蚀慢，软弱岩石下蚀快，在河床常形成岩坎，河水流经岩坎时，产生水位落差，落差小的形成急落，落差大的形成瀑布。如贵州打都河上的黄果树大瀑布宽60m，落差66m，壁面坡陡70°，河水从58m高的石灰岩悬崖上飞流而下，直泻犀牛潭，气势磅礴，景色极为壮观（图3-8）。河流的下蚀作用不是无止境进行的，当它加深到一定限度，即趋近海平面时，因位能差消失，河流就失去了下蚀能力。所以，从理论上说海平面就是绝大多数入海河流下蚀作用的极限，人们称它为侵蚀基准面。此外，河流注入湖泊的湖面高度，支流汇入主流时主流的河面高度，也是河水的局部侵蚀基准面。

图3-7　雅鲁藏布大峡谷——扎曲大拐弯

在河流下蚀作用不断加深谷底的过程中，河谷逐渐向源头延伸或河流瀑布后退，这种现象称为向源侵蚀。向源侵蚀使河谷不断伸长，造成河流源头分水岭破坏和瀑布消失。如万里黄河流经晋陕峡谷，在山西吉县与陕西宜川之间的黄河谷地，400多m宽的浩瀚水面骤然收成一束，倾泻在高差30多m的石潭中，激起50余m高的水雾，形似茶壶注水，故名壶口瀑布。此段河床由三叠系细粒长石砂岩和紫色泥岩组成，砂岩节理发育，由于河水不断冲刷，磨蚀砂岩和掏蚀泥岩，瀑布不断后退、萎缩。据历史资料分析，公元前770年以来的2700多年间，瀑布后退3000多m，平均每年向北（即上游）退移1.05m，如不有效治理，壶口瀑布及其景观将在百年内完全消失。

河流冲蚀两岸，使岸边不断坍塌后退，河谷加宽的作用，称为侧蚀作用。任何一条河流，由于地表形态起伏和岩石性质的差异，原始河道总是弯曲的。在河道弯曲处，受离心

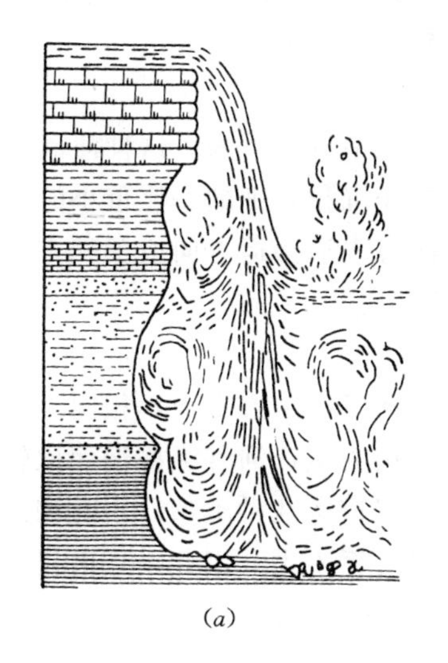

(*a*)

(*b*)

图 3-8　瀑布

(*a*) 瀑布形成示意图；(*b*) 贵州黄果树大瀑布

力的影响，水流总是偏向河流凹岸，使水流呈螺旋状的横向环流，即表层水流向凹岸，产生侧蚀，而底层水流向凸岸，产生堆积（图 3-9）。侧蚀作用的结果，不仅加宽了河谷，而且促使河道弯曲率加大，并形成曲流。随着曲流进一步的发展，两个相邻弯曲之间逐渐接近，当洪水到来时，可以冲断曲流颈，产生自然截弯取直的观象。被截直的河弯，由于泥沙淤塞封闭，形成牛轭湖。曲流的发育使河道加长，纵坡变缓，洪水宣泄缓慢，对防洪十分不利。1998 年长江发生特大洪水，位于长江中下游三大转折之一的九江大堤，就是由于受强大环流的冲刷作用，掏空了堤底的淤泥质粉土层，使防洪墙悬空，加上墙体本身存在的质量问题，最终导致防洪墙断裂倒塌，造成巨大决堤事故。

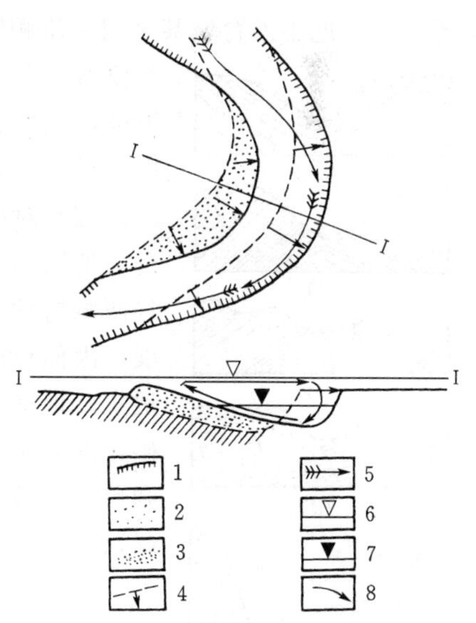

图 3-9　河弯中水流的侧蚀与堆积示意图

1—冲蚀；2—河床漫滩；3—河床中河堤；4—河床过去的位置与移动方向；5—主流线；6—洪水位；7—平水位；8—洪水期河床中水的横向环流

2. 搬运作用

河水流动时，能将河床底部以及悬浮于水中的泥沙和溶于水中的物质搬运走。搬运的方式有拖运、悬运和溶运三种。河床中巨大的块石、砾石和砂，以滑动、滚动及跳跃等方式沿谷底移动称为拖运。细粒泥沙悬浮于河水中的运移称为悬移。化学物质以真溶液和胶体溶液的形式随河水一起运动称为溶运。河水搬运的物质中悬运的数量最大，在平原地区拖运物质一般不超过悬运量的10%，在山区可能达到30%～40%。河流搬运的泥沙量与溶运量之比值约为7∶3。据估计，全球河流每年搬运入河的泥沙总量约为160亿m^3，溶运量约为35亿t。河流在搬运过程中，由于碎屑物互相碰撞，棱角磨损，形状变圆，根据河卵石的磨圆度，可判知它们被搬运距离的远近。

3. 沉积作用

河流搬运的物质，在河流搬运力变弱时，就从水流中沉积下来。这种河流沉积物称为冲积物。河水中碎屑物的沉积，总是粗的、比重大的先沉积，细的、比重小的后沉积，结果使沉积物按照砾石→砂→粉砂→粘土的顺序，在河谷内沿搬运方向或沉积方向呈有规律地分布。

（二）河谷地貌

河谷可分为山区河谷和平原河谷两种类型，两种河谷在形态上大不相同。平原河谷往往为新构造运动下沉地区，河流流速慢，多以沉积作用为主，河谷纵横剖面比较平缓，河流在其自身堆积的松散冲积物中发育成弯曲、游荡和汊道等几种类型，水力和泥沙条件是控制河床演变的主要因素，河谷与基岩和地质构造的关系不大。因此，下面仅介绍山区河谷地貌。

1. 河谷形态类型

（1）宽谷与峡谷　宽谷多形成于岩性比较软弱地区，以及河流横切过向斜、地堑等构造的河段，河谷呈“U”字型，并有河漫滩和阶地分布。峡谷往往形成于岩性比较坚硬完整和地壳强烈上升的地区，以及河流横切背斜、地垒等构造的河段，河谷呈V型，谷内河漫滩和阶地不发育，甚至河床堆积物也不多。宽谷与峡谷沿河交替出现，是山区河谷的主要特征之一。如长江流经三峡地区，依次穿过石灰岩和砂页岩地区，就形成峡谷和宽谷相间出现的现象。这就为选择坝址、库区提供了有利的地形条件。

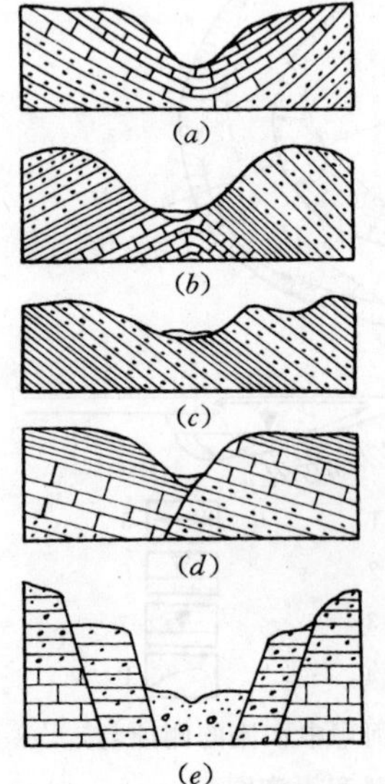

图3-10　河谷的构造类型
(a) 向斜谷；(b) 背斜谷；
(c) 单斜谷；(d) 断层谷；
(e) 地堑谷

（2）对称谷与不对称谷　发育在块状岩体或厚层的层状岩体分布地区的河流，由于岩性比较均一，常见为对称河谷。如果河谷两侧岩性不均一，由于侵蚀差异，河谷易于向软岩岸冲刷扩展，因而形成一岸坡陡，一岸坡缓的不对称河谷。沿褶曲轴部和地堑、地垒中部等发育的河流，由于有大体对称的构造条件为基础，因而常形成对称河谷，如图3-10（*a*）、（*b*）、（*e*）。而沿断层和单斜构造岩层走向发育的河流，常形成不对称谷，如图3-10（*c*）、（*d*）。

河谷的形态特征，常常会影响到坝址、坝型及库区的选择、枢纽布置和施工条件等。如峡谷可作为坝址，宽谷是适宜的库区；对称的峡谷是修建拱坝理想的地形条件。因此，在河谷地区进行水利建设时，应尽可能利用良好的河谷地貌形态。

2. 阶地

阶地是位于河谷两侧，不被汛期河水淹没的台阶状地形。许多河流有一级阶地或多级阶地，有些河流的阶地是两岸对称的，也有的是不对称的。阶地由河漫滩以上算起，向上依次分别称为一级阶地、二级阶地……等。一级阶地形成年代最新，一般保存较好；反之，地质年代越老的阶地，出露位置越高，保存越不完整。

阶地的形成，主要是由于地壳运动周期性的变化，引起河流侧蚀和下蚀作用交替进行的结果。即在地壳相对稳定或下降时期，河流侧蚀和沉积作用比较显著，使河谷加宽，并形成平缓的滩地；当地壳上升时，侵蚀基准面相对下降，河流下蚀作用加强，使河床下切，把河漫滩相对抬高到洪水期也不再被水淹没的位置，便形成阶地。阶地由阶地面和阶地陡坎两个形态要素组成。阶地面实际上是古代河流的谷地，阶地面的宽度反映了当时地壳运动稳定时间的长短；阶地陡坎的存在是地壳上升运动所引起的，阶地高度反映了地壳运动的变化幅度。

根据阶地的成因和组成的物质不同，可将其分为以下三种类型：

（1）侵蚀阶地　阶地由基岩构成，阶面上没有或只有很少的冲积物。它主要是由河流侵蚀作用而形成的，如图 3-11（*a*）。

（2）基座阶地　阶地由两部分物质组成，上部为冲积物，下部为基岩，即冲积物覆盖在基岩基座上，它是河流沉积作用和下蚀作用交替进行而形成的，如图 3-11（*b*）。

（3）堆积阶地　阶地完全由冲积物组成。它是河流以沉积作用为主时形成的。根据阶地形成过程中下切的深度不同，堆积阶地又可分为上叠阶地和内叠阶地，如图 3-11（*c*）、（*d*）。

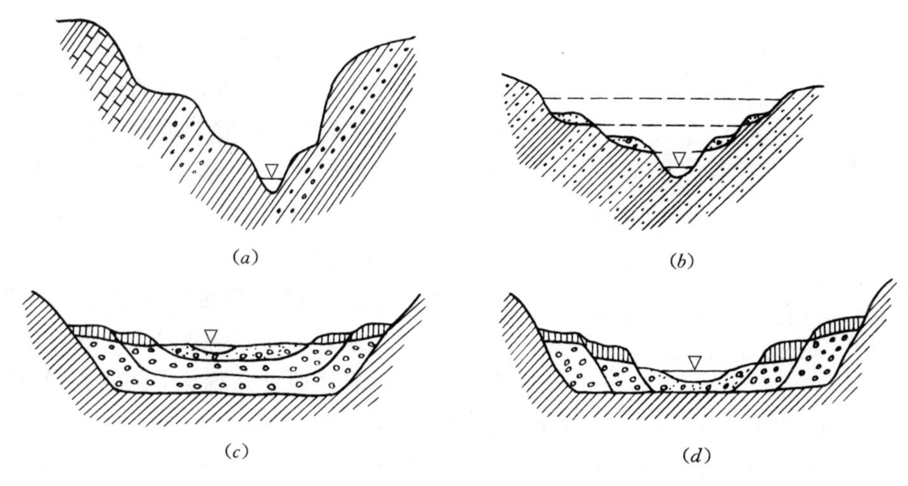

图 3-11　河流阶地类型示意图

（*a*）侵蚀阶地；（*b*）基座阶地；（*c*）上叠阶地；（*d*）内叠阶地

阶地地形比较平坦开阔，是人类活动的重要场所。研究阶地的成因、类型和组成物质，可了解近代地壳运动的性质和幅度，河流的发育历史以及古河道的位置和范围，这对于寻找地下水资源，进行水利建设和工农业生产都具有重要意义。

第三节　崩塌与滑坡

斜坡是自然界分布最广泛的地貌形态之一，它包括天然山坡、岸坡和人工斜坡。斜坡在重力作用及其他因素的影响下，经常发生失稳破坏，从而酿成地质灾害。崩塌与滑坡就是两种最常见的不稳定斜坡类型。如2000年4月9日西藏林芝地区易贡河流域拉雍布山发生大规模的山崩和滑坡，3亿m^3的滑坡体截断易贡河，形成坝堵，积水成湖。一旦堤坝溃决，将会给下游2万群众的生命财产造成严重损失。后经当地军民抢挖排水沟渠，才避免了一场特大洪灾。据不完全统计，我国长江上游大小滑坡有15万多处，每年因滑坡、泥石流造成的直接经济损失可达上千万元。1998年12月底朱镕基同志在考察了长江三峡工程和库区后，针对库区沿岸存在的滑坡问题，他要求一定要切实搞好地质环境的调查评价，加强地质工程勘察工作，预防各类地质灾害发生。我们研究崩塌与滑坡，就是为了控制和预防这类地质灾害的发生。

一、崩塌

斜坡上的岩（土）体，在重力作用下，突然迅速地向坡下垮落的现象，称崩塌（图3-12）。崩塌以自由坠落为主要形式，垮落的岩块在斜坡上翻滚、滑动，并相互碰撞破碎后堆积于坡脚，形成不规则的岩堆，称为崩积物或坠积物。在山区大规模岩体的崩落，称为山崩；小型崩塌，称为坠石。在河岸受水流的冲蚀，由于底部掏空而垮落，则称为塌岸或塌方。崩塌多发生在坡度很陡（大于60°～70°）的斜坡地带的前缘，如狭谷地带悬崖的顶部。这些陡坡的组成物质一般是岩性坚硬而裂隙发育的岩石，尤其是垂直节理发育或岩层面产状与坡向一致的地方，更有利于崩塌的形成。处于陡坎边缘的岩体，因临空释重而产生了与陡坡平行的垂直张裂隙（卸荷裂隙），在风化作用下张裂隙进一步扩大和发展，使岩质边坡处于极不稳定的状态。一旦受到地震、暴雨、地表水的冲刷或人工开挖、爆破等因素的触发，岩体即可突然发生翻倒或崩落。一些土质斜坡（如高陡且垂直裂隙发育的黄土斜坡）也会产生崩塌。

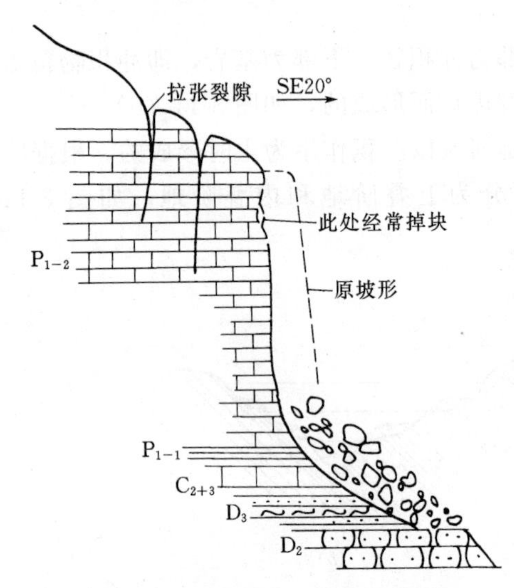

图3-12　长江三峡月亮地厚层灰岩陡坡的崩塌

崩塌是突然发生的，坠落速度快，冲击力大，常造成巨大的灾害。如1985年6月12日位于长江西陵峡北岸的黄崖一带发生巨大山崩和滑塌，3000多万m^3的土石顷刻间摧毁和填埋了湖北省秭归县新滩镇及其周围的村庄，1000多间房屋、780多亩良田、500多头牲畜、10余万kg粮食、460多t煤炭、620多m^3木材和几十万株柑橘树全部化为乌有。冲入长江的200多万m^3土石把江水涌高36m，激起的浪花高达80多m，波及上下游42km，77只大小船舶被击毁。虽然由于预报、预防及时，新滩镇481户、1371人无一人伤亡，江中船上也只有10人死亡，但造成财产的直接经济损失仍达1000万元。

二、滑坡

斜坡上的部分岩（土）体，在重力作用及其他因素的影响下，沿着一定的软弱面（滑动面）发生整体下滑的现象，称为滑坡。

（一）滑坡要素

一个发育完全的滑坡，由很多要素组成（图 3-13），但最主要的组成部分只有三个，即滑坡体、滑动面和滑坡床。滑坡体是指滑动的岩（土）体，又称为滑坡堆积物。滑坡体的前缘称滑坡舌，因受挤压而稍隆起的小丘称滑坡鼓丘。伴随岩体的滑动，生长在滑坡体上的树木东倒西歪，形成“醉汉林”，或向上弯曲生长成“马刀树”（多见于老滑坡）。滑动面是滑坡体下滑的界面，它常沿软弱地质界面而形成，如地层中的裂隙面、断层面、软弱夹层等。滑坡床是指滑动面以下稳定的岩（土）体。滑坡体与滑坡床之间在平面上的分界线称滑坡周界。

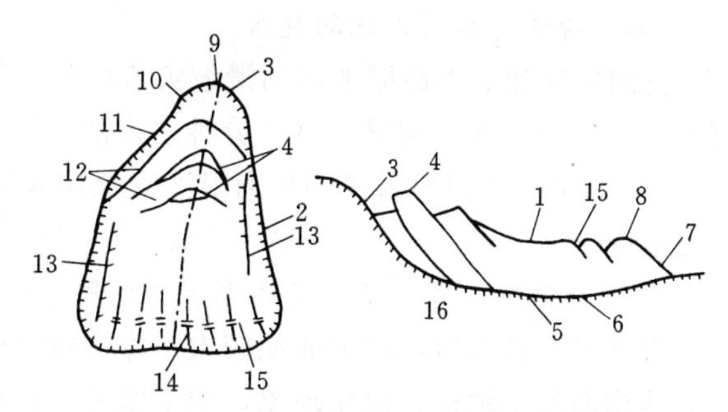

图 3-13　滑坡要素及滑坡形态特征示意图

1—滑坡体；2—滑坡周界；3—滑坡壁；4—滑坡台阶；5—滑动面；6—滑动带；7—滑坡舌；8—滑动鼓丘；9—滑坡轴；10—破裂缘；11—封闭洼地；12—拉张裂缝；13—剪切裂缝；14—扇形裂缝；15—鼓张裂缝；16—滑坡床

（二）滑坡类型

根据滑动面与岩层面之间的关系，滑坡可分为以下三种类型：

（1）均质滑坡　发生在均质岩层如粘土、黄土、强风化岩浆岩中的滑坡。滑动面多呈圆弧形，如图 3-14（*a*）。

（2）顺层滑坡　在非均质岩层中沿岩层分界面发生的滑动。滑动面多为直线，如图 3-14（*b*）、（*c*）。

（3）切层滑坡　滑坡体切过不同的岩层面发生滑动，滑动面常沿断层面，裂隙面形成，如图 3-14（*d*）。

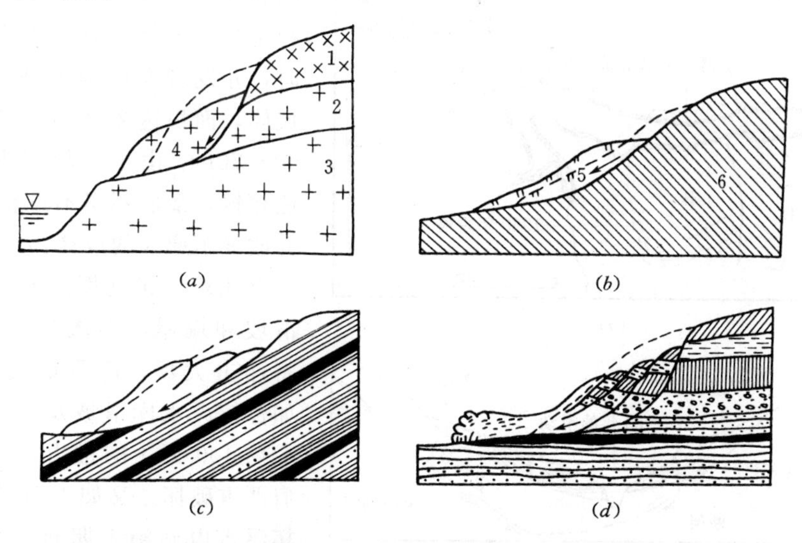

图 3-14　滑坡的主要类型

（*a*）均质滑坡；（*b*）坡积层沿基岩面的顺层滑坡；（*c*）顺层滑坡；（*d*）切层滑坡
1—强风化的花岗岩；2—弱风化的花岗岩；3—微风化或未风化的花岗岩；
4—滑动岩体；5—坡积层粘性土；6—基岩

（三）滑坡对水利工程的危害

我国山区和黄土高原地区的滑坡灾害屡见不鲜。如1983年3月7日甘肃东乡县洒勒山6000多万m^3黄土滑坡，在3分钟之内滑下，淹埋了4个村庄，死亡277人，压埋牲畜300多头。滑坡不但对人民的生命财产安全构成了很大的威胁，而且对水利工程建设的危害也很突出。

1. 造成淤积，减少了水库的库容和使用寿命

大型水库蓄水后，回水面积较大，库岸线也较长，在库水的浸泡下，一些软弱岩石或软弱结构面发生软化、泥化现象，加上水流、水浪对库岸底部岩石的冲刷、掏蚀作用，常导致岸坡滑动或坍塌。此外，水库放水时，岸坡内的地下水来不及排出，这时形成较大的水压力，也容易触发岸坡产生滑坍。如黄河三门峡水库和龙羊峡水库蓄水后，有不少滑坡发生。滑坡不但造成水库淤积，而且减少了水库的库容和使用寿命。

2. 产生涌浪，使库水位壅高，库水大量流失

滑坡体在短时间内掉入水库，不但填塞库区，而且会产生很大涌浪，使库水位壅高，造成库水大量流失。如意大利瓦依昂水库，为双曲拱坝，坝高265.5m，库容1.65亿m^3，左岸设发电厂房。1963年10月9日晚，库区左岸岩体突然整体下滑，滑坡体积达2.4亿m^3，将坝前1.8km长的一段水库完全填满，约有2500万～3000万m^3的库水被挤过坝顶，库水渲泄而下，冲毁了下游5个村镇，造成2500人死亡。在电厂工作的60名人员，也无一幸存。由于滑坡体几乎占满了库容，无法处理，库水流失殆尽，因而全部工程均被报废（图3-15）。

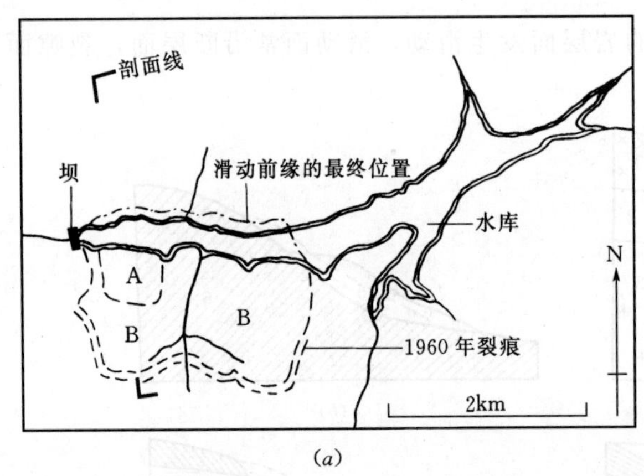

(a)

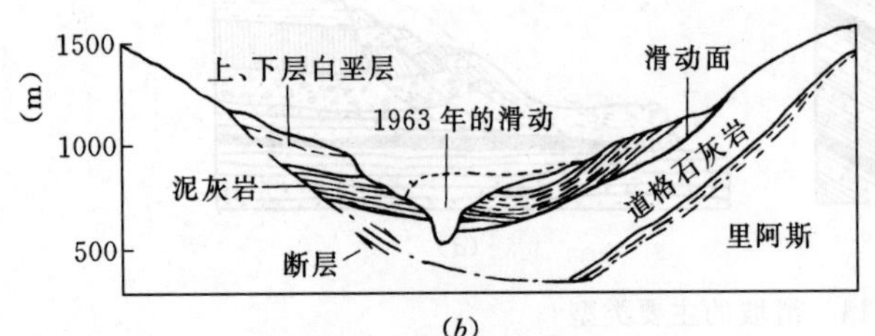

(b)

图3-15　意大利瓦依昂水库滑坡示意图
(a) 水库平面图，图中A为1960年的滑坡，B为1963年的滑坡；(b) 剖面图

3. 危及大坝安全稳定

坝区滑坡体的存在，将直接影响到大坝的安全稳定，尤其是坝肩稳定。如浙江黄坛口水电站在施工时，才发现左岸坝头是一个大的滑坡体，面积达2万m^2，滑坡体厚度60～70m。由于大坝与坝肩岩体无法相接，最后不得不重新补充勘探，并改变了原来的设计。

此外，邻近坝区发生的大规模滑坡和塌岸，会激起巨大的波浪，将冲击大坝，严重危及坝体安全。如瓦依昂水库滑坡及涌浪对拱坝形成约400万t的推力，导致坝顶左肩严重破坏。又如1959年我国湖南柘溪水电站施工期间，大坝上游左岸1.5km处发生了大规模的滑坡，165万m^3的土石以25m/s的速度滑入水库，形成21m高的涌浪，库水

漫过没建完的坝顶，正在施工的20多位工人被卷入巨浪之中，淹没了围堰，造成重大损失。

三、不稳定斜坡的治理

为了防止斜坡失稳对建筑物的危害，在选择建筑场地时，首先应尽量避开那些稳定性极差、治理困难而耗资又多的斜坡地段。否则，就需要采取防治措施，如防渗、削坡、支挡、锚固等。防治的原则是预防为主，防治结合，早期发现，及时治理。

1. 防渗与排水

水是促使边坡失稳破坏的主要因素，应尽早消除或减轻地表水和地下水对边坡岩体的危害。一般在不稳定边坡外围（5m以外）设置环形排水沟槽，拦截并排走即将流入滑动体的地表水（图3-16）。排除地下水，通常采用排水廊道截断地下水（图3-17），防止其流入滑坡体内，或将滑坡体内的地下水迅速排走；也可打钻孔排水，降低地下水位，消减地下水流的渗透压力和动水压力。

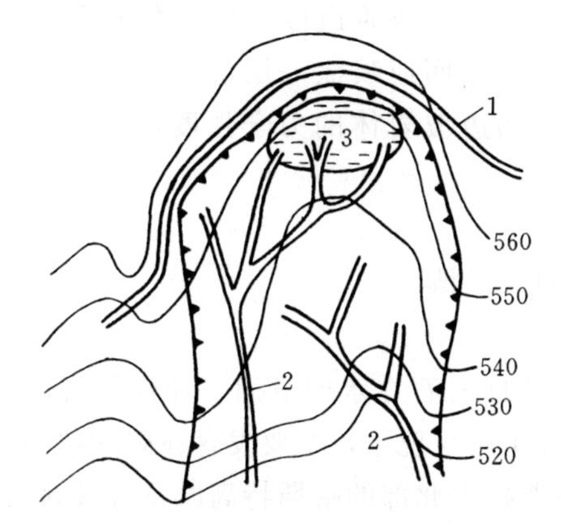

图3-16 地表排水沟布置示意图

1—截水沟；2—排水沟；3—洼地

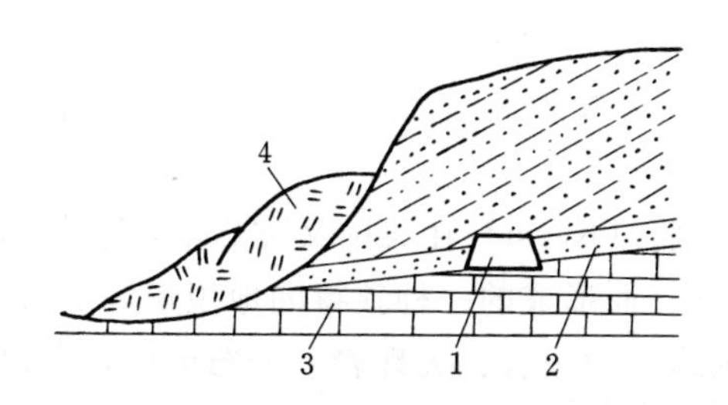

图3-17 截断地下水流的排水廊道示意图

1—排水廊道；2—含水层；3—基岩；4—滑坡体

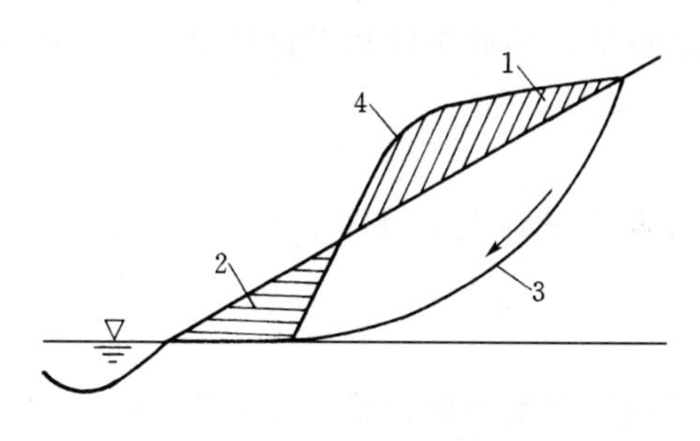

图3-18 削坡处理示意图

1—挖方；2—填方；3—滑动面；4—原斜坡面

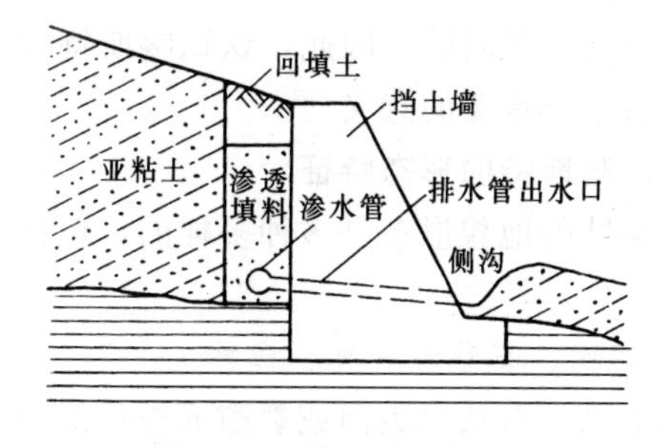

图3-19 挡土墙示意图

2. 削坡减重和反压

对于滑动面上陡下缓、滑动体头重脚轻的滑坡，可将陡坡上部的岩石挖掉一部分（减重），并填在坡脚（起反压作用），如图3-18所示。

3. 支挡

在斜坡不稳定岩体的下部，可修建挡土墙或支撑墙，以增加滑动面的抗滑力，阻止斜

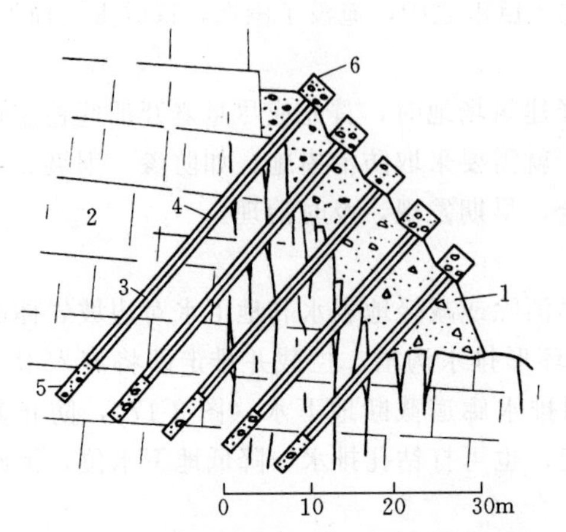

图 3-20　法国某坝右岸岸坡锚固示意图

1—混凝土挡土墙；2—裂隙灰岩；3—预应力 1000t 的锚索；4—锚固孔；5—锚索的锚固端；6—混凝土锚墩

坡滑动。修建支挡建筑物时，其基础必须砌置在可能的滑动面以下，一般插入完整基岩中不小于 0.5m，完整土中不小于 2m。此外，还要考虑排水措施（图 3-19）。

4. 锚固

对不稳定的岩质斜坡，可在其上部打钻孔，钻孔深度达到滑动面以下坚硬完整岩体中，然后在孔中放入预应力锚杆或锚索，将下端固定，上端拉紧，用混凝土墩固定（图 3-20）。

5. 其他措施

为防止岩质边坡表面风化剥落，可采用砂浆抹面或喷涂一层混凝土保护层。为了提高边坡岩体的力学强度，还可采用固结灌浆等方法。

第四节　喀　　斯　　特

喀斯特（Karst）在我国又称岩溶，它是指可溶性岩石在水的淋漓、冲刷和溶蚀等地质作用下，而形成的一种独特的地貌景观。喀斯特作用与现象，主要发育在碳酸盐类岩石（如石灰岩、白云岩、大理岩）分布地区，尤以南斯拉夫北部的喀斯特高原发育最为典型，由此而得名。我国碳酸盐类岩石分布面积广泛，约 137 万 km^2，占国土总面积的 15%左右，遍及滇、黔、桂、川、湘、鄂、江、浙、皖、豫、赣、闽、粤、晋、冀、藏、辽等地。在碳酸盐岩地区进行水利建设常会碰到水源开发、建筑场地选择、地基稳定、库坝渗漏、环境保护等问题。因此，认识喀斯特的形态特征、形成条件和发育规律，对搞好水利建设具有十分重要的意义。

一、喀斯特的形态特征

喀斯特的地貌形态是多种多样的，包括地表和地下两大类（图 3-21），常见的有以下几种形态。

1. 溶沟、石芽与石林、峰林

地表水沿石灰岩表面或裂隙面进行溶蚀，形成许多细小的沟槽，称为溶沟。溶沟之间突起的石脊，称为石芽。石芽的高度与溶沟的深度一般仅几米。当石芽非常高大，如高一二米到几十米、并罗列如林时，称为石林。地面上无数孤峭的石峰、石柱，称为峰林。我国云南路南的石林地形和贵州的峰林地形最为典型（图 3-22、图 3-23）。

2. 漏斗、落水洞与溶蚀漏斗、溶蚀洼地

地表水沿石灰岩中的垂直裂隙向下渗透，地下水对裂隙溶蚀使其扩大，形成漏斗状的凹地，称为漏斗。漏斗也可以由地下空洞塌陷而形成。当漏斗的底部有陡直的溶蚀孔道把地表水转入地下时，便成为落水洞。落水洞进一步溶蚀、倒塌，形成漏斗状或碟形地形，

图 3-21　喀斯特地貌景观示意图

1—溶沟；2—石芽；3—溶斗；4—溶洼；5—落水洞；6—溶洞；7—溶柱；8—天生桥；9—地下河及伏流；10—地下湖（暗湖）；11—石钟乳；12—石笋；13—石柱；14—隔水层；15—河成阶地

Ⅰ—岩溶剥蚀面；Ⅱ—强烈剥蚀面上发育的溶沟、溶芽和溶斗；Ⅲ—石林丘陵；Ⅳ—洼地、谷地发育带；Ⅴ—溶蚀平原（溶原）

图 3-22　云南的路南石林

称为溶蚀漏斗，再发展便形成宽阔的溶蚀洼地等。

3. 溶洞与地下河、喀斯特泉

溶洞是近于水平或倾斜的大型空洞，洞的规模可以很大，且往往成层分布。如江苏宜兴善卷洞，分上、中、下三层，下洞有地下河（图 3-24）。一般溶洞中堆积有石笋、石钟乳、

图 3-23　贵州的峰林

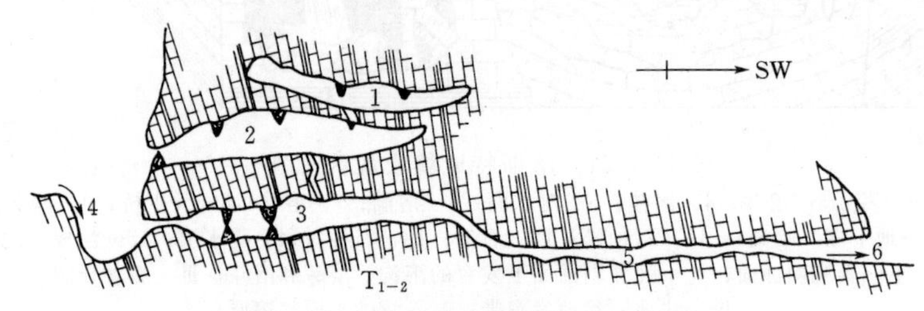

图 3-24　宜兴善卷洞纵剖面示意图

1—上洞（云雾大场）；2—中洞（狮象大场）；3—下洞；4—地下河进口（飞瀑）；
5—地下河（水洞）；6—地下河出口（豁然开朗）；T_{1-2}—青龙群薄层灰岩

石柱等。溶洞相互贯通，地下水汇集畅流其中就形成地下河（又称地下暗河）。有的地下河是地表河流通过落水洞转入地下通道而形成。地下河在我国南方石灰岩地区较为发育，而北方则极为罕见，多形成丰富的喀斯特裂隙地下水，在山坡脚、盆地边缘及河谷深切地段，以喀斯特泉群的形式溢出。如山西娘子关泉群，主要由 11 个泉组成，总流量达 16m^3/s；朔州神头泉流量 6.26m^3/s。山东济南市号称“泉都”，有 106 处泉，总流量约 4.2m^3/s（图 3-25）。

4. 溶隙和溶孔

溶隙是水流沿石灰岩裂隙进行溶蚀扩大而形成的，呈细缝状，宽度一般小于 50cm，形状极不规则，但延伸较长且具有方向性。溶孔是可溶岩被溶蚀成的小孔洞，孔径一般小于 2cm，多呈蜂窝状，主要发育在构造破碎带及岩性较纯的层位。溶隙和溶孔多是在地下深处形成的，如山西潞安盆地的钻探结果表明，地下 500 多 m 深处仍有溶孔存在。

以上喀斯特现象，在我国气温较高、降水量和地表水丰富的南方地区均有发育。而气候干冷的北方地区，地表喀斯特发育非常微弱，常在地下深处发育，以溶隙和溶孔为主，偶在断裂带附近形成较大溶洞。

二、喀斯特的形成条件

喀斯特的形成必须具备以下四个条件：

（1）岩石的可溶性　它是喀斯特发育的物质基础。产状平缓的厚层质纯的石灰岩对喀斯特发育最为有利。

（2）可溶岩的透水性　它是溶蚀作用得以由地表向地下深处进行的条件。构造裂隙带、断层带和褶曲轴部岩石破碎，透水性强，有利于地下水活动，从而促进了喀斯特的发育。因此，地质构造控制着地下喀斯特发育的方向和程度。在地表附近，风化裂隙多，喀斯特一般比地下深处发育。

（3）水的溶蚀性　它是喀斯特发育的外部动力。水中必须含有一定数量的 CO_2，才能具有较强的溶蚀能力。潮湿炎热的气候条件，可加速水的化学溶蚀能力的进行。

（4）水的流动性　它是岩石被不断溶解的必要条件，停滞水很快成为饱和溶液，就会失去溶蚀能力。地下水循环交替越快，喀斯特就越发育。

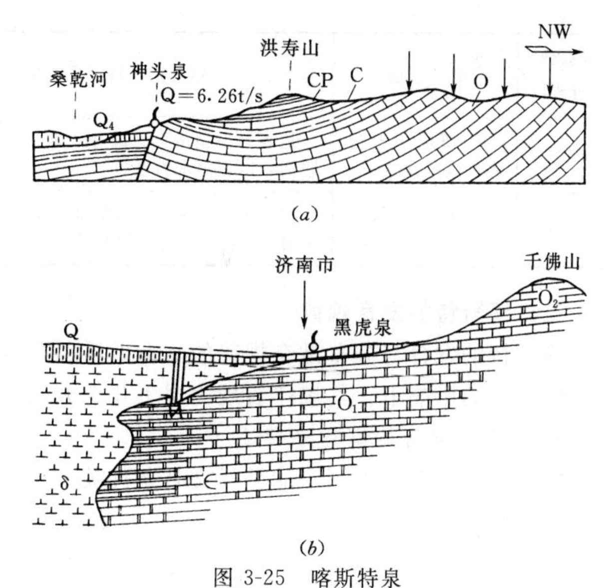

图 3-25　喀斯特泉

（*a*）山西的神头泉；（*b*）济南市的黑虎泉

Q_4—近代沉积物；CP—石炭二叠系砂页岩；O—奥陶系石灰岩

Q—第四系；O_2—中奥陶统石灰岩；O_1—下奥陶统白云岩；

∈—寒武系石灰岩；δ—闪长岩

这四个条件有机结合，必然产生喀斯特作用和喀斯特现象。上述除第一个条件外，其余的条件均在垂直方向上有明显的变化。即随着深度增加，岩石的空隙减少，透水性减弱，水中的 CO_2 逐渐耗尽，溶解能力减弱；深处地下水受外界降水、地表水的影响不明显，水交替缓慢。这样就产生喀斯特发育的一个重要规律：喀斯特的发育随着深度增加而减弱。

必须指出，碳酸盐岩虽然是可溶的，但其溶解速度是非常缓慢的，每千年的溶蚀量在我国北方为 20～30mm，南方为 120～300mm。现代的喀斯特现象，乃是过去漫长的地质时期中逐渐被溶蚀的结果。但是，对水利建设来说，这样小的溶解速度也是不可忽视的。因为，现在的水泥灌浆技术，不能把宽度小于 0.2mm 的裂隙胶结起来（化学灌浆可进入小于 0.2mm 的裂隙，但费用甚高，且具有毒性）。所以在灌浆以后，喀斯特作用仍然可以沿着这些裂隙发展。渗漏问题是碳酸盐岩地区兴修水利工程中的一大难题。渗漏量的大小与喀斯特的发育程度有密切关系。通常考虑喀斯特现象、喀斯特密度（每平方公里内溶蚀洞穴的个数）、喀斯特率（单位长度上溶隙、溶孔、溶洞长度所占的百分率），以及地下河、泉的流量，将喀斯特发育程度分为极强、强烈、中等及微弱四个等级（表 3-2）。

表 3-2　　喀斯特发育程度分级表

喀斯特发育程度	岩　　层	喀　斯　特　现　象	喀斯特密度（个/km^2）	泉水流量（l/s）	喀斯特率（%）
极强	厚层块状灰岩及白云质灰岩	地表及地下岩溶形态均很发育，地表有大型溶洞，地下有大规模暗河，以管道水为主	>15	>50	>10
强烈	中厚层石灰岩夹白云岩	地表有溶洞、落水洞、漏斗、洼地密集，地下有较小暗河，以管道水为主，兼有裂隙水	5～15	10～15	5～10

续表

喀斯特发育程度	岩　层	喀 斯 特 现 象	喀斯特密度（个/km^2）	泉水流量（l/s）	喀斯特率（%）
中等	中薄层灰岩与不纯碳酸盐岩	地表有小型溶洞、漏斗，地下发育裂隙状暗河，以裂隙水为主	1～5	5～10	2～5
微弱	不纯碳酸盐岩与碎屑岩互层	以裂隙水为主，少数漏斗、落水洞和泉水，发育以裂隙水为主的多层含水层	0～1	<5	<2

三、喀斯特的发育规律

喀斯特的发育与分布是有规律的。在地质因素（如地下水、地壳运动、地质构造和地层岩性等）的影响下，其规律表现为以下几个方面。

1. 喀斯特发育的垂直分带性

喀斯特的发育与地下水的循环交替条件关系密切。在垂直方向上可将喀斯特的发育划分为四个带（图 3-26）：

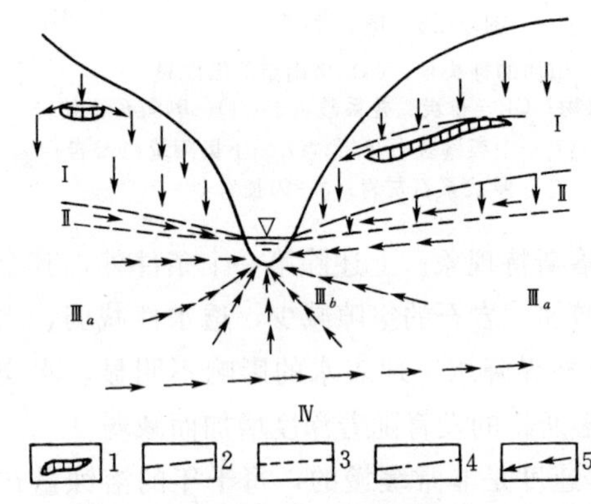

图 3-26　喀斯特发育的垂直分带
1—包气带之局部隔水层；2—最高水位；3—最低水位；4—悬挂含水层水位；5—地下水流动方向
Ⅰ—垂直循环带；Ⅱ—地下水位季节变化带；Ⅲ—完全饱水带；Ⅳ—地下水深部循环带

（1）垂直循环带　又称包气带。位于地面以下，最高地下水位以上（图 3-26 中Ⅰ）。只有当降水或地表水渗入时，此带内才有地下水。因入渗形成的地下水流以垂直运动为主，故喀斯特的发育也以垂直形态的溶蚀漏斗、落水洞等为主。

（2）季节变化带　位于地下水最高水位与最低水位之间（图 3-26 中Ⅱ）。雨季、地下水得到补给，水位升高，地下水向河谷流动；旱季，地下水位下降。水流垂直运动与水平运动交替进行，因此该带喀斯特的发育既有垂直形态的落水洞，也有水平方向的溶洞。

（3）完全饱水带　位于最低地下水位以下，受主要排水河道所控制的饱水层（图 3-26 中Ⅲ）。此带内，河谷两岸地下水是向河谷方向水平运动（图 3-26 中$Ⅲ_a$），多形成水平溶洞；在河谷底部地下水具承压性质，且由下而上地向河谷方向运动（图 3-26 中$Ⅲ_b$），多形成垂直和倾斜方向的洞穴。

（4）深循环带　此带内地下水的运动不受当地河谷的直接影响，主要是向区域性的构造洼地或其他排泄区缓慢移动（图 3-26 中Ⅳ）。由于该带水流运动缓慢，水的饱和度大，溶蚀能力低，因而喀斯特发育微弱。在漫长的地质时期内，可形成规模不大的小溶洞或蜂窝状溶孔。

比较以上各带可以看出，喀斯特作用最强烈的地方是在地下水面附近。因此，季节变化带和完全饱和带的上部是地下喀斯特最发育的地方。

2. 喀斯特洞穴分布的成层性

实地观测表明，在垂直方向上喀斯特的分布具有成层性的特点（图 3-24）。这是由于喀斯特的发育不仅与地下水有关，而且受地壳运动影响。当地壳上升时，地表河流下切，侵蚀基准面下降，地下水位也随之下降，使原来已形成的溶洞位置抬高。此时，若地表又处于一个相对稳定时期，则在饱水带附近又形成一层溶洞。若地壳下降，已形成的溶洞将被埋藏于地下深处，并被泥沙充填。一个地区由于地壳多次升降，就会形成不同高度的若干层溶洞。

此外，受地层岩性和地质构造条件的控制，喀斯特在水平方向上的分布常具有不均匀性，受地理因素（如气候、水文、地形、植被）的影响，喀斯特的发育和分布呈现出明显的地带性等，如我国南方与北方喀斯特的发育形态和发育程度都有明显不同。

四、喀斯特对水利建设的影响

喀斯特对水利建设的影响很大，其中有好的一面，也有不利的一面。好的方面，如喀斯特的发育，为地下水的储存和运移提供了良好的条件，所以在碳酸盐岩分布地区蕴藏有丰富的地下水，南方地下有暗河，北方地表出露的有泉群，既可用来供水、灌溉，还可发电，具有很大的开发利用价值。至于不利方面，如在石灰岩大面积分布地区，因喀斯特发育，一方面地表水匮乏，地下水埋藏很深，常造成人畜饮水困难，另一方面溶蚀洼地雨季积水，造成内涝。单就水利工程建设来讲，主要存在渗漏、沉陷与塌陷、涌水三大工程地质问题。如广西河池龙口上的拔贡水电站，由于水库严重漏水，枯水期基本无水发电。1964 年广西玉林电厂，在竖井式溶洞中抽水，当水位下降时，地面塌陷 130 多处，以致建筑物基础悬空、结构开裂，主厂房倾斜，水池漏水，仓库裂缝，办公大楼不均匀下沉。我国云南、贵州、四川一带的隧洞，喀斯特地下水涌水量可达每小时 9 万 m^3 以上，一旦发生涌水则造成严重事故。

第五节　第四纪沉积物的工程地质特征

第四纪是地球发展的最新阶段。距今二三百万年以来，地表面的外力地质作用异常活跃，在塑造现代地形地貌的同时堆积了各种松散沉积物。它分布广泛，大量地下水赋存其中，很多水利工程也都修建在第四纪沉积物及其所构成的地貌形态上。第四纪沉积物的形成时代、成因、分布、岩性和厚度等，对岩（土）层的工程力学性质和水理性质都有直接影响。因此，第四纪沉积物是工程地质与水文地质研究的重要内容之一。

一、第四纪沉积物的成因类型

第四纪沉积物主要是由水流地质作用而形成的，其次为风化、重力、风力等作用的产物。水利建设中常见第四纪沉积物的成因类型及岩性特征如表 3-3 所列。

表 3-3　　常见第四纪沉积物的成因类型及岩性特征

成因类型及代号	沉积方式及条件	岩性特征
残积物 el	岩石经风化作用而残留在原地的碎屑物	碎屑物从地表向深处由细变粗，其成分与母岩有关，一般不具层性。碎屑呈棱角状，土质不均，具有较大孔隙，厚度在山丘顶部较薄，低洼处较厚

续表

成因类型及代号	沉积方式及条件	岩性特征
坡积物 dl	风化的碎屑物由坡面水流、间有重力作用，经搬运在坡脚堆积而成	碎屑物从坡上往下逐渐变细，分选性差，层理不明显，厚度变化较大，一般坡脚地段较厚
洪积物 pl	由洪流将风化的碎屑物搬运到沟口或平缓地带堆积而成	颗粒大小混杂，有一定分选性，碎屑多呈次棱角或次圆状。洪积扇顶部颗粒粗大，层理紊乱，扇边缘处颗粒细，层理清晰
冲积物 al	风化产物由河流搬运，在河谷、阶地、平原、三角洲地带堆积而成	颗粒在河流上游较粗，下游逐渐变细，在垂向上则由细变粗。分选性及磨圆性均较好，层理清楚，一般沉积厚度较稳定。
风积物 eol	干旱气候条件下，碎屑物被风吹扬、搬运、降落堆积而成	颗粒主要由粉土或砂粒组成，土质均匀，质纯，孔隙大，结构松散

第四系地层按形成时代，可分为全新统 Q_4、上更新统 Q_3、中更新统 Q_2 和下更新统 Q_1。为了反映出沉积物的成因，一般规定在字母 Q 的右上角加注成因代号，例：Q_4^{al} 表示全新统冲积物；Q_2^{dl+pl} 表示中更新统坡积、洪积物等。

二、第四纪沉积物的工程地质特征

由表 3-3 可以看出，第四纪沉积物结构松散，岩性较弱，其工程地质性质与第四纪以前形成的固结岩石相比普遍较差。不同成因类型第四纪沉积物的工程地质性质也有显著差别。

（1）残积物　残积物的工程地质性质，主要取决于矿物成分、结构和构造等因素。残积物颗粒大小混杂，具有较多的孔隙，透水性一般较大，易被冲刷，力学强度低，稳定性差，当含粘土量较多时，压缩变形大，透水性减小。由于山区原始地形变化较大和岩石风化程度不一，因而在很小的范围内，残积物的厚度变化很大，易造成地基不均匀沉降。所以，残积物不宜作为大型水工建筑物的地基。

（2）坡积物　坡积物大多比较松散，孔隙率高，压缩性较大，抗剪强度低。坡积物中常含有大量粘土物质，故透水性小；如含粗粒碎屑物多时，则透水性增强。坡积物容易沿斜坡滑动，特别是当下面基岩面较陡，基岩接触面被地下水浸湿时，更容易引起滑动。当坡脚地势平缓，坡积物较厚，分布面积较大时，可作为一般建筑物的地基。

（3）洪积物　洪积物多分布于山前倾斜平原，从地形上看是有利于工程建设的。近山前洪积物颗粒粗大，为砂砾石、卵石、漂石等。孔隙大，透水性很强，地下水位埋藏深，强度较高而压缩性小，一般是较好的建筑物地基。但应注意渗漏以及由其引起的地下水潜蚀问题，还有山洪，泥石流破坏问题。洪积扇边缘的细粒沉积物，往往透水性小，具有较大的压缩性，而且由于地下水的溢出，常形成沼泽地和盐碱地，对建筑不利。

此外，洪积物中往往储存有丰富的地下水可作为供水水源。

（4）冲积物　冲积物在地表分布很广，如有河床冲积物、河漫滩与阶地冲积物、牛轭湖冲积物、三角洲冲积物等类型，其岩性、厚度变化较大。一般河床沉积物颗粒粗，厚度较大；河漫滩与阶地冲积物具有上细下粗的二元结构；牛轭湖沉积物主要是有机质（如泥炭）、淤泥和松软的粘土，且以透镜体形状分布；三角洲沉积物颗粒细，含水量大呈饱和状态，有的还有淤泥分布。

在工程地质特征上，河床与河漫滩和阶地下部的卵石、砾石及密实砂层，承载力较高，作为建筑物地基是稳定的。细砂具有不太大的压缩性，但饱和震动发生液化时不稳定。至于牛轭湖和三角洲沉积物中的泥炭、淤泥和松软的粘土，由于含水量高，作为地基会发生较大的沉降，而且沉降的完成需要很长的时间，所以工程地质性质极差。

（5）风成黄土　黄土是一种黄色土状堆积物。一般认为，它主要是由风力搬运堆积而成的。按其形成时代由老到新可划分为午城黄土（Q_1）、离石黄土（Q_2）、马兰黄土（Q_3）和近代堆积黄土（Q_4）。我国黄土主要分布于西北地区，尤以黄河中游地区最为发育，总面积达 63.25 万 km^2。

黄土以粉粒（粒径为 0.05～0.005mm）为主，占 40%～60%，并含有一定量的砂粒、粘粒和钙质结核，粉粒、砂粒被粘粒和所吸附的结合水以及水溶盐（$CaCO_3$）胶结起来，呈直立性好的土体。垂直裂隙特别发育，故黄土透水性较强，并具有两大特点：一是垂直方向透水性比水平方向要大得多，各向异性明显；二是透水性随时间延长而减弱。由于黄土中一般缺乏隔水层，加上其垂直方向透水性强，故使地下水埋藏较深，不易得到降水补给，从而造成黄土高原地区普遍人畜饮水困难。

黄土干燥时，压缩性低，抗剪强度高。但遇水后，力学性质发生急剧变化，压缩性增大，抗剪强度明显降低，主要表现为浸水后一是迅速松散解体，这种现象称为黄土的崩解性；二是迅速沉陷，这种现象称为黄土的湿陷性。由于黄土具有崩解性和湿陷性，易引起地基变形沉降、斜坡失稳和库岸坍塌等工程地质问题。

本章小结

1. 知识点

- 物理地质
  - 作用
    - 风化作用：物理风化、化学风化和生物风化作用
    - 流水地质作用
      - 侵蚀、搬运、沉积作用
      - 坡流、洪流、河流地质作用
    - 重力地质作用
    - 喀斯特作用
  - 现象：岩石风化、冲沟、泥石流、崩塌、滑坡、喀斯特等
  - 产物
    - 残积物（el）
    - 坡积物（dl）、洪积物（pl）、泥石流堆积物（sef）、冲积物（al）
    - 崩积物（col）、滑坡堆积物（del）
    - 风积物——黄土（eol）

2. 风化作用

风化作用是岩石在大气、温度、水和生物的影响下，其物理性质和化学成分发生改变的过程。随深度增加，岩石风化程度减弱，故风化壳可分为全风化、强风化、弱风化、微风化四个带。其中弱风化、微风化带岩石经过处理，可作为水工建筑物地基。而风化新形成的残积物，颗粒大小混杂，不宜作为大型建筑物地基。

3. 地面流水的地质作用

地面流水是改造地表的主要地质动力之一，流水地貌及其沉积物在陆地上广泛分布。流水具有侵蚀、搬运、沉积三种地质作用。坡面水流的洗刷作用造成水土流失；洪流的冲

刷作用形成冲沟；河流的侵蚀、搬运和沉积作用，塑造了河谷形态，并形成分选性和磨圆性良好的冲积物。一般密实的、颗粒较粗且大小均一的沉积物，可作为良好的水工建筑物地基和天然建筑材料。

4. 崩塌与滑坡

崩塌与滑坡是斜坡岩（土）体在本身重力作用和其他因素影响下发生变形破坏的现象，它们常具有突发性强和危害性大的特点。因此，应查明斜坡失稳类型、范围和地质背景，分析失稳原因及其危害程度，判断稳定程度，预测其发展趋势，提出防治对策。

5. 喀斯特

喀斯特形成的基本条件是岩石的可溶性及透水性和水的溶蚀性及流动性。喀斯特的发育具有垂直分带性、成层性、不均匀性和地带性等规律。喀斯特地区地表径流少，人畜饮水困难，但地下水极为丰富，可供开发利用。修建水利工程必须解决渗漏、塌陷和涌水等问题。

复习思考题与练习

3-1 何谓风化作用？岩石为什么会风化？化学风化作用与物理风化作用有什么区别，其风化结果有何不同？

3-2 为什么在不同气候条件下，风化作用类型不同？而在同一气候条件下，不同的岩石所遭受风化作用的结果也不一样？试分析教材后面附图三第一坝线岩石风化规律，并填写下表。

表 3-4　　梅村第一坝线岩石风化规律分析表

位　置	地形地貌	地层岩性	地质构造	风化情况
左　岸				
河　谷				
右　岸				

3-3 研究岩石风化在工程上有何意义？岩体风化带是怎样划分的？

3-4 泥石流的形成条件有哪些？如何防治泥石流的危害？

3-5 洪积物是怎样形成的？试评述它的工程地质特征。

3-6 流水侵蚀作用和沉积作用形成哪些常见的地貌形态？并说明其主要特点。

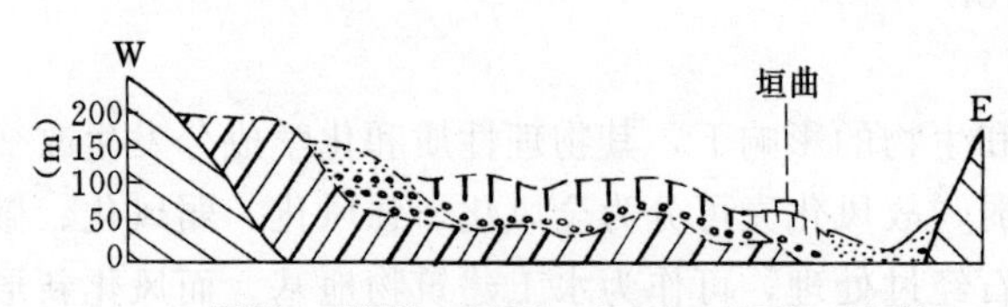

图 3-27　黄河小浪底库区左岸至垣曲河堤村剖面

1—Q_4 现代冲积物；2—Q_3 黄土，厚 30m；3—Q_2 红色亚粘土，厚 50～70m；4—Q_1 砂砾石，厚 100m；5—E 泥岩夹砂砾岩，厚 1000m；6—C_2 砂页岩

3-7 什么叫侵蚀基准面？并说明它对流水地质作用的影响。

3-8 河流阶地是怎样形成的？它有几种类型？研究它有什么意义？

3-9 下图是位于黄河小浪底库区左岸至山西垣曲的河谷剖面图（图 3-27）。试分析图中有几级阶级（在图上标出）？并回答阶地是什么类型，古河道的位置及范围？通过对阶地成因、类型、组成物质、厚度、分布范围等的研究，概述该地的河流发育历史和地壳运动的性质和幅度（要求填写下表）。

表 3-5　　山西垣曲河流阶地发育情况分析表

阶地编号	成因类型	阶 地 组 成 物 质			阶地年龄
		地层时代	地层岩性	厚度（m）	

注　1. 阶地年龄是指最初形成河漫滩平原时的地质时代；

2. 堆积地貌是与组成堆积地貌的沉积物同时形成的，沉积物年代便是其地貌年龄。

3-10　河谷地貌形态有哪些类型？它们与地层岩性、地质构造有何关系？

3-11　崩塌与滑坡的形成条件有什么不同？它们对水工建筑物的影响如何？

3-12　试指出教材后面附图—清水河库区中的崩塌、滑坡分布在什么地方，分析它们与地形、岩性和岩层产状的关系如何（要求填写下表）？

表 3-6　　清水河库区崩塌与滑坡分析表

崩塌滑坡位置	失稳类型	地形地貌	地层时代及岩性	岩层产状
青龙山北坡				
落雁山南坡				
孤山南坡				
杏村北边山坡				
牛头山北坡				
光华镇南山坡				

3-13　何为喀斯特？喀斯特的形成条件是什么？

3-14　喀斯特发育有哪些规律？试分析图 3-28 中喀斯特最发育的部位在哪里，并简要说明理由。

3-15　在石灰岩地区修建水利工程常遇到什么地质问题？应采取哪些处理措施？

3-16　第四纪沉积物有哪些成因类型？试比较它们的工程地质特征。

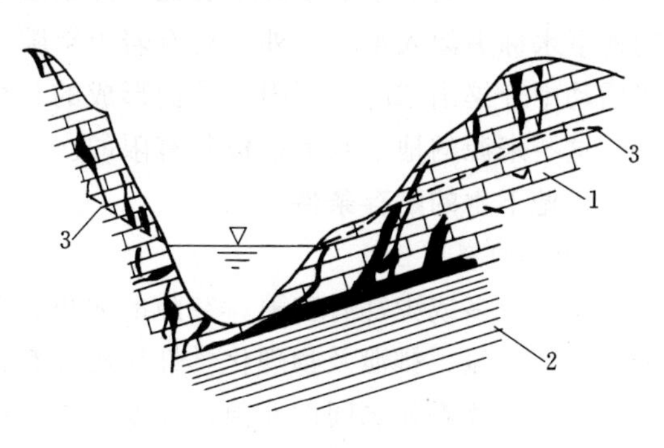

图 3-28　喀斯特发育示意图

1—石灰岩；2—页岩；3—地下水位

第四章　水　文　地　质

第一节　地　下　水　的　形　成

一、地下水的来源

自然界的水分布于大气圈、水圈和岩石圈中，分别称之为大气水、地表水和地下水。地下水是储存和运移于地下岩土空隙中的水，它与大气水、地表水有着密切的联系，同处于一个完整的水循环系统之中（图 4-1）。

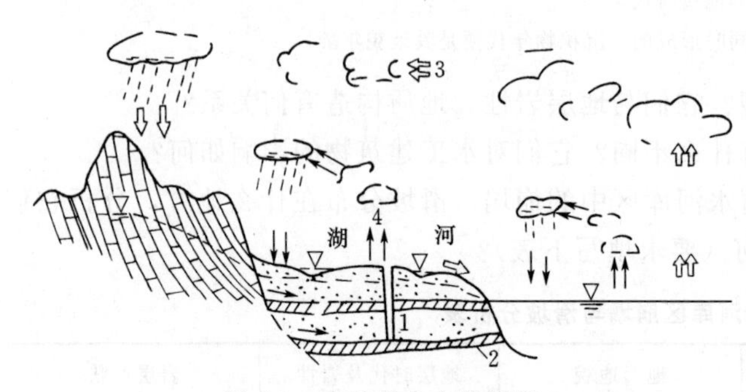

图 4-1　自然界中水的循环

1—含水层；2—隔水层；3—大循环；4—小循环

地表面的水（主要是海水）在太阳辐射热的作用下，不断被蒸发形成水气，水气进入大气层变成大气水；大气水被大气环流输送到陆地上空，在适当的条件下便凝结成固态水或液态水，以雨、雪等形式降落到地面，一部分沿地面流动形成地表径流，一部分渗入地下形成地下径流，最后以河流或地下水的形式再排泄到海洋中。自然界的水就是在蒸发、降水、径流、排泄过程中，相互转化，不断往复交替，从而形成自然界的水循环。人们把发生在海洋与大陆之间的水分循环过程，称为大循环；把仅发生在局部（如海洋或大陆内部）的水分循环过程，称为小循环。世界上的淡水资源就是由水循环而产生的。

可以看出，地下水的来源主要是由降水或地表水渗入地下而形成的，这种由渗透而形成的地下水称为渗入水。此外，还有岩土空隙中的水气因温度降低而形成的凝结水；有从岩浆活动中分泌出来的水气因冷凝而形成的初生水；有古代沉积物中封闭保存的埋藏水，但是，这些来源的地下水都是极其有限的。

二、地下水的赋存条件

1. 岩土的空隙性

岩土中或多或少都有空隙，空隙的大小、多少、形状、联通情况和分布规律，对地下水的补给、径流、排泄及物理化学性质等都有很大影响。根据岩土空隙成因不同可分为三类：①松散土体颗粒之间的孔隙；②坚硬岩石中的裂隙；③可溶性岩石中的溶隙。一般情况下，岩土中空隙越大、越多，且联通性越好，水在其中流动所受阻力越小，速度越大，岩土的透水性越强，这种透水性较好的岩土层称为透水层，如松散砂砾石层和裂隙发育的坚硬岩石。反之若岩土中空隙极小，联通情况又很差，水流就会受到很大阻力，流速很小，这种透水性较差的岩土层称为不透水层或隔水层，如粘性土和致密的岩石等。一般认为渗透系数 K 小于 0.001m/d 或透水率 q＜0.1Lu 的岩层属隔水层。

2. 含水层的形成条件

含水层，是指透水的且饱含水的岩层。只有在适宜的条件下，透水层才有可能成为含水层。含水层的形成需要具备一定的条件：首先岩石应是透水层，具有容纳水的空隙，为地下水的存储和运移提供必备的空间；其次应具有良好的蓄水构造，使地下水能在岩土空隙中聚集和储存，如由透水层和隔水层组成的单斜、向斜构造与构造盆地。而处于高阶地上的砂砾石层，虽具有良好的透水性，但由于下部没有隔水层，而使地下水很快流失，不能形成含水层；再次，要有充足的补给来源，否则在枯水期干涸，无水可贮，就不能称其为含水层了。

在实际工作中，为了满足生产需要，常把穿越不同地质年代、岩性、成因的饱水断裂破碎带，称为含水带；把成因类型和地质年代相同的、彼此有水力联系并有统一地下水位的几个含水层，称为含水（岩）组；把在大范围内补给来源相同或具有水力联系的数个夹有隔水层的含水（岩）组，称为含水岩系。

3. 地下水的存在形式

岩土空隙中的地下水，按物理性质可分为气态水、液态水和固态水。其中液态水又包括结合水、毛细水和重力水。结合水与岩土颗粒结合得非常紧密，难以利用；毛细水可传递静水压力，并为植物所吸收；重力水在重力作用下能自由运动，可被直接开采利用，如井水和泉水等，故是水文地质研究的主要对象。

地下水分布极其广泛，它与人类生产和生活密切相关。例如地下水常为农业灌溉、城市供水、工矿企业用水提供良好的水源。但地下水也往往给水利建设带来一定困难和危害，例如坝库区的渗漏及渗透稳定问题、基坑及地下洞室开挖过程中的涌水问题、地下水对建筑材料的侵蚀问题、地下水位升高引起土壤盐碱化问题，以及超量开采地下水引起的地面沉降问题等，这些与地下水有关的地质问题称为水文地质问题。因此，在水利建设中必须了解地下水的形成条件，掌握地下水的埋藏、分布和运动规律，查明建筑地区的水文地质条件，研究解决与工程建设和开发利用地下水资源有关的水文地质问题。

第二节　地下水的类型

一、地下水的分类

根据埋藏条件，地下水可分为包气带水、潜水、承压水三种类型；不论哪种类型地下水均可根据含水层的空隙性质分为孔隙水、裂隙水、喀斯特水三种类型，所以地下水可组合成九种不同类型，如表 4-1 所列。

包气带水的工程意义不大，潜水和承压水是地下水的基本类型，对于水利水电工程具有重要意义，并且它们是以孔隙水、裂隙水、喀斯特水等形式存在。因此本节将主要阐述潜水、承压水的特征。

二、潜水

（一）潜水及其特征

潜水，是埋藏在地面以下，第一个稳定隔水层之上的具有自由水面的地下水，如图 4-2 所示。潜水的自由水面称潜水面。潜水面某点的标高称为该点的潜水位。潜水面上任一点至地面的铅直距离称为该点的潜水位埋藏深度。潜水面上任一点至隔水底板的距离称

表 4-1　　　　地下水分类表

地下水的类型	孔隙水（松散沉积物孔隙中的地下水）	裂隙水（基岩裂隙中的地下水）	喀斯特水（喀斯特溶隙中的地下水）
包气带水（潜水面以上未被水饱和的岩层称为包气带，存在于其中的地下水称包气带水）	土壤水——土壤中未饱和的水 上层滞水——局部隔水层以上的重力水	地表裂隙岩体中季节性存在的地下水	可溶性岩层中季节性存在的悬挂毛细水
潜水（地面以下，第一稳定隔水层以上饱和带中具有自由水面的地下水称潜水）	各种松散沉积物中的地下水	基岩上部裂隙中的地下水	裸露的可溶性岩层中的地下水
承压水（存在于两个隔水层之间承受静水压力的地下水称承压水）	松散沉积物构成的承压盆地和承压斜地中的承压水	构造盆地及单斜岩层中的层状裂隙水，断层破碎带中的深部水	构造盆地、单斜或向斜构造可溶性岩层中的地下水

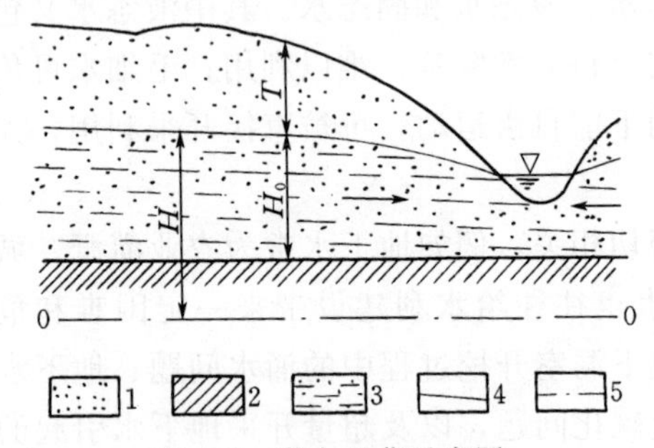

图 4-2　潜水埋藏示意图

1—透水砂层；2—隔水层；3—含水层；4—潜水面；5—基准面；T—潜水位埋藏深度；H_0—含水层厚度；H—潜水位

为潜水含水层厚度。

根据潜水的分布、埋藏和循环条件，它具有以下特征：

（1）潜水具有自由水面，为无压水。

（2）潜水的分布区和补给区基本上是一致的。潜水含水层的分布范围称为潜水分布区。由于潜水含水层上部没有连续隔水层，大气降水和地表水可通过包气带直接补给潜水，同时潜水易于受到污染。潜水接受补给的地区称为补给区。大气降水补给量与包气带岩性及厚度、降水性质、地形、植被等有关。地表水补给量取决于地表水与潜水水位差、河流沿岸岩层透水性及潜水与河水有联系地段分布范围。干旱地区凝结水也是潜水的重要补给来源。当承压水位高于潜水位、承压含水层与潜水含水层之间存在弱透水层时，承压水也可补给潜水，称为越流补给。

（3）在重力作用下，潜水可以由水位高处向水位低处运动，形成潜水径流。潜水的径流速度与含水层岩性、地形、气候条件等因素有关。当含水层透水性好，地形高差大，大气降水补给充沛时，地下水径流通畅，水循环交替快。

（4）潜水排泄是潜水含水层失去水量的过程，其主要方式有两种：平原区主要以蒸发形式排泄，在蒸发过程中，含水层失去水分，但水中的盐分积累下来，易形成盐碱地；高山丘陵区则以泉、地下渗流形式排泄于地表沟谷或地表水体。

（5）潜水的动态如水位、水温、水质、水量等要素随季节不同有明显变化。雨季降雨量多，补给充沛，潜水面上升，水位埋深变浅，含水层厚度增大，水量增加，水的矿化度降低；枯水季节则相反。

（二）潜水面的形状及表示方法

1. 潜水面的形状

一般情况下，潜水面是呈向排泄区（如相邻沟谷、河流、湖泊等）倾斜的曲面。潜水面的形状与地形、含水层的透水性及厚度、气象水文条件、人工抽水和排水等因素有关。

潜水面的形状与地形有一定程度的一致性，但比地形坡度更为平缓一些（图 4-2）。含水层的透水性及厚度沿渗流方向变化时，潜水面形状会发生改变。如含水层透水性或厚度增大时，潜水面形状趋于平缓，反之变陡（图 4-3）。河水位的变化，也会引起周围潜水面形态的改变。

2. 潜水面的表示方法

潜水面反映了潜水与地形、岩性和气象水文等因素之间的关系，同时能表现出潜水的埋藏条件和运动变化的基本规律。通常采用剖面和平面两种图示方法来表示潜水面，并相互配合使用。

（1）剖面图　又称为水文地质剖面图。按一定比例尺，在具有代表性的剖面方向上，先根据地形高程及其形态特征绘制地形剖面，再根据钻孔地层资料绘制地质剖面图，然后标出剖面图上各井、孔的潜水位，并连结绘出潜水面，即得潜水剖面图（图 4-4）。

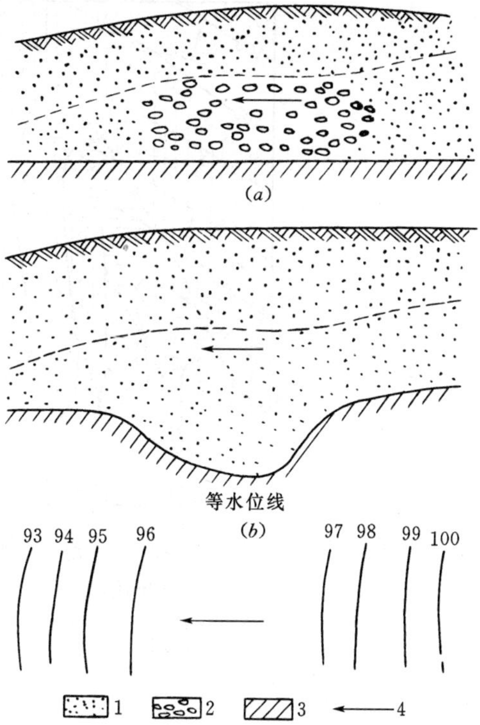

(a)

等水位线

(b)

93 94 95 96 97 98 99 100

1 2 3 4

图 4-3　潜水面形状与含水层透水性及厚度的关系

（a）含水层透水性沿流程变化；（b）含水层厚度沿流程变化

1—含水砂；2—含水砾石；3—隔水底板，4—流向

（2）等水位线图　等水位线图是反映潜水面形状的一种平面图。其绘制方法与地形等高线图绘制方法基本相同，即把大致相同的时间内测得的各点潜水位标在地形图上相应潜水井与下降泉的旁边，用内插法将水位标高相同的点连接起来，便绘成一幅潜水面等高线图，即潜水等水位线图（图 4-5）。

因潜水面随季节变化明显，所以等水位线图必须注明水位的测定日期。通过不同时期等水位线图的对比，可以了解潜水的动态。

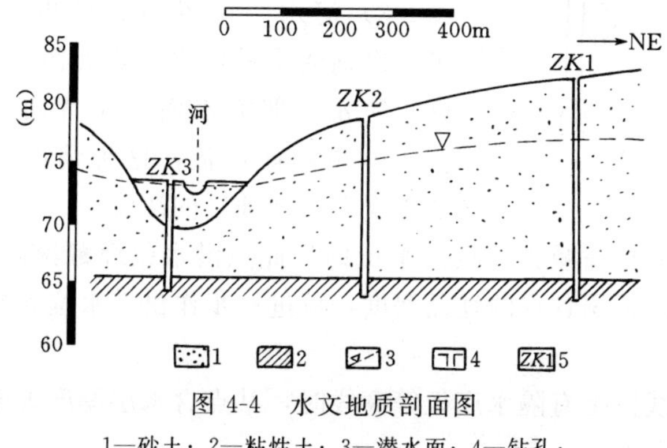

图 4-4　水文地质剖面图

1—砂土；2—粘性土；3—潜水面；4—钻孔；5—钻孔编号

（三）潜水等水位线图的用途

根据潜水等水位线图可以解决下列问题：

（1）确定潜水的流向及水力坡度　垂直等水位线从高水位指向低水位的方向，即为潜水的流向，常用箭头表示，如图 4-5 中箭头指向。在流动方向上，任意两点的水位差除以该两点间的实际水平距离，即为此两点间的平均水力坡度。一般潜水的水力

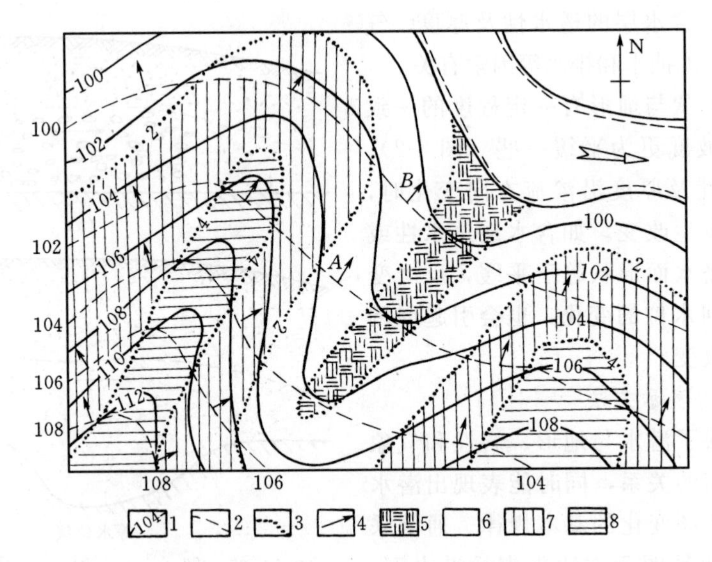

图 4-5　潜水等水位线图及埋藏深度图

（比例尺 1：5000，1956 年 11 月测绘）

1—地形等高线；2—等水位线；3—等埋深线；4—潜水流向；5—潜水埋藏深度为零区（沼泽区）；6—埋深 0～2m 区；7—埋深 2～4m 区；8—埋深大于 4m 区

坡度很小，常为千分之几至百分之几。

（2）确定潜水与河水的相互关系　在近河等水位线图上可以看出潜水与河水的补排关系有下列几种情况：

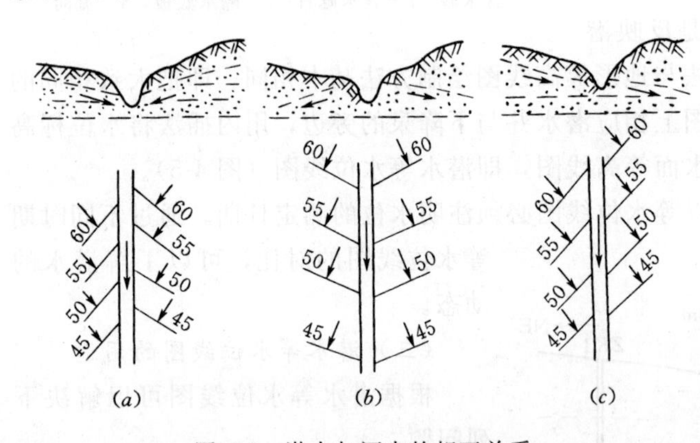

图 4-6　潜水与河水的相互关系

1）潜水补给河水，如图 4-6（*a*）所示，潜水面倾向河流，多见于河流的中上游山区。

2）河水补给潜水，如图 4-6（*b*）所示，潜水面背向河流，多见于河流下游地区。

3）河水一岸得到潜水补给，另一岸则河水补给潜水，如图 4-6（*c*）所示，即潜水面一岸背向河流，一岸倾向河流，这种情况一般出现在山前地区的河流。

（3）确定潜水的埋藏深度　某点地面标高减去该点潜水位即为此点潜水位埋藏深度。潜水的水位埋深与含水层埋深两者相同。根据各点的埋藏深度，可进一步作出潜水位埋深图，如图 4-5 所示。

（4）确定含水层厚度　若在等水位线图上有隔水底板等高线时，某点含水层厚度等于该点潜水位与隔水底板标高之差。

（5）分析推断含水层透水性及厚度变化　若等水位线由密变疏，说明潜水面坡度由陡变缓，可以推断含水层透水性由弱变强或含水层厚度由薄变厚。反之，则可能是含水层透水性变弱或厚度变薄，如图 4-3 所示。

（6）可以为合理布置给水或排水建筑物位置提供依据　一般应在平行等水位线和地下汇流处开挖截水渠或打井。

三、承压水

（一）承压水及其特征

承压水，是充满于两个隔水层之间的含水层中承受静水压力的地下水（图 4-7）。

承压含水层上面覆盖的隔水层称为隔水顶板，下伏的隔水层称为隔水底板，顶、底板之间的垂直距离称为承压含水层厚度。在承压含水层中打井，只有揭穿隔水顶板后才能见到承压水，此时的水面高程称为初见水位。由于承压水承受静水压力，随后水位会不断上升，达到一定高度便稳定下来，这时的水位称为稳定水位，即该点的承压水位。初见水位与稳定水位二者间的差值称为承压水头。当井中承压水位高出地面时，地下水便可以溢出或喷出地表，所以承压水又称自流水。当两个隔水层之间的含水层未被水充满时，称为层间无压水。

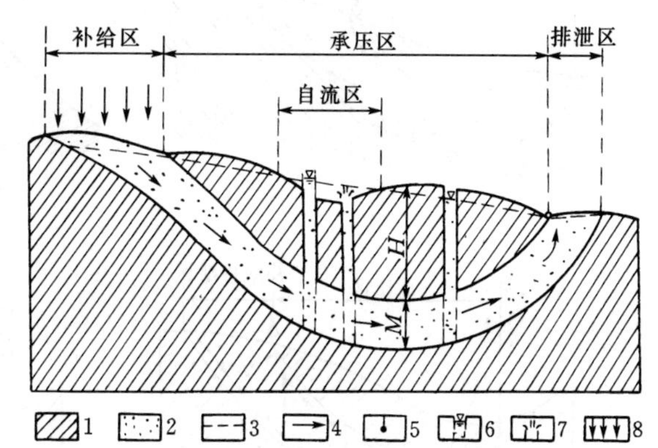

图 4-7　承压水盆地剖面示意图

1—隔水层；2—含水层；3—地下水位；4—地下水流向；5—上升泉；6—钻孔，虚线为进水部分；7—自流钻孔；8—大气降水补给；H—承压水头高度；M—含水层厚度

根据承压水的分布、埋藏和循环条件，它具有下列特征：

（1）承压水承受静水压力，为有压水，其顶面为非自由水面。

（2）承压水的分布区和补给区是不一致的（图 4-7）。承压水的补给区一般位于承压盆地或承压斜地地势较高处，这里含水层出露地表，可直接接受大气降水和地面水的入渗补给；当承压水位低于潜水位时，也可以通过断裂带或弱透水层等得到潜水补给。承压水的分布区是承压区，也称为径流区；而补给区是非承压区，具有潜水的特征。由于承压水上部有稳定的隔水层，因此承压水不易受到污染。

（3）承压水在静水压力作用下，可以由高水位向低水位运动，形成承压水的径流。承压水的径流条件取决于含水层的透水性及其挠曲程度、补给区到排泄区的距离等。含水层透水性越强，挠曲程度越小，补给区到排泄区距离越近，水头差越大，承压水的径流条件越畅通，水交替越强烈。反之，径流缓慢，水循环条件差。承压水的径流条件对水质影响很大。

（4）承压水的排泄区位于承压斜地或承压盆地边缘低洼地区。当河流与沟谷切割至含水层时，承压水可以泉的形式排泄；当排泄区有潜水时承压水可直接排入潜水；承压水还可通过导水断层排泄于地表。

（5）承压水动态受气象、水文因素的影响不显著，季节性变化小，其含水层厚度稳定。

基岩地区承压水的埋藏类型，主要决定于地质构造。在适宜的地质构造条件下，孔隙水、裂隙水和喀斯特水均可形成承压水，最适宜于形成承压水的地质构造有向斜构造和单斜构造两类。

向斜储水构造又称承压盆地，它由明显的补给区、承压区和排泄区组成，如图 4-7 所示。

单斜储水构造又称承压斜地（图 4-8）。它可以由含水层岩性发生相变或尖灭形成；也可以由单斜构造形成；也可以由断层错动形成。

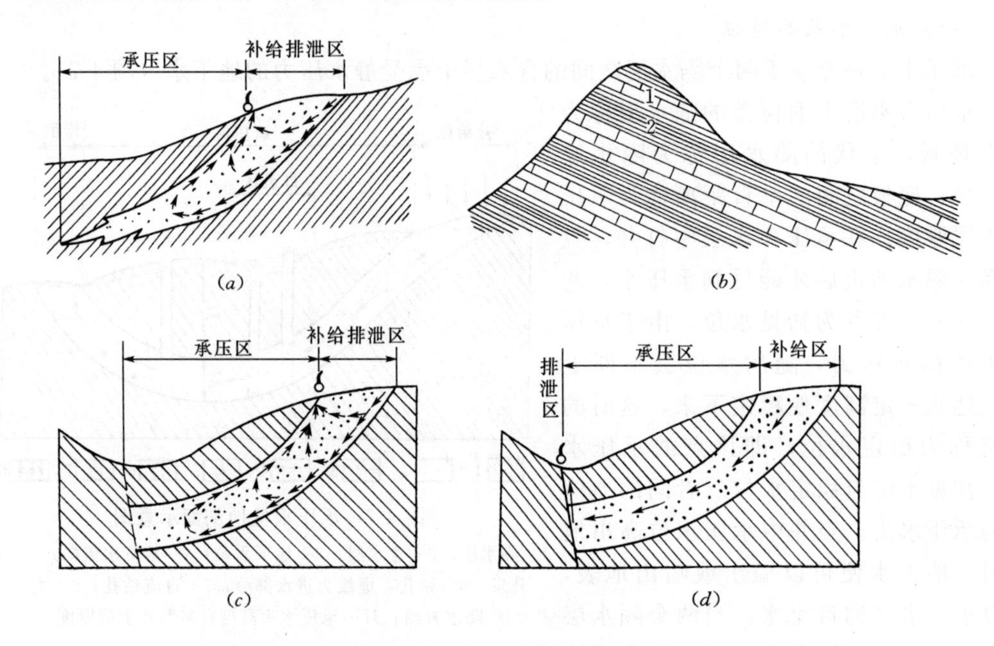

图 4-8 承压斜地剖面示意图

（a）含水层尖灭形成的承压斜地；（b）单斜构造形成的承压斜地（1 为含水层，2 为隔水层）
（c）阻水断层形成的承压斜地；（d）导水断层形成的承压斜地

（二）等水压线图

等水压线图就是承压水位等高线图，它可以反映承压水面的起伏情况。承压水面与潜水面不同，潜水面是一个实际存在的地下水面，而承压水面是一个假想的势面，这个面实际上是不存在的，只有当钻孔打穿上覆隔水顶板至含水层时才能测到，它可以与地形极不吻合，甚至高出地面。因此，等水压线图上要附以含水层顶板等高线。

承压水等水压线图与潜水等水位线图的绘制方法相似。在承压含水层分布区，将各观测点的初见水位（即含水层顶板高程）和稳定水位（即承压水位）等资料，标在地形图上相应承压井和上升泉的旁边，用内插法将承压水位相同的点连接起来，即得等水压线图（图 4-9）。

承压水等水压线图一般与承压水剖面图配合使用，承压水剖面图绘制方法和潜水剖面图绘制方法相同。

根据等水压线图，可以解决下列问题：

（1）确定承压水流向及水力坡度　垂直等水压线由高水位指向低水位的方向即为承压水流向，一般用箭头表示（图 4-9）。在承压水流方向上，任意两点间的水位差与该两点间的实际水平距离之比值，即为此两点间的平均水力坡度。

(2) 确定承压含水层的埋藏深度　某点地面高程减去该点隔水顶板高程即为此点处承压含水层埋藏深度。据此可以确定井（孔）的开挖深度。

(3) 确定承压水位的埋藏深度　某点地面高程减去该点承压水位即得。它可以是正值，也可以是负值，正值表示承压水位有一定埋藏深度，负值表示在此处打井或钻孔，一旦揭露隔水顶板，水便会溢出地表，形成自流井。承压水埋藏深度越小，开采利用越方便，据此可选择开采承压水的地点。承压水的水位埋深与含水层埋深二者明显不同。

(4) 确定承压水头值的大小　某点承压水位与该点初见水位（即隔水顶板高程）的差值，即为此点处承压水头值。据此可以预测开挖基坑和洞室时的水压力。

(5) 可以为合理布置给水与排水建筑物的位置提供依据　如在含水层埋深浅、承压水头高、汇水条件好的地方，可打出涌水量大的自流井。

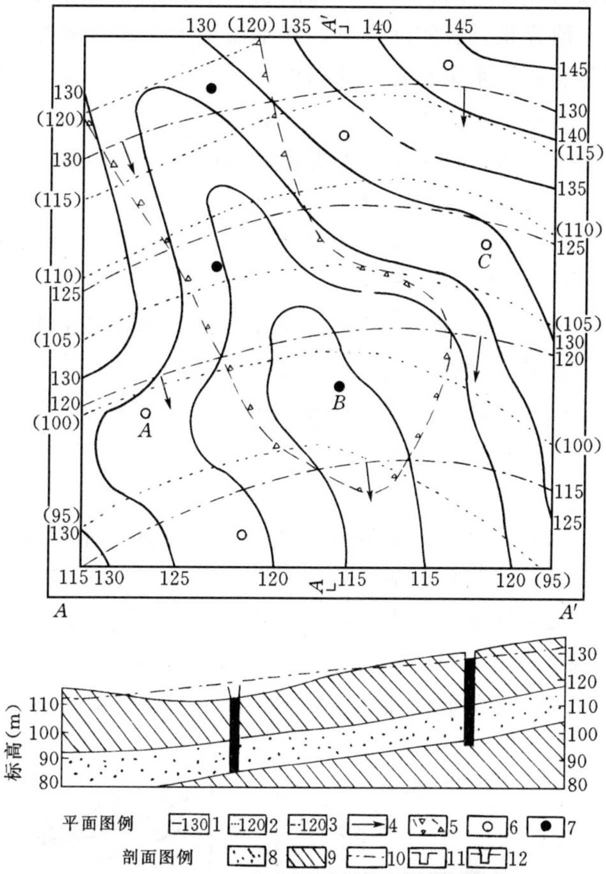

平面图例　1　2　3　4　5　6　7

剖面图例　8　9　10　11　12

图 4-9　等水压线图（附含水层顶板等高线）

1—地形等高线（m）；2—含水层顶板等高线；3—等水压线（m）；4—地下水流向；5—承压水自流区；6—钻孔；7—自流钻孔；8—含水层；9—隔水层；10—测压水位线；11—钻孔（剖面图）；12—自流钻孔

【例 4-1】　根据图 4-9，确定 *A*、*B*、*C* 三点的水文地质参数。

【解】　*A*、*B*、*C* 三点的水文地质参数如表 4-2 所示。

表 4-2　等水压线图 4-9 上 *A*、*B*、*C* 三点水文地质参数

分析项目及地点编号	*A*	*B*	*C*
1. 地面高程（m）	124	113	128
2. 承压水位（m）	119	118	124
3. 含水层顶板高程（m）	99	98	108
4. 含水层埋藏深度（m）	25	15	20
5. 承压水位埋藏深度（m）	5	5	4
6. 承压水头（m）	20	20	16

四、泉

（一）泉的概念及研究意义

泉，是地下水出露于地表的天然露头。它是地下水的一种重要排泄方式，同时也是反映岩层含水性、富水性以及地下水的分布、埋藏和循环条件的一个重要标志。

地下水分布很广泛，但泉只有在地形、地质和水文地质条件适当结合的情况下才会出现。如当含水层或含水通道被侵蚀出露于地表时，地下水才会涌出地表形成泉。因此山区和丘陵区的沟谷中和山前坡脚下，常可以见到泉，而平原地区很少有泉水出露。

研究泉具有实际意义，它不仅是水文地质调查研究的主要对象，而且也是一种宝贵的天然资源。水量丰富、动态稳定、水质优良的泉，是宝贵的水源，可供城市供水和农田灌溉，有些还可以用来发电。含有特殊化学成分和较高温度的泉，称为矿泉和温泉。矿泉具有医疗价值，温泉可为人类提供热能。这些泉水目前多被开发用于生产矿泉水。

（二）泉的类型及特征

泉的分类方法很多，根据泉的补给来源和出露条件，泉可分为以下几种类型。

1. 根据补给泉的含水层水力性质可分为上升泉和下降泉

（1）上升泉　由承压含水层补给，地下水在静水压力作用下呈上升运动涌出地表成泉。上升泉动态变化较小，水量稳定。

（2）下降泉　由潜水含水层补给，地下水在重力作用下呈下降运动，自由流出地表成泉。下降泉的流量随季节变化明显。

2. 根据泉水出露的地质条件可分为侵蚀泉、接触泉、溢出泉、断层泉

（1）侵蚀泉　由于河谷或冲沟切割到潜水含水层，或切穿承压含水层顶板而形成的泉，分别称为侵蚀下降泉和侵蚀上升泉，如图 4-10（*a*）、（*b*）所示。

（2）接触泉　当地形切割到潜水含水层下面的隔水底板时，地下水沿含水层与隔水层接触处出露成泉，称为接触下降泉，如图 4-10（*c*）所示。在岩脉或侵入体与围岩接触处，常因冷凝收缩而产生裂隙，地下水沿此接触带上升涌出地表成泉，称为接触上升泉，

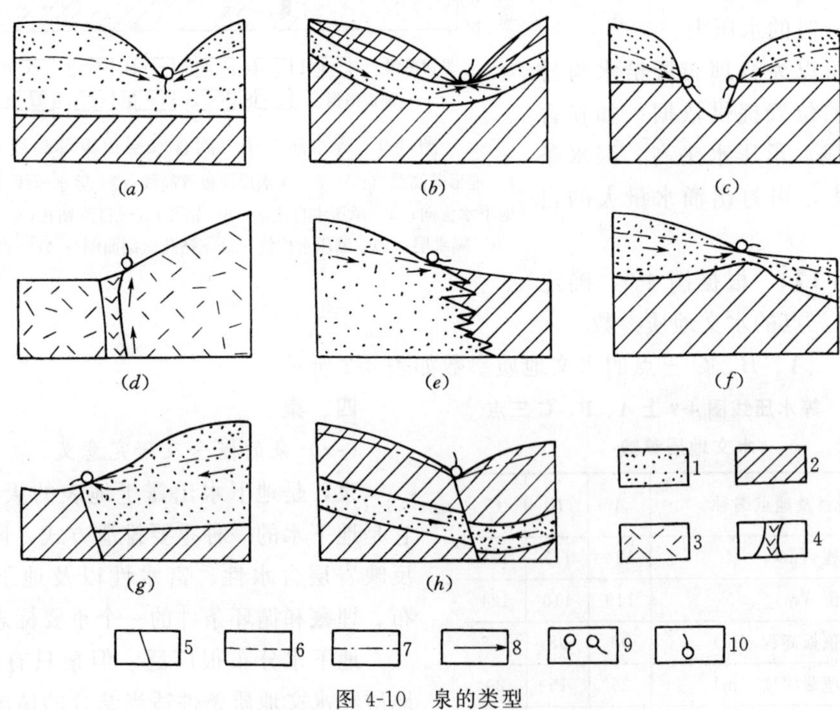

图 4-10　泉的类型

1—透水层；2—隔水层；3—坚硬基岩；4—岩脉；5—断层；6—潜水位；7—承压水位；8—地下水流向；9—下降泉；10—上升泉

如图 4-10（d）所示。

（3）溢出泉　潜水在流动过程中，沿流动方向岩石透水性骤然变弱或由于隔水层底板隆起，或被阻水断层所阻，潜水流动受阻而溢出地表成泉，称为溢出下降泉，如图 4-10（e）、（f）、（g）所示。

（4）断层泉　承压水沿导水断层上升至地表成泉，称为断层上升泉。这类泉沿断层带走向呈线状分布，如图 4-10（h）所示。

第三节　地下水的运动

地下水在岩土空隙中的运动，称为渗透或渗流。渗流的状态取决于岩土空隙的大小及连通性。岩土中空隙的大小、形状和连通情况各不相同，它们是一些形状复杂、大小不一、弯弯曲曲的通道，因此，地下水的运动极其复杂。由于渗透水流受周围介质（空隙周围岩土颗粒）的阻滞作用，其运动速度比江河水要慢得多。所以，地下水运动在绝大多数情况下都呈层流运动状态，只有在喀斯特溶洞及卵砾石层大孔隙中，或在水力坡度很大的情况下（如抽水井附近）才会出现紊流运动状态。具层流和紊流特点的水流，称混合流。

一、渗透的基本规律

（一）线性渗透定律（达西定律）

1852～1856 年间，法国水力学家达西（Henri Darcy）通过大量试验发现了地下水运动的线性渗透定律，又称达西定律。其试验装置如图 4-11 所示，他用盛满 0.1～3mm 砂的金属圆筒装置，模拟地下水在砂层中的运动。试验获得如下结论：单位时间内通过筒中砂的流量 Q 与渗透路径长度 L 成比反，而与圆筒的过水断面面积 A 和上下两测压管间的水头差 ΔH 成正比，即

$$Q=K\frac{\Delta H}{L}A=KiA \qquad (4\text{-}1)$$

式中　Q——渗透流量，m^3/d；

A——过水断面面积，即圆筒横截面积，m^3；

ΔH——水头损失，即渗流上下断面的水头差，m；

L——渗透路径长度，m；

i——水力坡度，$i=\Delta H/L$；

K——岩土的渗透系数，m/d。

由水力学知：$Q=AV$，则达西定律又可写成下式：

$$V=\frac{Q}{A}=K\frac{\Delta H}{L}=Ki \qquad (4\text{-}2)$$

式中　V——渗透流速，m/d；

其他符号意义同前。

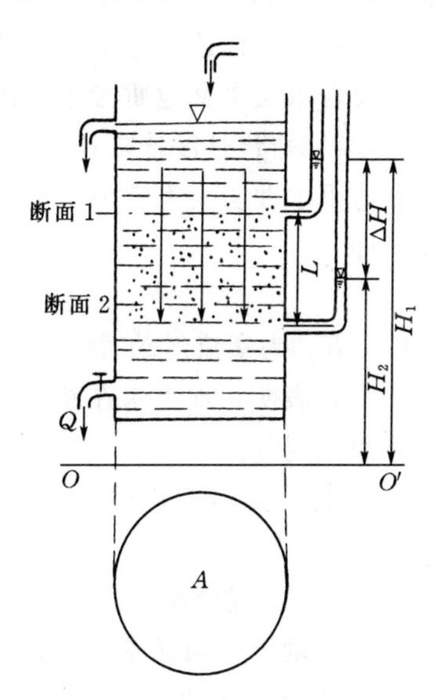

图 4-11　达西实验示意图

式（4-2）表明渗透流速 V 与水力坡度 i 的一次方成正比，故达西定律又称线性渗透定律。当 $i=1$ 时，$V=K$，说明渗透系数在数值上等于水力坡度为 1 时的渗透流速。松散岩层渗透系数 K 经验值见表 4-3。

表 4-3　　　　松散岩层渗透系数 K 经验值

岩性	砂卵石	砂砾石	粗砂	中粗砂	中砂	中细砂	细砂	粉细砂	粉砂	砂质粉土	砂质粉土粉质粘土	粉质粘土	粘土
K（m/d）	80	45～50	20～30	22	20	17	6～8	5～8	2～3	0.2	0.1	0.02	0.001

（引自《简明工程地质手册》，中国建筑工业出版社，1998 年）

达西定律有一定的适用范围，较早以前人们认为它的适用范围是层流。20 世纪 40 年代以来很多试验证明，达西定律应用范围比层流的范围要小。但是，在天然条件下，地下水运动十分缓慢，实际流速一般很小，所以，绝大多数地下水的运动还是服从达西定律的。

达西定律式（4-2）中的渗透流速 V 并非渗透水流在岩土空隙中运动的实际流速。由于透水岩层是由固体颗粒和空隙组成的，而地下水只能在空隙中运动。如果地下水在空隙中的实际流速用 u 来表示，则

$$u=\frac{Q}{A'} \tag{4-3}$$

式中　A'——过水断面中的空隙面积，m^2；

u——地下水的实际流速，m/d。

由于空隙面积 A' 不便测定，且不同断面的值可能并不相等，故引进渗透流速这一概念。渗透流速是将水流视为通过整个过水断面，但其流量是不变的一个引用流速，即 $V=Q/A$，显然 $A'<A$，所以渗透流速比地下水的实际流速要小。

达西定律描述了地下水运动的基本规律，它广泛用于井孔涌水量、渠道与坝库区渗漏量以及含水层水文地质参数等计算中。

（二）非线性渗透定律

地下水在岩土大空隙中运动时流速相当大，水流呈紊流状态，其运动规律服从谢才公式，即

$$V=K_m i^{1/2} \tag{4-4}$$

式中　K_m 为紊流运动时的渗透系数。

上式表明，地下水在紊流运动时，其渗透流速与水力坡度的 1/2 次方成正比，故称非线性渗透定律。

当地下水呈混合流时，其渗透流速与水力坡度的 $1/m$ 次方成正比，m 介于 1～2 之间，即

$$V=K_C i^{1/m} \tag{4-5}$$

式中　K_C 为混合流时的渗透系数。

二、地下水向完整集水井的稳定运动

1863 年法国水力学家裘布依（J. Dupuit）首先应用线性渗透定律，导出了著名的完整井稳定流的涌水量方程式——裘布依公式。裘布依假设抽水井布置在均质等厚、分布宽广、隔水底板水平（若为承压水则顶板也是水平）的含水层中央，抽水前地下水面是静止的水平面，地下水运动符合达西定律，并处于稳定流的条件下，呈层流运动的缓变流。

1. 地下水向潜水完整井的稳定运动

从潜水含水层中抽水时，随着井内水位降低，含水层中的水从井壁流向井内，水井周

围的潜水面也随之降低，距抽水井越远，水位下降值越小，到一定远处水位降深等于零。这样潜水面就形成了以抽水井为中心的漏斗状曲面，这个漏斗状曲面称为降落漏斗，如图 4-12 所示。在抽水过程中，降落漏斗不断扩大，当井中涌水量和动水位稳定一段时间后，降落漏斗趋于稳定，井内水位也相应在某个高度上稳定下来。此时从井内抽出的水量与流入井中的水量相等，并为定值，属稳定流。从降落漏斗边缘到抽水井中心的距离称为影响半径 R。

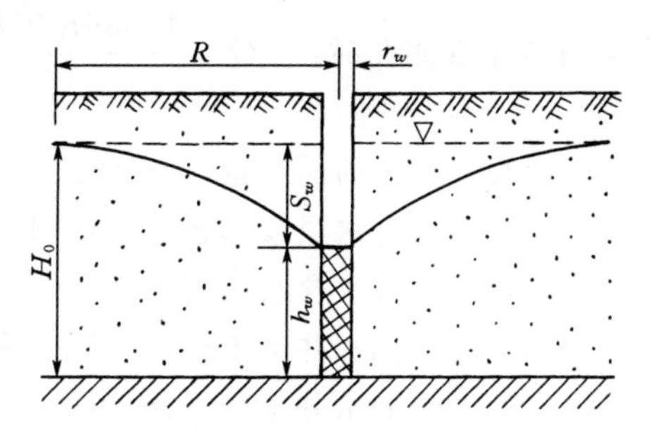

图 4-12　地下水向潜水完整井的稳定流动

取隔水底板井径方向为 r 轴，井轴方向为 H 轴（图 4-12），距井轴 r 处任一过水断面面积为 A（该处过水断面高度为 H），水力坡度为 i，则

$$A=2\pi rH;\qquad i=\frac{\mathrm{d}H}{\mathrm{d}r}$$

根据达西定律，可写出如下涌水量方程式：

$$Q=2\pi rKH\,\frac{\mathrm{d}H}{\mathrm{d}r}\tag{4-6}$$

上式为一阶常微分方程，可用分离变量积分求解。其边界条件为：$r=r_w$ 时，$H=h_w$；$r=R$ 时，$H=H_0$，将此代入式（4-6）后得

$$Q\int_{r_w}^{R}\frac{1}{r}\mathrm{d}r=2\pi K\int_{h_w}^{H_0}H\,\mathrm{d}H$$

积分整理后得：

$$Q=\frac{\pi K(H_0^2-h_w^2)}{\ln\dfrac{R}{r_w}}\tag{4-7}$$

式（4-7）即为地下水向潜水完整井稳定运动的裘布依公式。

将自然对数换为常用对数，并用 S_w 代表井中水位降深，即 $S_w=H_0-h_w$，则式（4-7）可写成如下形式：

$$Q=1.366K\,\frac{(2H_0-S_w)S_w}{\lg\dfrac{R}{r_w}}\tag{4-8}$$

若涌水量和水位降深已知，根据式（4-8）可导出渗透系数 K 的计算公式：

$$K=\frac{0.732Q}{(2H_0-S_w)S_w}\lg\frac{R}{r_w}\tag{4-9}$$

若含水层渗透系数和涌水量已知，根据式（4-8）可导出水位降深计算公式：

$$S_w=H_0-\sqrt{H_0{}^2-\frac{Q}{1.366K}\lg\frac{R}{r_w}}\tag{4-10}$$

当抽水井附近有一或二个观测孔时，改变积分上、下限，可得下列涌水量公式：

有一个观测孔时：

$$Q=\frac{1.366K(2H_0-S_w-S_1)(S_w-S_1)}{\lg\dfrac{R}{r_w}}\tag{4-11}$$

有两个观测孔时：
$$Q=\frac{1.366K(2H_0-S_1-S_2)(S_1-S_2)}{\lg\frac{r_2}{r_1}} \tag{4-12}$$

式中 Q——井的涌水量，m^3/d；

K——含水层渗透系数，m/d；

H_0——潜水含水层厚度，m；

h_w——抽水井动水位（从隔水底板算起），m；

S_w——抽水井水位降深，m；

S_1、S_2——距抽水井 r_1、r_2 处观测孔 1、2 的水位降深，m；

r_w——抽水井半径，m；

R——影响半径，m。

2. 地下水向承压完整井的稳定运动

根据达西定律，同样可以推导出承压完整井的涌水量公式（图 4-13）。距井轴 r 处任一过水断面面积为 A 和水力坡度为 i，则

$$A=2\pi rM;\qquad i=\frac{dH}{dr}$$

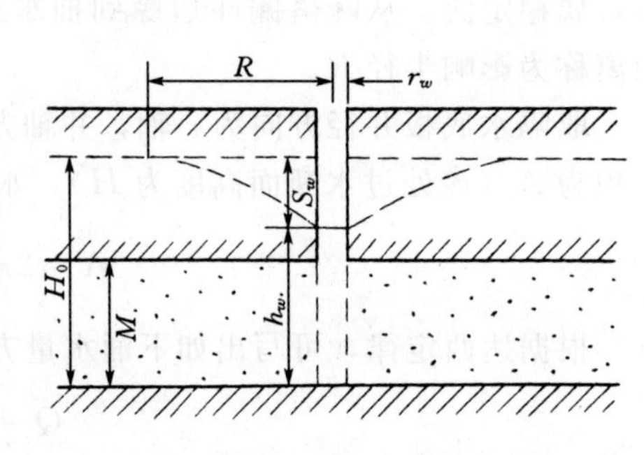

图 4-13 地下水向承压完整井的稳定流动

根据达西定律，可写出如下涌水量方程式：

$$Q=2\pi rKM\frac{dH}{dr}$$

边界条件为：当 $r=r_w$ 时，$H=h_w$；$r=R$ 时，$H=H_0$，分离变量积分后得：

$$Q\int_{r_w}^{R}\frac{1}{r}dr=2\pi KM\int_{h_w}^{H_0}dH$$

$$Q=\frac{2\pi KM(H_0-h_w)}{\ln\frac{R}{r_w}} \tag{4-13}$$

将自然对数换为常用对数，并用 S_w 表示井中水位降深，则涌水量公式为

$$Q=\frac{2.73KMS_w}{\lg\frac{R}{r_w}} \tag{4-14}$$

当抽水井附近有一或二个观测孔时，涌水量公式分别为

$$Q=\frac{2.73KM(S_w-S_1)}{\lg\frac{r_1}{r_w}} \tag{4-15}$$

$$Q=\frac{2.73KM(S_1-S_2)}{\lg\frac{r_2}{r_1}} \tag{4-16}$$

式中 M——承压含水层厚度，m；

其余符号代表意义同前。

3. 关于裘布依公式的几点说明

(1) 影响半径 R 影响半径是稳定流理论的一个重要的水文地质参数，可用经验公式

计算其近似值。

潜水含水层可用库萨金公式：

$$R = 2S_w \sqrt{H_0 K} \tag{4-17}$$

承压含水层可用吉哈尔特公式：

$$R = 10S_w \sqrt{K} \tag{4-18}$$

式中渗透系数 K 以 m/d 为单位，含水层厚度 H_0 和水位降深 S_w 以 m 为单位。

实际工作中，常用多孔抽水试验资料确定影响半径。如在一个抽水井中抽水，在其周围布置一定数量的观测孔，观测其水位下降值，然后利用裘布依公式计算 R。采用两个观测孔的资料时：

潜水井
$$\lg R = \frac{S_1(2H_0 - S_1)\lg r_2 - S_2(2H_0 - S_2)\lg r_1}{(S_1 - S_2)(2H_0 - S_1 - S_2)} \tag{4-19}$$

承压井
$$\lg R = \frac{S_1 \lg r_2 - S_2 \lg r_1}{(S_1 - S_2)} \tag{4-20}$$

(2) 水位降深　用裘布依公式计算井内水位降深 S_w 比实测值常偏小，这是因为抽水时地下水向井内运动需要一定水位差，故井内水位要比井壁外水位低，这种现象称为水跃。裘布依公式没有考虑水跃值。为了精确计算井内水位降深或降落曲线，必须考虑水跃问题。阿勃拉莫夫提出计算水跃值的经验公式如下：

$$\Delta h = 0.01\alpha \sqrt{\frac{QS_w}{KF}} \tag{4-21}$$

式中 Δh——水跃值，即抽水时井管内外的水位差，m；

Q——涌水量，m^3/d；

S_w——井内水位降深，m；

K——渗透系数，m/d；

F——过滤器工作面积，$F = \pi dL$，其中 d 为过滤器直径，L 为过滤器有效长度；

α——经验系数，取决于过滤器的结构。网状或砾石过滤器，$\alpha = 15 \sim 25$；穿孔、缠丝及金属过滤器，$\alpha = 6 \sim 8$。

(3) 涌水量　从裘布依公式可以看出，涌水量与水位降深成正比，但实际情况并不是水位降深越大，涌水量也越大。只有当水位降深不大或降落漏斗曲线坡度小于 15°时，该公式计算结果才符合实际。所以，用公式计算井的最大涌水量时，水位降深 S_w 宜不大于 (1/3～1/2) 潜水含水层厚度或承压水井中水柱高度 H_0。

三、地下水向完整水平集水渠的稳定运动

水平集水渠广泛应用于供水、排水，以及防止建筑物受地下水浸害等方面。

假定完整集水渠布置在均匀各向同性的水平潜水含水层中，且为矩形渠（图 4-14），根据达西定律可推求渗流量公式。

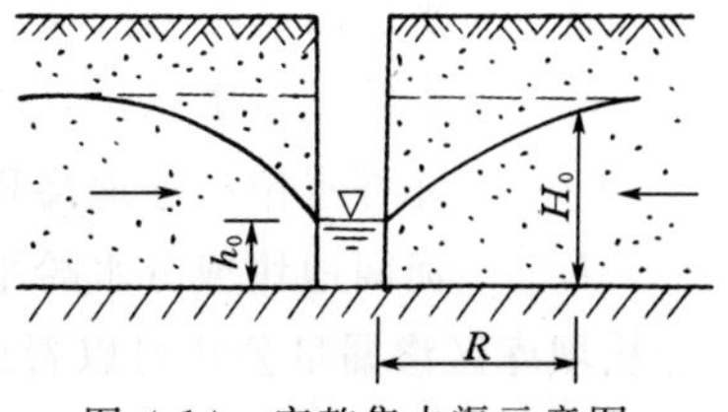

图 4-14　完整集水渠示意图

从一侧流入集水渠的单宽流量 q_1 为

$$q_1 = \frac{K(H_0^2 - h_0^2)}{2R} \tag{4-22}$$

两侧均进水时，单宽流量为

$$q=\frac{K(H_0{}^2-h_0^2)}{R} \tag{4-23}$$

集水渠长为 L 时，总流量为

$$Q=\frac{KL(H_0^2-h_0^2)}{R} \tag{4-24}$$

式中　Q——集水渠流量，m^3/d；

H_0——潜水含水层厚度，m；

h_0——集水渠动水位（从隔水底板算起），m；

R——影响半径，由渠边缘到排水影响范围边界的水平距离，m。

渠道渗漏量也可采用上述方法计算。

四、坝基渗漏量计算

以均质土坝且无防渗措施为例（图 4-15），设坝下为透水岩层，库水在坝上、下游水头差作用下，必然会沿坝下透水层渗漏。根据达西定律，可写出坝基渗漏量计算公式为

$$Q=KA\frac{H_1-H_2}{2b+T} \tag{4-25}$$

式中　Q——坝基渗漏量，m^3/d；

A——过水断面面积，m^2；$A=T\cdot L$，T 为坝基透水层厚度，L 为坝基渗漏长度；

H_1、H_2——上、下游水位，m；

$2b$——坝底宽，m。

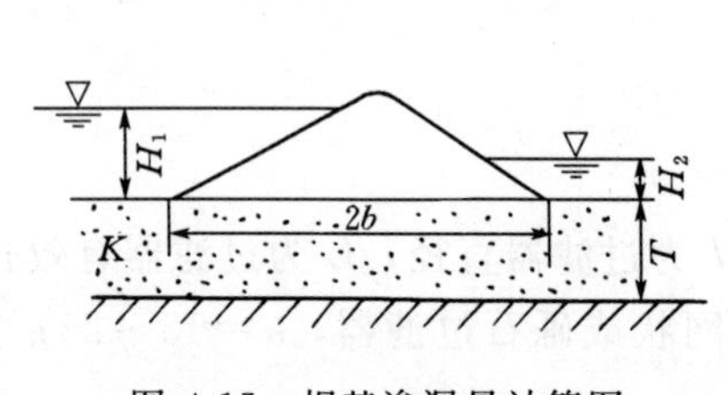

图 4-15　坝基渗漏量计算图

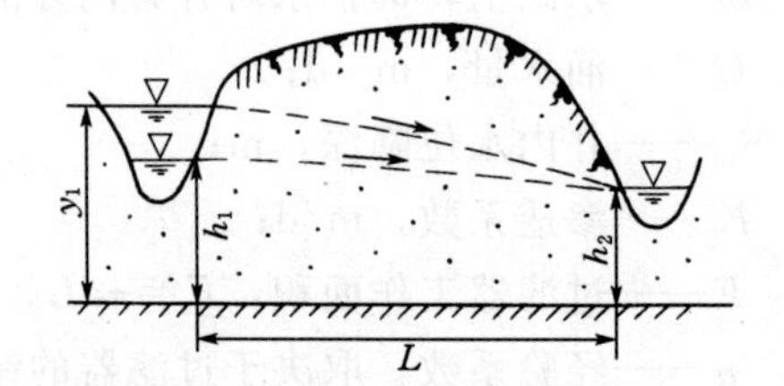

图 4-16　库区渗漏量计算图

五、库区渗漏量计算

河间地块或分水岭由单薄透水岩层组成，潜水含水层岩性均一，隔水底板水平（图 4-16），库区渗漏量按下式计算：

$$Q=KB\frac{y_1^2-h_2^2}{2L} \tag{4-26}$$

式中　Q——库区渗漏量，m^3/d；

B——水库沿岸渗漏段长度，m；

y_1——水库正常蓄水位，m；

h_2——邻谷水位或洼地高程，m；

L——河间地块或分水岭平均渗漏途径长度，m。

从坝库区渗漏量公式可以看出，渗漏量与渗透系数、过水断面面积、坝上下游水头差或库水位与邻谷高差成正比。为了减少渗漏量，水利工程技术人员常采用截水槽、防渗

墙、帷幕灌浆、防渗铺盖等方法对透水层或透水通道进行处理。目的就是消弱岩土层的渗透性，缩小渗漏面积，延长渗漏途径长度，降低水力坡度，从而使渗漏量减少。

第四节　地下水资源评价

一、地下水资源概念及特征

地下水资源，是指可供人类利用的地下水。它应具有足够的数量和有用的质量。地下水资源与其他资源相比，有以下几方面的重要特征：

（1）可恢复性　这是地下水资源与其他地质矿产资源的重要区别。地下水可以得到降水、地表水的不断补给。因此，地下水具有逐年可更新恢复的补给资源。

（2）可储存性　这是地下水资源与地表江河水资源的重要区别。地下水储存于地下岩土空隙中，仅深度800m以内的地下水储量，就是地表江河水储量的1万多倍，由于地下水的储水量大，因而调蓄水资源的能力很强。全球河流平均每16天交替一次，对降水反应迅速，而地下水则相反，平均1400年才更新一次。所以，地下水除有可恢复的补给资源外，还有较长时间内不可恢复的储存资源。利用地下水的储存性，可以储冷、储热，还可以修建地下水库，实现水资源的统一调度和综合利用。

（3）可循环性　地下水参与自然界的水循环，与大气水和地表水密切联系，相互转化。在整个水循环过程中，由于地下水的运移速度相对于大气水和地表水来说十分缓慢，与岩土接触时间长，故改变了水资源的时空分布条件和物理化学性质，使其利用更方便、用途更广泛。

（4）系统性　岩土体的空隙是地下水的储存空间和运动通道，岩土体的空隙在一定深度和一定范围内是相互连通的，这就构成了一个地下含水系统。当这个系统的某个部分接受外界补给时，是对整个系统的水量补给；相反，系统某点失去水量时，也是整个系统水量的减少。所以，地下水资源评价应按地下含水系统进行，并与地表水资源评价相结合，这样才更符合客观实际。

二、地下水资源的分类

为了合理开发利用地下水，国内外学者在研究了地下水资源的特征和规律后，提出了各种地下水资源分类方法。如1946年前苏联学者普洛特尼科夫提出了天然储量（包括静储量、动储量、调节储量）和开采储量的分类法；1973年前苏联学者宾德曼提出了地下水资源（包括天然资源、人工资源）和储量（包括天然储量、人工储量）的分类法等。这些方法未考虑开采之后地下水补给和排泄条件的变化，在使用过程中出现了一些混乱现象，相互重叠，不易区分。70年代末我国水文地质工作者根据地下水均衡原理和水循环条件，也提出了一些分类方法。1988年，国家计委在分析总结国内外地下水资源分类的基础上，提出了补给量、储存量和允许开采量的分类方法（见《供水水文地质勘察规范》GBJ 27—88）。

（一）补给量

补给量，是指天然状态或开采条件下，单位时间内进入水源地含水层中的水量。一般包括地下水径流流入量、大气降水和地表水入渗补给量、越流补给量和人工补给量等。

（二）储存量

储存量，是指地下水在补给与排泄的循环过程中，水源地含水层中储存的重力水体积。可分为体积储存量和弹性储存量。

（1）体积储存量　是指在含水层空隙中储存的重力水体积。在潜水含水层中，储存量的变化主要反映为水体积的改变，如开采状态下，潜水位下降，含水层被疏干，体积储存量减少。

（2）弹性储存量　是指在水压力降低条件下从承压含水层中释放出来的重力水体积。承压含水层不仅有体积储存量，还有弹性储存量。

（三）允许开采量

允许开采量，是指在技术经济许可的条件下，单位时间内可从水源地含水层中开采出来的水量。获取这一水量以不影响邻近已建水源地正常开采和不发生危害性的地质现象为前提，而且在整个开采期内出水量不减少，动水位不超过设计要求，水质和水温变化在允许范围之内。

地下水的补给量和储存量是客观存在的，二者是一个地区地下水量的本底值。它们在各种自然因素的影响下，随时间和空间而变化，而人类开采地下水只能激化这种变化。以供水为目的的地下水资源评价，主要是确定允许开采量，但地下水的开采量不能记入地下水资源总量中，否则会导致错误的结论。允许开采量只是说明地下水的可能利用量，它受技术经济条件和水文地质条件制约。

三、地下水资源量的评价

（一）补给量的计算

1. 地下水径流流入量

地下水径流流入量是指计算区以外的地下水通过水平运动方式补给计算区的水量，又称侧向径流补给量。平原地区侧向补给量主要为山前地下水的补给量，即山前侧向补给量，可按断面径流法计算：

$$Q_{侧} = K \cdot l \cdot B \cdot h_{cp} \tag{4-27}$$

式中　$Q_{侧}$——地下水侧向补给量，m^3/d；

K——含水层渗透系数，m/d；

l——天然状态或开采条件下的水力坡降；

h_{cp}——计算断面上含水层的平均厚度，m。

2. 大气降水入渗补给量

大气降水入渗补给量是指降水通过包气带下渗补给地下水的水量。降水入渗补给量可分为次降水入渗补给量与规定时段的降水入渗补给量两类。规定时段的降水入渗补给量又可分为旬、月、年及多年平均降水入渗补给量。计算方法有：

（1）地下水动态分析法　在地下水径流条件较差，以垂直补给为主的潜水分布区，可利用地下水动态长期观测资料，分析由于降水入渗补给引起的地下水位上升幅度，用下式计算降水入渗补给量。

$$Q_{降} = \mu \cdot F \cdot \sum \Delta H \tag{4-28}$$

式中　$Q_{降}$——降水入渗补给量，m^3/a；

μ——水位变化带岩层的给水度，可由抽水试验确定或参考经验数值；

F——计算区面积，m^2；

$\Sigma\Delta H$——年和多年平均降水入渗引起的地下水位累积上升幅度之和，m/a。

（2）降水入渗补给系数法　根据地中渗透蒸发仪测定的降水入渗补给系数 α，用下式计算降水入渗补给量：

$$Q_{降}=\alpha \cdot P \cdot F \tag{4-29}$$

式中　α——降水入渗补给系数，即降水入渗补给量 P_0 与降水量 P 之比，$\alpha=P_0/P$。不同岩性和降水量的平均年降水入渗补给系数见表 4-4；

P——降水量，m/a。

表 4-4　　不同岩性和降水量的平均年降水入渗补给系数 α 值

平均年降水量	粘　土	亚粘土	亚砂土	粉细砂	砂卵砾石
50	0～0.02	0.01～0.05	0.02～0.07	0.05～0.11	0.08～0.12
100	0.01～0.03	0.02～0.06	0.04～0.09	0.07～0.13	0.10～0.15
200	0.03～0.05	0.04～0.10	0.07～0.13	0.10～0.17	0.15～0.21
400	0.05～0.11	0.08～0.15	0.12～0.2	0.15～0.23	0.22～0.30
600	0.08～0.14	0.11～0.20	0.15～0.24	0.20～0.29	0.26～0.36
800	0.09～0.15	0.13～0.23	0.17～0.26	0.22～0.31	0.28～0.38
1000	0.08～0.15	0.14～0.23	0.18～0.26	0.22～0.31	0.28～0.38
1200	0.07～0.14	0.13～0.21	0.17～0.25	0.21～0.29	0.27～0.37
1500	0.06～0.12	0.11～0.18	0.15～0.22		
1800	0.05～0.10	0.09～0.15	0.13～0.19		

（引自《中国水资源评价》，水利电力部水文局，1987 年）

3. 地表水入渗补给量

地表水入渗补给量指当河、渠水位高于地下水位时，河、渠水在重力作用下渗漏补给地下水。其补给量可用下述方法和公式计算：

（1）地下水动力学法：

潜水
$$Q_{表}=KL\frac{H^2-h^2}{2b} \tag{4-30}$$

承压水
$$Q_{表}=KL\frac{M(H-h)}{b} \tag{4-31}$$

式中　$Q_{表}$——地表水入渗补给量，m^3/d；

L——地表水与地下水有联系地段的总长度，m；

H——从隔水底板算起的地表水年平均水位，m；

h——从隔水底板算起的地下水年平均水位，m；

M——承压含水层厚度，m；

b——河、渠距观测孔排间的距离，m。

（2）水文测流计算法　通过测定河、渠上游断面流量与下游断面流量以及河渠水面蒸发量之差求得，即

$$Q_{表}=(Q_{上}-Q_{下})\Delta t-BLZ \tag{4-32}$$

式中　$Q_{表}$——地表水在 Δt 时段的总补给量，m^3；

$Q_{上}$、$Q_{下}$——地表水体上、下游断面的平均流量，m^3/s；

Δt——计算时段，s；

B——水面宽度，m；

L——上、下游两断面间的距离，m；

Z——Δt 时段水面蒸发量，m。

若包气带岩土体不饱和时还应减去用来饱和岩土体的水量。

4. 越流补给量

当相邻两含水层间有足够水头差时，水头高的含水层将通过弱透水层补给水头较低的含水层，这时的越流补给量用下式计算：

$$Q_{越} = K'F\frac{H-h_c}{m} \tag{4-33}$$

式中 $Q_{越}$——越流补给量，m^3/d；

K'——弱透水层渗透系数，m/d；

F——越流区面积，m^2；

m——弱透水层厚度，m；

H——相邻的高水头含水层水位，m；

h_c——低水头的含水层水位，m。

5. 人工补给量

人工补给量是指人工利用钻孔回灌及沟渠引地面水回灌，或采用修坝、建闸、灌溉等措施所增加的地下水补给量。这里主要介绍灌溉入渗补给量。它是指在灌溉地区灌溉水经过包气带下渗补给地下水的水量，包括渠系渗漏量和田间回归补给量。

（1）灌溉渠系渗漏补给量　灌溉水进入田间之前各级渠道对地下水的渗漏补给量用下式计算：

$$Q_{渠} = Q_{引}(1-\eta)\gamma \tag{4-34}$$

式中 $Q_{渠}$——渠系渗漏补给量，m^3/d；

$Q_{引}$——渠道引水量，m^3/d；

η——渠系有效利用系数，经验值见表 4-5；

γ——修正系数，考虑到水面蒸发及饱和包气带水量损失 γ 小于 1，如表 4-5 所示。

（2）田间回归补给量　分引地表水（渠灌）和引地下水（井灌）回归补给两类：

$$Q_{田渠} = \beta_{渠} Q_{渠灌} \tag{4-35}$$

$$Q_{田井} = \beta_{井} Q_{井灌} \tag{4-36}$$

式中 $Q_{田渠}$、$Q_{田井}$——分别为渠灌和井灌回归补给量，m/a；

$\beta_{渠}$、$\beta_{井}$——分别为渠灌和井灌回归补给系数，$\beta=\mu\Delta h/h_{灌}$；其中 Δh 为灌水后地下水位升幅值，$h_{灌}$ 为灌溉水深，均以 m 为单位；μ 为给水度；

$Q_{渠灌}$、$Q_{井灌}$——分别为渠灌和井灌水量，m^3/a。

β 值随灌溉定额、岩性和地下水埋深不同而发生相应变化，$\beta_{井}=0.1\sim0.2$，$\beta_{渠}=0.05\sim0.4$，见表 4-6。

总的灌溉入渗补给量为 $Q_{灌}=Q_{渠}+Q_{田}$。

表 4-5　　　　不同渠床衬砌、岩性与地下水埋深情况的 η、γ 值

分　区	衬砌情况	渠床下岩性	地下水埋深（m）	渠系有效利用系数 η	修正系数 γ
长江以南地区和内陆河流域农业灌溉区	未衬砌	粘土、亚砂土	＜4	0.30～0.60	0.55～0.90
	部分衬砌			0.45～0.80	0.35～0.85
			＞4	0.40～0.70	0.30～0.80
	衬砌		＜4	0.50～0.80	0.35～0.85
			＞4	0.45～0.80	0.35～0.80
半干旱半湿润地区	未衬砌	亚粘土	＜4	0.05	0.32
		亚砂土		0.40～0.50	0.35～0.50
		亚粘土、亚砂土互层		0.40～0.55	0.32
	部分衬砌	亚粘土		0.55～0.73	0.32
			＞4	0.55～0.70	0.30
		亚砂土	＜4	0.55～0.68	0.37
			＞4	0.52～0.73	0.35
		亚粘土、亚砂土互层	＜4	0.55～0.73	0.32～0.40
	衬砌	亚粘土		0.65～0.88	0.32
		亚砂土		0.57～0.73	0.37

表 4-6　　　　不同岩性、地下水埋深、灌水定额的渠灌田间入渗补给系数 β

地下水埋深（m）	灌水定额（m^3/亩）	岩性		
		亚粘土	亚砂土	粉细砂
＜4	40～70	0.10～0.17	0.10～0.20	
	70～100	0.10～0.20	0.15～0.25	0.20～0.35
	＞100	0.10～0.25	0.20～0.30	0.25～0.40
4～8	40～70	0.05～0.10	0.05～0.15	
	70～100	0.05～0.15	0.05～0.20	0.05～0.25
	＞100	0.10～0.20	0.10～0.25	0.10～0.30
＞8	40～70	0.05	0.05	0.05～0.10
	70～100	0.05～0.10	0.05～0.10	0.05～0.20
	＞100	0.05～0.15	0.10～0.20	0.05～0.20

（引自《中国水资源评价》，水利电力部水文局，1987 年）

地下水资源总补给量等于上述各项之和。

（二）储存量的计算

1. 体积储存量

$$Q_{体}=\mu \cdot F \cdot H \tag{4-37}$$

式中　$Q_{体}$——含水层中地下水体积储存量，m^3；

μ——含水层给水度；

F——含水层分布面积，m^2；

H——含水层平均厚度，m。

2. 弹性储存量

$$Q_{弹}=\mu_1 \cdot F \cdot h \tag{4-38}$$

式中 $Q_{弹}$——承压含水层中地下水弹性储存量，m^3；

μ_1——弹性释水系数，根据抽水试验确定，一般变化在 $1\times10^{-5}\sim1\times10^{-4}$ 之间，相同岩性条件下，含水层埋藏愈深，μ_1 值愈小；

h——承压水的压力水头高度，m，应从隔水顶板算起。

3. 调节储量计算

调节储量指潜水含水层最高水位与最低水位之间的重力水体积，它是补给量的组成部分，可按下式计算：

$$Q_{调}=\mu \cdot F \cdot \Delta h \tag{4-39}$$

式中 $Q_{调}$——调节储存量，m^3/a；

Δh——潜水位变幅，m/a；

其他符号意义同前。

（三）允许开采量的计算

允许开采量又称可开采量，计算方法有水量均衡法、相关分析法、水动力学法、水文学法、比拟法、模型法、开采试验法等，这里仅介绍常用的开采试验法和水量均衡法。

1. 开采试验法

在水文地质条件复杂地区，如果一时很难查清补给条件而又急需作出评价时，则可打钻孔，并按开采条件（设计的开采降深和开采量）进行抽水试验。根据试验结果可直接评价开采量。这种方法，无论对承压水或潜水，还是对新水源地或旧水源地扩建都适用。评价时，完全按开采条件抽水，从旱季开始延续数月，从抽水到恢复水位进行全面观测，结果可能出现两种情况：

(1) 长期抽水过程中，如果水位达到设计降深并趋近稳定状态，抽水量大于或等于需水量，停抽水后水位较快恢复，说明此需水量有保证，这时实际抽水量就是所要求的开采量，即 $Q_{可采}=Q_{开采}$。

(2) 若水位达到降深仍不稳定，停抽后水位恢复不到原水位，说明此需水量无保障，应降低需水量，即 $Q_{可开}<Q_{开采}$。

2. 水量均衡法

水均衡法是根据某一地区（均衡区）在一定时间（均衡期）内地下水的补给量、储存量与消耗量之间的平衡关系，来评价可开采量的一种方法。对于一个含水层，补给量与消耗量之差等于储存量的变化值，据此可建立水量均衡方程式为

$$\mu F\frac{\Delta h}{\Delta t}=(Q_t-Q_c)+(W-Q_k) \tag{4-40}$$

$$W=Q_{降}+Q_{表}+Q_{越}+Q_{灌}-Q_{蒸} \tag{4-41}$$

式中 μ——含水层给水度；

F——计算面积（均衡区），m^2；

Δt——计算时间（均衡期），a；

Δh——在 Δt 时段内含水层的水位平均变幅，m；

Q_t——含水层侧向流入量，m^3/a；

Q_c——含水层侧向流出量，m^3/a；

Q_k——预测的可开采量，m^3/a；

W——垂直方向上含水层的补给量（包括蒸发消耗量），m^3/a；

$Q_{蒸}$——平均潜水蒸发量，m^3/a，$Q_{蒸}=F_0 \cdot E_0 \cdot C$；其中 F_0 为计算蒸发面积，km^2；E_0 为年水面蒸发量，一般采用 E－601 蒸发皿观测资料，m/a；C 为潜水蒸发系数，与计算地区、水面蒸发量、包气带岩性、地下水埋深有关（表 4-7）。

表 4-7　　不同岩性和地下水埋深的潜水蒸发系数 C

地区	年水面蒸发量	包气带岩性	地下水埋藏深度（m）							
			0.5	1.0	1.5	2.0	2.5	3.0	3.5	4.0
黑龙江流域季节冻土区	600～1200	亚粘土		0.01～0.15	0.08～0.12	0.06～0.09	0.04～0.08	0.03～0.06	0.02～0.04	0.01～0.03
		亚砂土	0.21～0.26	0.16～0.21	0.13～0.17	0.08～0.14	0.05～0.11	0.04～0.09	0.03～0.08	0.03～0.07
		粉细砂	0.23～0.37	0.18～0.31	0.14～0.26	0.10～0.20	0.06～0.15	0.03～0.10	0.01～0.07	0.01～0.05
内陆河严重干旱	1200～2500	亚粘土	0.22～0.37	0.09～0.20	0.04～0.10	0.02～0.04	0.02～0.03	0.01～0.02	0.01～0.02	0.01～0.02
		亚砂土	0.26～0.48	0.19～0.37	0.15～0.26	0.08～0.17	0.05～0.10	0.03～0.07	0.02～0.05	0.01～0.03
其他地区	800～1400	亚粘土	0.40～0.52	0.16～0.27	0.08～0.14	0.04～0.08	0.03～0.05	0.02～0.03	0.02～0.03	0.04～0.02
		亚砂土	0.54～0.62	0.28～0.48	0.26～0.35	0.16～0.23	0.09～0.15	0.05～0.09	0.03～0.06	0.01～0.03
		砂砾石	0.5 左右	0.07 左右	0.02 左右	0.01 左右				

（引自《中国水资源评价》，水利电力部水文局，1987 年）

一般计算地区温度越低，水面蒸发量越小，包气带岩土透水性越差，地下水埋深越大，C 越小。

Δh 在开采时为负值，我们用正值代入，式（4-40）可写成：

$$Q_K=(Q_t-Q_c)+W+\mu F\frac{\Delta h}{\Delta t} \tag{4-42}$$

用式（4-42）即可求得计算区的可开采量，或者确定一个设计开采量，预测计算区的水位变化值 Δh。

式（4-42）表明，地下水可开采量由三部分组成，一是（Q_t-Q_c）侧向补给量，二是垂直补给量 W；三是开采过程中含水层的疏干量 $\mu F\frac{\Delta h}{\Delta t}$。在多年平均情况下，可以近似认为 $Q_t-Q_c=0$，$\Delta h=0$，则此时，$Q_k=W$，即说明地下水的可开采量应与大气降水和地表水等入渗补给量持平。

水量均衡法适用于地下水埋藏浅，补给量和消耗量易于计算的地区。对于深层承压含水层和山区基岩裂隙含水层，其补给、径流、排泄条件不易查清或条件复杂时，使用该法较困难。

四、地下水资源质的评价

地下水资源评价包括水质评价和水量评价两个方面，而且水量评价必须在水质满足要求的前提下才能进行分析研究。地下水资源质的评价，就是通过对地下水中各种离子、分子、化合物和游离气体的量的分析，针对不同用户对水质的要求，评价地下水的可用性。不同用途和目的（如生活饮用水、农田灌溉用水、工业用水、工程建筑用水等）对水质要求不同，因此都规定出各种成分含量的一定界限，这种数量界限称为水质标准。

（一）水质分析表示方法

水质分析结果一般是用各种形式的指标值及水化学表达式表示。

1. 离子含量指标

水中的盐类物质以阴、阳离子形式存在，如 Na^+、K^+、Ca^{2+}、Mg^{2+}、$HCO_3{}^-$、$SO_4{}^-$、Cl^- 等，其含量一般以单位 mg/L、mmol/L 表示。

2. 分子含量指标

溶解于地下水中的气体和胶体物质如 CO_2、SiO_2 等，其含量一般用 mg/L、mmol/L 表示。

3. 综合指标

反映地下水主要化学性质的指标有 pH 值、酸碱值、硬度和矿化度。

（1）pH 值　$pH = -\lg[H]^+$，它反映了地下水的酸碱性。$pH<7$ 为酸性水，$pH=7$ 为中性水，$pH>7$ 为碱性水。

（2）酸度和碱度　酸度是指强碱滴定水样中的酸至一定 pH 值的碱量。地下水酸度的形成主要是水中未结合的二氧化碳、无机酸、强酸弱碱盐及有机酸。碱度是指强酸滴定水样中的碱至一定 pH 值的酸量。

（3）硬度　指水中钙、镁和其他金属离子（碱金属除外）的含量。分为总硬度、暂时硬度（水煮沸后，呈碳酸盐形态的析出量）和永久硬度（水煮沸后，留于水中的钙、镁盐的含量）。总硬度等于暂时硬度与永久硬度之和。

（4）矿化度　地下水中含有离子、分子与化合物的总量称为矿化度。通常用110℃的温度将水烘干，测其所得干固残余物的数量来确定。地下水按矿化度分类见表 4-8。

表 4-8　　地下水按矿化度分类

类　别	淡水	微咸水	咸水	盐水	卤水
矿化度（g/L）	>1	1～3	3～10	10～50	>50

（二）各种不同的用水水质评价

国家或地方有关部门规定的各种水质标准，是依据不同用户的实际需要而制定的，它是水质评价的依据。

1. 饮用水水质标准及水质评价

饮用水的水质，是从地下水的物理性质（感官性状）化学成分（包括普通盐类与有毒成分）和微生物（细菌）成分三个方面进行评价的，其中非常重要的是判明地下水的污染标志。作为饮用水，首先要求是不允许受到污染，它应是无色、无味、无嗅，不含肉眼可见物，清凉可口，不含对人体有害的元素及微生物、病源菌，具体评价项目与标准见表 4-9。

2. 灌溉用水水质标准及水质评价

灌溉水的水质，是以地下水的水温、矿化度和盐类成分三个方面进行评价的，有时也

表 4-9　　生活饮用水质标准（GB 5749—85）

编　号	项　　目	标　　准
	感官性状和一般化学指标：	
2.1.1	色	色度不超过 15 度，并不得呈现其他异色
2.1.2	浑浊度	不超过 3 度，特殊情况不超过 5 度
2.1.3	嗅和味	不得有异嗅、异味
2.1.4	肉眼可见物	不得含有
2.1.5	Hp	6.5～8.5
2.1.6	总硬度（以碳酸钙计）	450mg/L
2.1.7	铁	0.3mg/L
2.1.8	锰	0.1mg/L
2.1.9	铜	1.0mg/L
2.1.10	锌	1.0mg/L
2.1.11	挥发酚类（以苯酚计）	0.002mg/L
2.1.12	阴离子合成洗涤剂	0.3mg/L
2.1.13	硫酸盐	250mg/L
2.1.14	氯化物	250mg/L
2.1.15	溶解性总固体	1000mg/L
	毒理学指标：	
2.1.16	氯化物	1.0mg/L
2.1.17	氰化物	0.05mg/L
2.1.18	砷	0.05mg/L
2.1.19	硒	0.01mg/L
2.1.20	汞	0.001mg/L
2.1.21	镉	0.01mg/L
2.1.22	铬（六价）	0.005mg/L
2.1.23	铅	0.005mg/L
2.1.24	银	0.005mg/L
2.1.25	硝酸盐（以氮计）	20mg/L
2.1.26	氯仿*	60μg/L
2.1.27	四氯化碳*	3μg/L
2.1.28	苯并（n）芘*	0.01μg/L
2.1.29	滴滴涕*	1μg/L
2.1.30	六六六*	5μg/L
	细菌学指标：	
2.1.31	细菌总数	100 个/mL
2.1.32	总大肠菌群	3 个/L
2.1.33	游离余氯	在接触 30min 后不低于 0.3mg/L，集中式给水除出厂水应符合上述要求外，管网末梢水不应低于 0.05mg/L
	放射性指标：	
2.1.34	总 α 放射性	0.11Bp/L
2.1.35	总 β 放射性	1.0Bp/L

* 试行标准。

考虑水的 pH 值和水中有毒元素的含量对农作物和土壤的影响。作为灌溉水，水温不宜过高或过低，北方小麦以 10～15℃为宜，南方水稻以 15～25℃为宜；矿化度一般不超过 1～2g/L，最大不超过 5g/L，具体评价项目与标准见表 4-10。

表 4-10　　　　农田灌溉水质标准（GB 5084—92）　　　　（mg/L）

序号	标准值 参数 \ 作物分类	水　作	旱　作	蔬　菜
1	生化需氧量（BOD_5）≤	80	100	80
2	化学需氧量（COD_{cr}）≤	200	300	150
3	悬浮物 ≤	150	200	100
4	阴离子表面活性剂（LAS）≤	5.0	8.0	5.0
5	凯氏氮 ≤	12	30	30
6	总磷（以P计）≤	5.0	10	10
7	水温，℃ ≤	35		
8	pH值 ≤	5.5～8.5		
9	全盐量 ≤	100（非盐碱土地区），2000（盐碱土地区），有条件的地区可以适当放宽		
10	氯化物 ≤	250		
11	硫化物 ≤	1.0		
12	总汞 ≤	0.001		
13	总镉 ≤	0.005		
14	总砷 ≤	0.05	0.1	0.05
15	铬（六价）≤	0.1		
16	总铅 ≤	0.1		
17	总铜 ≤	1.0		
18	总锌 ≤	2.0		
19	总硒 ≤	0.02		
20	氟化物 ≤	2.0（高氟区），3.0（一般地区）		
21	氰化物 ≤	0.5		
22	石油类 ≤	5.0	10	1.0
23	挥发酚 ≤	1.0		
24	苯 ≤	2.5		
25	三氯已醛 ≤	1.0	0.5	0.5
26	丙烯醛 ≤	0.5		
27	硼 ≤	1.0（对硼敏感作物，如：马铃薯、笋瓜、韭菜、洋葱、柑桔等） 2.0（对硼耐受性较强的作物，如：小麦、玉米、青椒、小白菜、葱等） 3.0（对硼耐受性强的作物，如：水稻、萝卜、油菜、甘兰等）		
28	粪大肠菌群数，个/L ≤	10000		
29	蛔虫卵数，个/L ≤	2		

3. 工业用水水质标准及水质评价

工业用水的水质评价不能制定通用的标准，因为各工业项目对地下水水质有不同的要求。应当注意的是，当工业用水与生活饮用水的管道合并时，要按照生活用水标准评价。如果各种工业项目使用同一水源时，要按照水质要求较高标准评价。不同工业用水水质标准见表 4-11。

表 4-11　　13 种工业用水水质标准

用水工业	浑浊度（度）	色度（度）	总硬度（度）	总碱度（mg/L）	pH	总含盐量（mg/L）	铁（mg/L）	锰（mg/L）	硅酸（mg/L）	氯化物（mg/L）	COD（$KMnO_4$）（mg/L）
制　糖	5	10	5	100	6～7	—	0.1	—	—	20	10
造纸（高级）	5	5	3	50	7	100	0.05～0.1	0.05	20	75	10
（一般）	25	15	5	100	7	200	0.2	0.1	50	75	20
（粗纸）	50	30	10	200	6.5～7.5	500	0.3	0.1	100	200	—
纺　织	5	20	2	200	—	400	0.25	0.25	—	100	—
染　色	5	5～20	1	100	6.5～7.5	150	0.1	1.0	15～20	4～8	10
洗　毛	—	70	2	—	6.5～7.5	150	1.0	1.0	—	—	1
鞣　革	20	10～100	3～7.5	200	6～8	—	0.1～0.2	0.1～0.2	—	10	8～10
人造纤维	0	15	2	—	7～7.5	—	0.2	—	—	—	6
粘液丝	5	5	0.5	50	6.5～7.5	100	0.05	0.03	25	5	5
透明胶片	2	2	3	—	6～8	100	0.07	—	25	10	—
合成橡胶	2	—	1	—	6.5～7.5	10	0.05	—	—	20	—
聚氯乙烯	3	—	2	—	7	150	0.3	—	—	25	—
合成染料	0.5	0	3	—	7～7.5	150	0.05	—	—	25	—
洗涤剂	6	20	5	—	6.5～8.6	150	0.3	—	—	50	—

（引自《给排水设计手册》第一册，中国市政工程设计院主编，1986.7）

4. 工程建筑用水的水质评价

地下水对工程建筑物的腐蚀破坏，主要表现为水对混凝土和金属材料的分解性侵蚀（包括酸性侵蚀、碳酸侵蚀）、结晶性侵蚀和分解结晶复合性侵蚀。

当地下水的 pH＜5～6 时，水呈酸性，水中游离 H^+、H_2S、H_2SO_4（硫酸）和溶解 O_2 便会对混凝土中的金属材料（如钢筋）产生强烈的水解和氧化作用，使其腐蚀、锈蚀而破坏；当地下水中含有较多侵蚀性 CO_2 时，它能溶解和溶滤水泥的某些成分（如 CaO 等），使混凝土结构遭受破坏，如成昆铁路白家岭隧洞拱圈被地下水侵蚀得像豆腐渣一样；当地下水中 $SO_2{}^{2-}$ 含量高时，水渗入到混凝土内，$SO_4{}^{2-}$ 与水泥的某些成分发生水化作用，形成新的易膨胀的化合物，使混凝土胀裂破坏。

应当指出，上述侵蚀作用并不是孤立进行的，它们常相互伴生，交替反应进行，特别是地下水被工业废水污染后，水中 Ca^{2+}、Mg^{2+}、Zn^{2+}、Fe^{2+}、Al^{3+} 等阳离子含量过高，水还会对混凝土产生分解结晶复合性侵蚀。地下水对混凝土腐蚀性的判别标准见表 4-12。

表 4-12　　　　环境水腐蚀判定标准

腐蚀性类型		腐蚀性特征判定依据	腐蚀程度	界限指标	
分解类	溶出型	HCO_3^- 含量（mmol/L）	无腐蚀	$HCO_3^- > 1.07$	
			弱腐蚀	$1.07 \geqslant HCO_3^- > 0.70$	
			中等腐蚀	$HCO_3^- \leqslant 0.70$	
			强腐蚀	—	
	一般酸性型	pH 值	无腐蚀	pH>6.5	
			弱腐蚀	6.5≥pH>6.0	
			中等腐蚀	6.0≥pH>6.5	
			强腐蚀	pH≤5.5	
	碳酸型	侵蚀 CO^2 含量（mg/L）	无腐蚀	$CO_2 < 15$	
			弱腐蚀	$15 \leqslant CO_2 < 15$	
			中等腐蚀	$30 \leqslant CO_2 < 60$	
			强腐蚀	$CO_2 \geqslant 60$	
分解结晶复合类	硫酸镁型	Mg^{2+} 含量（mg/L）	无腐蚀	$Mg^{2+} < 1000$	
			弱腐蚀	$1000 \leqslant Mg^{2+} < 1500$	
			中等腐蚀	$1500 \leqslant Mg^{2+} < 2000$	
			强腐蚀	$2000 \leqslant Mg^{2+} < 3000$	
结晶类	硫酸盐型	SO_4^{2-} 含量（mg/L）		普通水泥	抗硫酸盐水泥
			无腐蚀	$SO_4^{2-} < 250$	$SO_4^{2-} < 3000$
			弱腐蚀	$250 \leqslant SO_4^{2-} < 400$	$3000 \leqslant SO_4^{2-} < 4000$
			中等腐蚀	$400 \leqslant SO_4^{2-} < 500$	$4000 \leqslant SO_4^{2-} < 5000$
			强腐蚀	$500 \leqslant SO_4^{2-} < 1000$	$5000 \leqslant SO_4^{2-} < 10000$

（引自《水利水电工程地质勘察规范》GB 50287—99）

本章小结

1. 知识点

（1）水文地质条件
- 地下水的形成：渗入水、凝结水、初生水、埋藏水
- 地下水的赋存
  - 气态水、液态水（结合水、毛细水、重力水）、固态水
  - 透水层、含水层、隔水层以及蓄水构造
- 地下水的埋藏
  - 包气带水（上层滞水）、潜水、承压水
  - 孔隙水、裂隙水、喀斯特水
  - 水位埋深、含水层埋深
- 地下水的循环：补给、径流、排泄，以及与地表水的相互关系
- 地下水的露头
  - 天然
    - 上升泉、下降泉
    - 侵蚀泉、接触泉、溢出泉、断层泉
  - 人工
    - 垂直式：钻孔、水井（包括自流井）
    - 水平式：集水渠等
- 地下水的运动
  - 基本定律：达西定律 $V=Ki$、谢才公式 $V=K_m i^{1/2}$
  - 稳定运动
    - 完整井涌水量
    - 完整集水渠流量
    - 坝库区渗漏量
- 地下水的水质及侵蚀性：分解性侵蚀、结晶性侵蚀、分解结晶复合性侵蚀
- 含水层的水文地质参数：渗透系数 K、影响半径 R、给水度 μ 等

（2）地下水资源
- 分类：补给量、储存量、允许开采量
- 评价
  - 允许开采量的计算：开采试验法、水量均衡法
  - 水质的评价：生活用水、灌溉用水、工业用水、工程建筑用水

2．地下水的类型

地下水的埋藏类型主要有潜水和承压水。潜水具有无压、埋藏浅、补给容易、循环快、季节变化明显、易受污染等特点。承压水具有承压性、动态稳定、水量不易补充恢复、水质不易受到污染等特点。地下水面及其形状可用水文地质剖面图和等水位（压）线图表示。

3．地下水的运动

地下水的运动速度比较慢，多属层流，并在大多数情况下服从线性渗透定律，即达西定律 $V=Ki$。裘布依应用达西定律，推导出稳定井流公式，用这些公式可以计算抽水井的涌水量 Q 和水位降深 S_w，还可以用来计算水文地质参数 K 和 R。

4．地下水资源

地下水是人类生产和生活必需的宝贵资源，它具有可恢复性、可调蓄性、可循环性和系统性。地下水资源可分为补给量、储存量和允许开采量。地下水资源评价包括水质和水量两个方面，水量计算应在水质评价合格的基础上进行。

5．水文地质条件

工程建设中，地下水常带来不良影响，如地基渗透变形、基坑涌水、建筑材料腐蚀等。因此必须查明建筑地区的水文地质条件，它包括①地下水的类型、地下水位及变幅；②地下水的补给来源、流动方向及水力坡度；③岩土的透水性、富水性，透水层与隔水层的岩性结构、厚度及分布规律；④泉水的出露高程及流量；⑤地下水的化学成分及腐蚀性等。

复习思考题与练习

4-1　何谓透水层、含水层和隔水层？透水层是否一定能成为含水层？

4-2　地下水的埋藏有哪些主要类型？它们有何特征？

4-3　等水位（压）线图有何用途？

4-4　利用等水位线图，如何判断地下水与河水的相互关系？

4-5　水文地质剖面图与地质剖面图有何不同？

4-6　什么叫泉？泉分为哪些类型？试分析教材后面附图一“清水河水库库区工程地质图”中泉水的出露条件。通过研究泉，说出该区有何种类型的地下水，又有哪些地层是含水层？

4-7　何谓达西定律？试写出它的数学表达式，并说明式中各符号的含义及单位。

4-8　裘布依公式的用途有哪些？试写出用两个观测孔资料，计算渗透系数 K 的公式。

4-9　有一潜水完整井，井孔直径 500mm，潜水位埋深为 2m，粗砂含水层厚度为 14m，渗透系数为 10m/d，含水层下伏为粘土隔水层。在井中抽水一段时间后，达到稳定流，这时测得井中水位降深为 4m。试绘制抽水井剖面图，并计算井的涌水量。

4-10　某承压完整井，井孔直径 300mm，砂砾石含水层厚度为 9m。在该井附近设有两个观测孔，$r_1=7\text{m}$，$r_2=14\text{m}$。当抽水稳定时，测得涌水量 $Q=1500\text{m}^3/\text{d}$，两观测孔内的水位降深为分别为 $S_1=0.56\text{m}$，$S_2=0.35\text{m}$。试求渗透系数 K 和影响半径 R。

4-11　何谓地下水资源？它有哪些特点？试比较地下水资源与水资源的概念有何不同？我国水资源评价中是否考虑了地下水储存资源？

4-12　地下水资源分为哪些类型？它们之和能否说明一个地区地下水资源的总量？试分析它们在地下水开采过程中起什么作用？

4-13　如何用水均衡法评价地下水可开采量？

4-14　地下水作为饮用水源和灌溉水源时，其水质评价应主要考虑哪些方面？

4-15　地下水对混凝土的腐蚀作用有哪些？

4-16　某地水文地质剖面图如图 4-17 所示。试从图中找出哪个钻孔揭露的含水层厚度最大，但抽水时流量并不是最大？哪个钻孔揭露的含水层厚度最小，抽水时水位降深最大，而流量最小？哪个钻孔抽水时水位降深最小，而流量最大？并分析其原因是什么？提示：应从含水层的补给来源、蓄水条件和透水性等方面综合考虑。

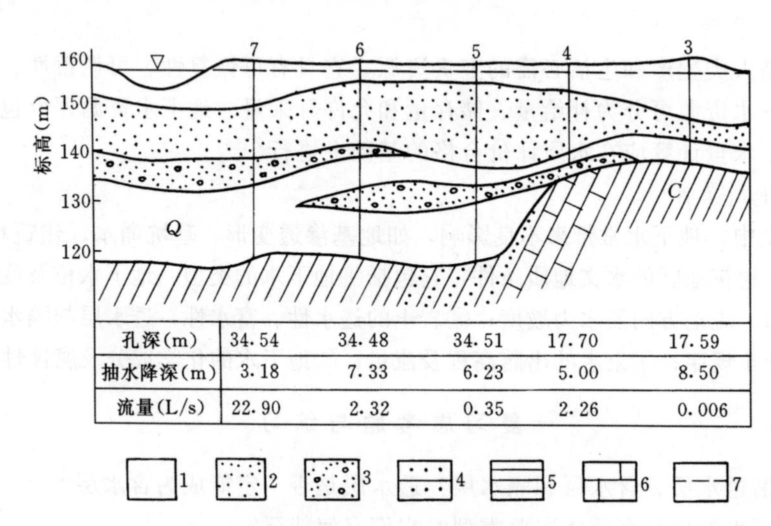

孔深(m)	34.54	34.48	34.51	17.70	17.59
抽水降深(m)	3.18	7.33	6.23	5.00	8.50
流量(L/s)	22.90	2.32	0.35	2.26	0.006

图 4-17　水文地质剖面图

1—粘性土；2—砂；3—砂砾石；4—砂岩；5—页岩；6—石灰岩；7—地下水位

第五章　水利工程地质

人类为了开发利用河水资源，兴修了各类水工建筑物，如挡水建筑物（坝或闸）、泄水建筑物（泄洪隧洞或溢洪道）和取水或输水建筑物（引水隧洞或渠系建筑物）等，此外，还有水电站、航运船闸、鱼道、筏道等附属建筑物。由于这些水工建筑物都是修建在地壳表层上，并与自然界的地质体和地质环境相互作用，因此，在水利建设中常会遇到许多工程地质问题。本章主要介绍坝基岩体和隧洞围岩稳定问题，坝库区渗漏问题和水利环境地质问题，以及处理措施，并结合典型例子对坝址、坝型选择的工程地质条件进行分析。

第一节　坝基岩体稳定问题

拦河大坝是水利枢纽工程的主体建筑物。它的安全稳定是决定水利工程建设成败的关键。在大坝自重及水压力等外力作用下，可能导致坝基岩体产生的稳定问题主要有渗透稳定、沉降稳定和抗滑稳定三个方面。

一、渗透稳定问题

渗透稳定问题，是由坝基岩体中的渗透水流引起的。大坝建成水库蓄水后，坝上、下形成较大的水头差，将使坝基下的渗流水压力增高，渗流量加大，对坝基的稳定产生十分不利的影响。国内外因坝基失稳而遭到破坏的大坝事故中，大多都与坝基下渗流的不良作用有关。渗流对坝基稳定的影响，除了可使坝基岩体软化、泥化、溶蚀，并降低其强度外，还表现在以下两个方面。

1. 产生扬压力，削减了坝体的垂直荷重

扬压力是渗透水流作用在坝基底面的向上的压力。它由渗透压力和浮托力两部分组成（图 5-1）。渗透压力是在坝体上下游水头差（H_1）的作用下产生的静水压力，它的大小等于该作用点上的水头高度乘以水的重度（γ_ω），在上游面其值等于 $\gamma_\omega H_1$，在坝趾处等于零，呈三角形分布。浮托力是在下游水头（H_2）的作用下产生的静水压力，在坝基下它的大小处处相等，均等于 $\gamma_\omega H_2$，呈矩形分布。渗透压力是扬压力的主要组成部分。

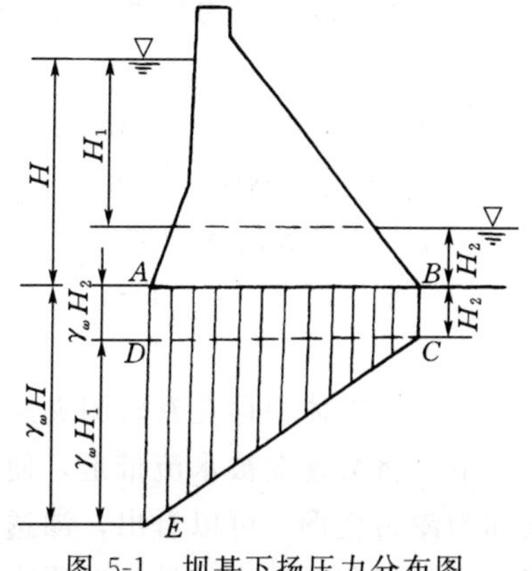

图 5-1　坝基下扬压力分布图

扬压力可以抵消一部分坝体的垂直荷重，因而降低了坝基岩体中的抗滑力，直接影响着坝基的抗滑稳定。如安徽省梅山连拱坝，坝高 88.2m，由 15 个垛和 16 个拱组成。坝基为细粒花岗岩，抗压强度在 100MPa 以上，其中右坝肩 14～16 号垛基下花岗岩轻微风化，厚度 1～5m，岩体中裂隙、断层发育，坝上、下游还各有一个冲沟，将坝肩岩体切割成半岛形，三面临空。1956年1月大坝建成后蓄水20多亿m^3，1962年11月6日发生了渗水现象，最大渗漏量为70L/s，14垛左侧有一个钻孔往外射水，水平射程达11m，这说明坝基下扬压力很高。后来，右岸岩体发生轻微滑移和张裂（图5-2），14、15、16号拱圈出现多条裂缝，拱垛也发生了偏斜，其中15号拱内缘混凝土裂缝自上而下长达28m，拱顶裂开6.6mm，使大坝处于很危险的状态中。后立即放空库水，经采取全面加固处理措施，至今运行正常。造成这一严重问题的原因是，坝基下的渗漏通道没有完全堵塞，渗流又不很通畅，从而导致裂隙中的渗透压力不断增大，引起坝基滑动和漏水。另外，断层和裂隙中所含的泥质，在渗流作用下强度不断降低，也是原因之一。

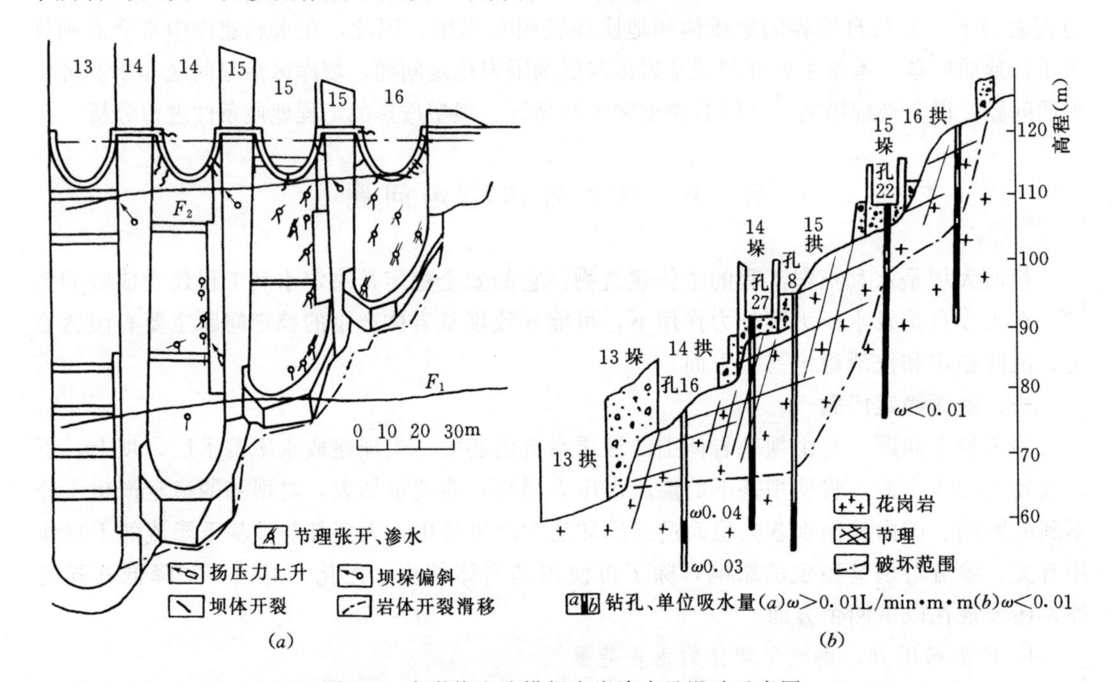

图5-2　安徽梅山连拱坝右岸渗水及滑动示意图

2. 产生动水压力，引起坝基沉陷变形甚至破坏

动水压力是渗透水流作用在岩（土）体上的冲动压力，其方向与渗流方向一致，其数值等于水的密度、水力坡度及渗流体积的乘积。若取一个单位体积进行计算，其表达式为

$$D=\rho_{\omega}\cdot i \tag{5-1}$$

式中　D——动水压力，t/m^3；

ρ_{ω}——水的密度，t/m^3；

i——渗流的水力坡度。

若取水的密度$\rho_{\omega}=1t/m^3$，则在数值上$D=i$。这说明渗流的水力坡度越大，其动水压力亦越大。

当坝基岩体中存在有软弱夹层或裂隙与溶洞中有充填物时，在渗流的冲刷及动水压力作用下，将会逐渐被水流带走，使坝基形成空洞，从而引起沉陷变形，甚至破坏。这种现象称为渗透变形。可以看出，渗透变形与渗流的地下潜蚀、流土、流砂、管涌相伴，它们都是人类工程活动中常见的地质灾害。例四川省永川陈食水库，为8跨浆砌条石连拱坝，坝区为侏罗系泥岩和砂岩。由于清基不彻底，有的拱放在裂隙发育且风化的泥岩上，又没有采取防渗措施。水库蓄水后，库水沿泥岩中裂隙向坝下游渗漏，裂隙不断被冲蚀扩大，3 号与 6 号拱背后分别有泉水溢出。当水库蓄水至 23m 时，3 号拱基岩体中一组宽达 20cm 陡倾的充泥裂隙发生渗透变形破坏，在潜蚀作用下扩大成洞，库水迅猛下泄，近 100 万 m^3 的库水在 10 多分钟内渲泄一空，坝基被冲蚀形成一个高 15m、宽 8m、深 7m 多的洞穴（图 5-3）。

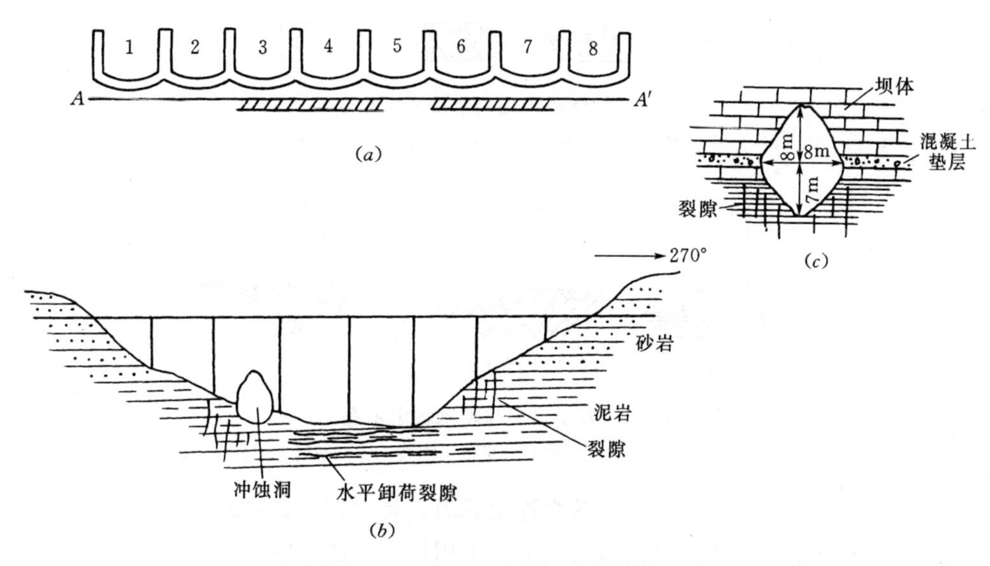

图 5-3 四川省永川陈食水库坝址管涌示意图

（*a*）平面图；（*b*）*A*—*A* 剖面示意图；（*c*）冲蚀洞剖面

二、沉降稳定问题

沉降稳定问题是坝基岩体产生过大垂直压缩变形而引起的，特别是发生不均匀沉陷时，可导致坝体裂缝、倾斜、甚至失稳破坏。只要坝基岩体的沉降量不超过设计规范的容许值，则对于大坝的安全和正常使用来说是允许的。

（一）沉降稳定问题的分析

一般由坚硬岩体组成的坝基，因本身强度高，压缩性小，往往沉降量很小。而由软弱岩体组成的坝基，则可产生较大的沉降变形。当坝基岩体由非均质岩层组成、且岩性差异显著时，将产生不均匀沉陷变形，如图 5-4 所示。此外，软弱夹层的产状及其在坝基下的分布位置对岩体变形也有很大影响。如软弱夹层的产状平缓且位于坝基表层时，易产生较大的沉降变形如图 5-5（*a*）；当软弱夹层位于坝趾附近时，因这里压应力集中，而岩体较软弱，受压易引起坝趾产生过大沉降变形，并导致坝身向下游歪斜倾覆，如图 5-5（*b*）；当软弱夹层位于坝踵附近时，主要受拉力作用，则可导致岩体被拉裂，如图 5-5（*c*）。所以，坝址应尽量选在均质的、抵抗变形能力强的岩体上。

（二）岩基容许承载力的确定

坝基岩体是否会产生沉降问题，除了上面的定性分析外，常用岩基容许承载力这个指标来定量评价。设计时，建筑物的荷载应控制在岩基容许承载力范围内，否则，需采取地

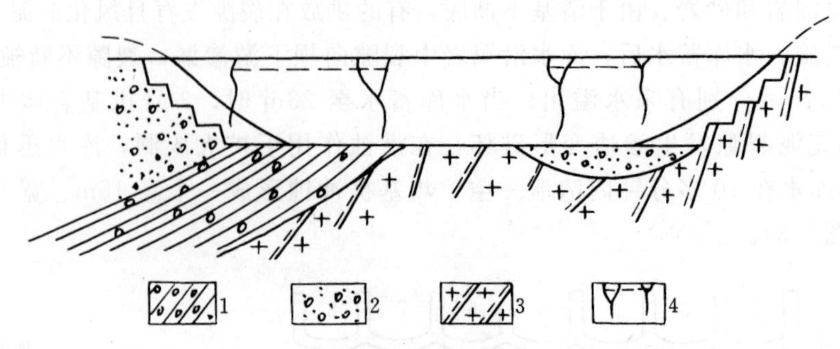

图 5-4　坝体因不均匀沉降而产生断裂

1—含砾石粘土；2—砂砾石；3—花岗片麻岩；4—沉降与裂缝

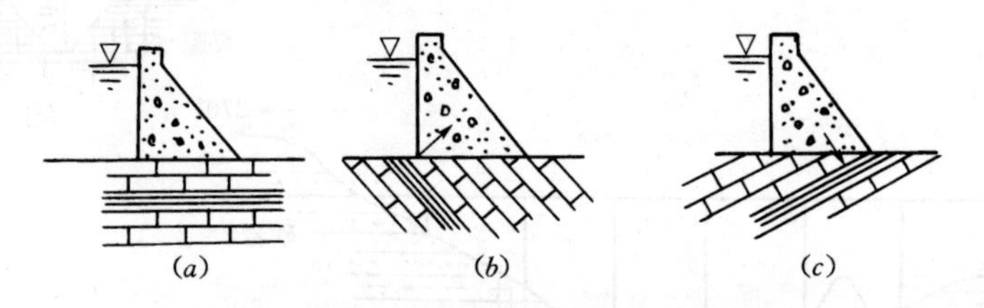

图 5-5　软弱夹层与坝基稳定示意图

(a) 水平夹层位于坝下；(b) 倾斜夹层位于坝踵；(c) 倾斜夹层位于坝趾

基处理、调整建筑物结构等措施。岩基容许承载力，是指在保证建筑物安全稳定和正常运用的前提下，岩石地基所能承受的最大压强。可用以下方法确定。

1. 公式计算法

它是根据岩石的单轴饱和极限抗压强度，结合岩石的坚硬程度和风化程度，经折减以后确定的。计算公式为

$$f_k = \xi \cdot R_b \tag{5-2}$$

式中　f_k——岩基容许承载力，kPa；

R_b——岩石单轴饱和极限抗压强度，kPa；

ξ——折减系数，其取值为特别坚硬岩石：1/20～1/25；一般坚硬岩石：1/10～1/20；软弱岩石：1/5～1/10；风化岩石：参照上述标准相应地降低25%～50%。

2. 查表法

根据野外对岩石的岩性和风化程度鉴别结果，可查表 5-1 确定岩基容许承载力。

岩基的承载力一般较高，大多能满足筑坝要求，故 f_k 往往不是设计中的控制性指标。

表 5-1　岩基容许承载力 f_k (kPa)

岩石类别	强风化	中等风化	微风化
硬质岩石	150～500	1500～2500	4000
软质岩石		550～1200	1500～2000

注　1. 对于微风化的硬质岩石，其承载力如取用大于4000kPa时，应由试验确定；

2. 对于强风化的岩石，当与残积土难以区分时按残积土考虑。

三、抗滑稳定问题

拦河大坝与其他工程建筑物最大的不同点在于它承受着巨大的水压力。在此力和其他工程力的作用下，常引起坝基岩体滑动破坏。抗滑稳定问题是混凝土坝最重要的工程地质问题。

（一）坝基滑动破坏的形式

混凝土坝的滑动破坏，往往发生在坝体与基岩接触面附近或坝下基岩内部，常见的破坏形式可分为表层滑动、浅层滑动和深层滑动三种类型（图 5-6）。

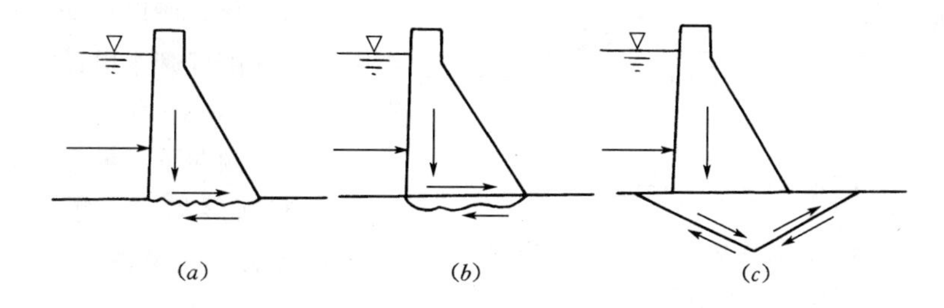

图 5-6　坝基滑动破坏的形式

（a）表层滑动；（b）浅层滑动；（c）深层滑动

（1）表层滑动　指坝体混凝土底面与基岩接触面发生滑动，如图 5-6（a），滑动面大致是平面。当基础处理欠佳，施工质量差，坝体与开挖的地基面粘结不牢时，易出现这种破坏形式。

（2）浅层滑动　指发生在坝基岩体浅层部位的滑动，如图 5-6（b），滑动面往往参差不齐。它发生在坝基浅部风化破碎层清除不彻底或浅部岩体内存在软弱夹层等情况下。

（3）深层滑动　指发生在坝基岩体较深部位的滑动，如图 5-6（c）。主要是沿软弱结构面发生滑动，局部地方也可发生剪切破坏。深层滑动是高坝需要研究的主要工程地质问题。

（二）坝基岩体深层滑动边界条件的分析

坝基岩体的深层滑动，一般是在四周被结构面切割，形成分离体，且有滑动面和可供滑出的自由空间的条件下才能形成（图 5-7）。可见，坝基岩体的滑动边界条件应包括切割面、滑动面和临空面。

（1）切割面　是指将岩体割裂开来，形成分离体的结构面，其上一般法向力很小或没有。通常由较陡的结构面构成。它可分为平行滑动方向的纵向切割面（图 5-7 中的 ADE 面和 BCF 面）和垂直滑移方向的横向切割面（图 5-7 中的 $ABFE$ 面）。

（2）滑动面　是指分离体沿之滑动，并产生较大摩擦阻力的结构面（图 5-7 中的 $ABCD$ 面），常由缓倾角（$<25°\sim30°$）软弱结构面构成。滑动面可以是单一的，也可以是由两组或三组结构面组合而成。坝基岩体的抗滑能力，主要取决于滑动面的工程地质特性。

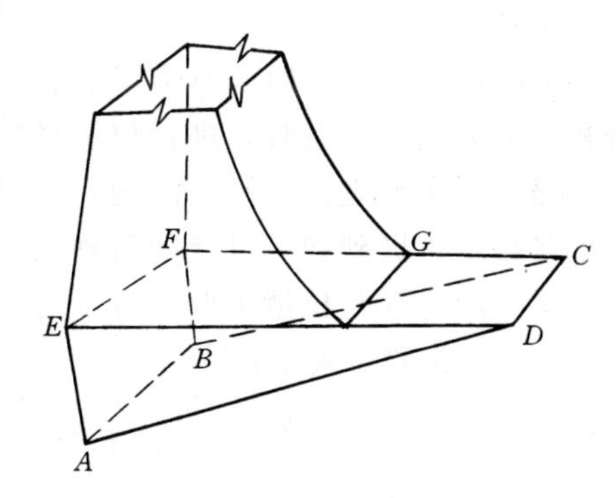

图 5-7　坝基岩体滑动边界条件示意图

滑动面—$ABCD$；切割面—ADE、BCF、$ABFE$；临空面—$CDHG$

（3）临空面　是指滑动岩体与变形空间相邻的面。变形空间一般是指岩体可向之滑动，而不受阻碍或阻力很小的自由空间。它可分为水平临空面和陡立临空面。水平临空面有坝趾下游的河床地面（图 5-7 中的 CDE 面）；陡立临空面一般与河流方向垂直，如河道中的深潭、深槽、冲刷坑等。另外，在滑动体的下

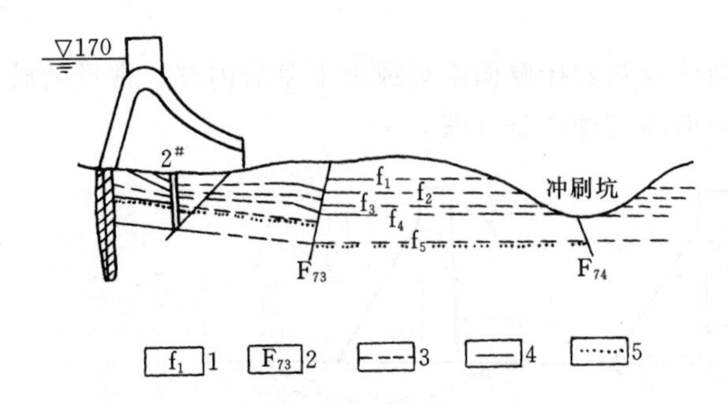

图 5-8　河床冲刷坑对坝基（肩）稳定的影响

（湖南双牌工程 6～7 号支墩地质纵剖面）

1—软弱夹层编号；2—断层；3—夹层面无夹泥；4—夹层面有夹泥；5—计算求出的滑移面

方，有与滑移方向近于正交的断层破碎带、裂隙密集带、较厚的软弱夹层、潜伏溶蚀带等存在，因受力时可能发生较大的压缩变化，所以也能起到临空面的作用。如湖南双牌水电站，为双支墩大头坝，坝高 58m。坝基为泥盆系砂岩和板岩互层，倾向下游偏左岩，倾角 7°～20°，且有断层切割。顺层面分布有 5 个软弱夹层，其摩擦系数仅为 0.42～0.48。大坝于 1961 年建成蓄水，右岸坝溢流，至 1970 年在坝址下游 86～90m 处形成一深达 18～20m 的冲刷坑（图 5-8），软弱夹层被冲刷出露，局部被掏空。这样坝基（6～7 号支墩）岩体就存在着以顺河断层 F_{101}、F_{102} 为纵向切割面，以软弱夹层为滑动面，向下游冲刷坑和 F_{74} 断层发出滑动的危险。70 年代末采取固结灌浆、帷幕灌浆和抗力体预应力锚固等措施后，才保证了大坝的安全，抗滑稳定安全系数由原来的小于 1 提高为 1.19。

坝基岩体在切割面、滑动面和临空面的分割包围下，可形成各种形状的滑动体，常见的有楔形体、锥状体、棱柱体、方块体和板状体等（图 5-9）。

对坝基岩体滑动边界条件和滑动体类型的分析，实质上就是对坝基岩体抗滑稳定性的定性评价。这是进行力学分析计算及定量评价的基础。经过定性分析，若坝基岩体内切割面、滑动面和临空面同时存在，可认为滑动边界条件具备，坝基岩体可能发生滑动；若三种面缺一，则可认为滑动边界条件不具备，坝基岩体是稳定的。

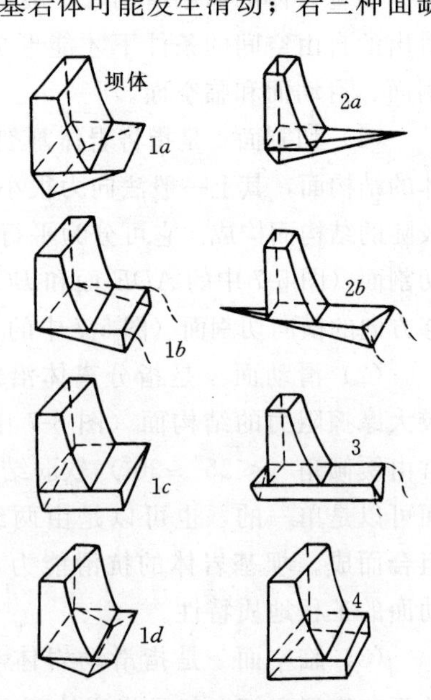

图 5-9　坝基下滑动体的形态

1—楔形体；2—锥状体；3—棱柱体；4—板状体

（三）坝基岩体抗滑稳定性计算

坝基岩体滑动边界条件具备以后，还需选择确定滑动面的抗剪强度指标（如摩擦系数 f 和粘聚力 C），分析滑动体的受力条件，进行抗滑稳定性计算。通常采用极限平衡原理，按平面问题，将作用在坝基岩体上的各种力投影到同一可能的滑动面上，并按其性质区分为滑动力和与抗滑力两部分，抗滑力与滑动力的比值称为抗滑稳定安全系数，即

$$K_C = \frac{\text{抗滑力}}{\text{滑动力}} \tag{5-3}$$

1. 表层滑动稳定性计算

当可能滑动面即坝体底面与基岩接触面为水平面或近似水平面时（图 5-10），作用在此面上的力主要有坝体自重、库水压力和渗流扬压力等。可用下列公式计算抗滑稳定安全系数：

$$K_C = \frac{f(\sum G - U)}{\sum H} \tag{5-4}$$

$$K'_C = \frac{f'(\sum G - U) + CA}{\sum H} \tag{5-5}$$

式中　K_C、K'_C——抗滑稳定安全系数，K_C 忽略了滑动面上的粘聚力（$C=0$），K'_C 则考虑了滑动面上的粘聚力（$C\neq 0$）；

$\sum G$——作用在滑动面上的各种垂直力的总和，kN；

$\sum H$——作用在滑动面上的各种水平力的总和，kN；

U——作用在滑动面上扬压力（包括浮托力 U_1 和渗透压力 U_2），kPa；

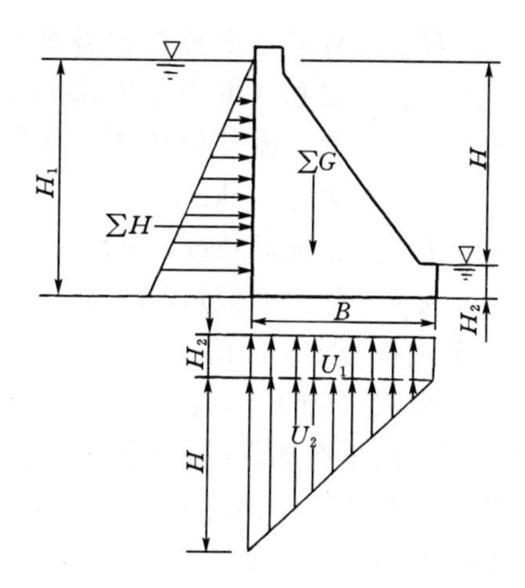

图 5-10　表层滑动稳定性计算示意图

f、f'——坝体混凝土与基岩接触面之间的摩擦系数，f 是由抗剪强度试验得出，f'则是由抗剪断试验得出的；

C——坝体混凝土与基岩接触面上的粘聚力，kPa；

A——滑动面的面积，m^2。

上面二式的共同点是，分子为坝基抗滑力，分母为滑动力；所不同的是，式（5-4）只考虑了摩擦力，而没有考虑粘聚力，而式（5-5）既考虑了摩擦力，又考虑了粘聚力。因此得出了两个不同的抗滑稳定安全系数 K_C 与 K'_C。当计算的 K_C 或 $K'_C<1$ 时，表示坝基岩体不稳定；当 K_C 或 $K'_C>1$ 时，则表示坝基岩体是稳定的。但工程设计中要求有一定的安全系数或稳定储备，对不同荷载组合与不同等级规模的建筑物来说，此值要求不同。一般规定是 $K_C\geqslant 1.05\sim1.10$ 或 $K'_C=2\sim3$，才说明坝基岩体是稳定的。

2. 浅层滑动稳定性计算

浅层滑动的滑动面往往分布于坝体底面与岩体接触面以下不深的风化层或软弱夹层中，故可将其简化为一水平面，用式（5-4）或式（5-5）计算。但应注意的是，计算时采用的抗剪强度指标，应为坝基浅部风化层或软弱夹层的 f、C 值，而不能采用混凝土与基岩间的抗剪强度指标。

3. 深层滑动稳定性计算

深层滑动边界条件复杂，受结构面组合形式的控制，滑动面的产状多为倾斜面。计算时，应将各垂直力和水平力换算为垂直于滑动面的法向力和平行于滑动面的下滑力。下面以楔形滑动体为例，不考虑侧向切割面的阻滑作用，取垂直于坝轴线方向的单宽剖面来计算。

（1）滑动面倾向上游时，如图 5-11（a）：

$$K'_C = \frac{f'(G\cos\alpha - U - H\sin\alpha) + CL}{H\cos\alpha - G\sin\alpha} \tag{5-6}$$

（2）滑动面倾向下游时，如图 5-11（b）：

$$K'_C = \frac{f'(G\cos\alpha - U + H\sin\alpha) + CL}{H\cos\alpha + G\sin\alpha} \tag{5-7}$$

式中　G——计算剖面范围内各种垂直力之和（主要是坝体和滑动体重量），kN；

H——计算剖面范围内各种水平力之和（主要是库水的水平推力、泥沙侧压力、地震惯性力等），kN；

L——滑动面长度，m；

α——滑动面倾角，°；

其他符号意义同前。

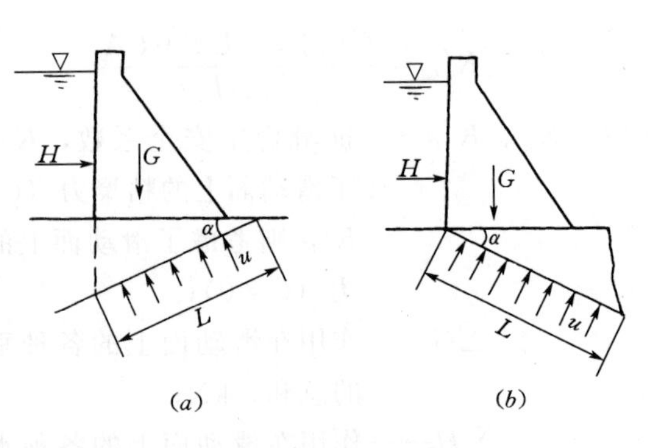

图 5-11　坝基深层滑动性稳定计算示意图

（a）单斜滑动面倾向上游；（b）单斜滑动面倾向下游

比较式（5-6）和式（5-7）不难看出，滑动面倾向下游比滑动面倾向上游的稳定性差（注意 $H\sin\alpha$ 及 $G\sin\alpha$ 在分子、分母中的正负号）。

在坝基岩体抗滑稳定计算中，抗剪强度指标（f、C）是极重要的数据。若计算中选用的 f、C 值比实际值偏小，因未能充分利用岩体自身的强度会造成工程的浪费；反之，选用的值偏大，将会给大坝的稳定程度造成假象，从而可能带来严重后果。因此，对大型水利工程必须通过室内与现场试验来求得抗剪强度指标 f、C 值；对无条件进行抗剪强度试验的中、小型水利工程，可参考经验数据（表 5-2）来确定。

表 5-2　　混凝土坝基岩体摩擦系数（f）经验数据表

坝基岩石特征		摩擦系数 f
极坚硬岩石	新鲜、均质，裂隙不发育，无软弱夹层存在，地基经过良好处理，湿抗压强度 $R_b>100$MPa，野外测得弹性模量 $E>2$ 万 MPa	0.65～0.75
坚硬岩石	新鲜或微风化，弱裂隙性，不存在影响坝基稳定的软弱夹层，地基经处理后，$R_b>60$MPa，$E>1$ 万 MPa	0.55～0.70
中等硬度岩石	新鲜或微风化，弱裂隙性或中等裂隙性，不存在影响坝基稳定的软弱夹层，地基经处理后，$R_b>20$MPa，$E>0.5$ 万 MPa	0.50～0.60
较软弱岩石	岩性为泥灰岩、泥质板岩、粘土岩、粘土质页岩等，$R_b<20$MPa	0.30～0.50

四、坝基处理与加固措施

通常改善坝基岩体稳定和渗漏条件的工程措施有清基、加固、防渗和排水等。

（一）清基

清基就是将坝基表层风化破碎的岩石、软弱土层或浅部的软弱夹层等清除掉，使坝体放在比较新鲜完整的岩体或较密实的松散层上。不同类型的坝及坝高对地基的要求不完全相同。如混凝土高坝（坝高>70m），一般要求开挖到新鲜坚硬岩体或微风化带；中坝（30～70m）要清到微风化或弱风化带的底部；低坝（<30m）可适当放宽。如果基岩是坚硬的，只是因为裂隙切割使其力学强度降低，为避免清基过深，可以考虑采取其他加固措施（如固结灌浆）。为了提高抗滑能力，清基时应使基岩表面略有不平如呈锯齿状，并造成一定的反坡。

（二）加固

提高坝基岩体局部或整体强度的加固措施有固结灌浆、锚固、混凝土塞（拱、键）等。

（1）固结灌浆　是通过在坝基打钻孔，将适宜的浆液（水泥浆、粘土浆或化学浆等）压入到基岩的裂隙和孔洞中，使破碎岩体胶结成整体，洞穴被堵塞，以增强基岩的强度。灌浆孔一般呈梅花形布置，孔距1.5～3.0m，孔深8～15m，特殊情况下可进行深孔固结灌浆。

(2) 锚固　是打钻孔穿过软弱结构面，深入到完整岩体中一定深度，插入预应力锚杆(钢筋或钢索)，回填水泥砂浆封闭，使岩体受一法向应力，上下连在一起。在条件允许时，也可采用大口径管柱（直径可达1m左右）进行锚固，以大大提高软弱结构面的抗滑能力。

(3) 混凝土塞（拱、键）　对近地表宽度（或厚度）较大的陡倾断层破碎带与软弱夹层，可在其中挖出一定深度的倒梯形槽子，然后回填混凝土，在剖面上形似塞子，如图5-12 (a)。也有的做成拱形，如图5-12 (b)，可减少混凝土的用量，拱可将荷载传递到两侧比较完整的岩体上。混凝土塞的厚度即开挖深度 (d)，可根据破碎带宽度 (b) 而定，当破碎带宽度较小 (b 为 0.1～2.0m) 时，d＝(1.5～20) b，但不得小于0.5m。混凝土支承面一般开挖成1∶0.5～1∶1的斜坡。对缓倾角的断层破碎带或较弱夹层，可采用挖硐的办法，按一定间距沿断层或夹层走向打平硐，硐的顶和底部切入坚硬岩层中，然后回填混凝土，形成混凝土键，又叫混凝土水平塞，如图5-12 (c)。

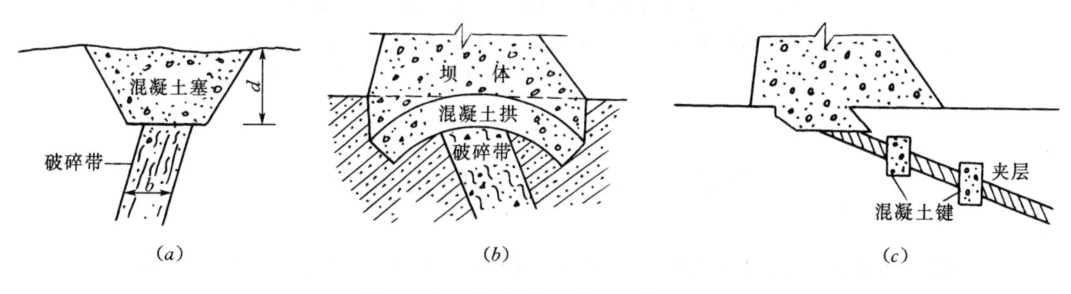

图5-12　混凝土塞、拱和键剖面图

(a) 混凝土塞；(b) 混凝土拱；(c) 混凝土键

（三）防渗和排水

坝基防渗处理的主要目的在于消除渗漏或控制渗流量；防止因渗漏而导致坝基岩体力学性质恶化；防止渗透变形，减小扬压力。一般坝基岩体裂隙发育时常用下面的防渗措施：

(1) 帷幕灌浆　是在坝的迎水面附近打钻孔，将配制的胶凝防渗材料浆液，以适当的压力灌入岩体的裂隙中，经凝固或胶结后形成隔水屏幕，称帷幕灌浆。灌浆孔距一般2～3m，设1～3排，排距1～2m。

帷幕的深度和长度，视坝基隔水层的分布和埋深而定。当隔水层埋深不大时，应尽量加以利用，使帷幕插入其中，以构成封闭式帷幕；当隔水层埋藏很深时，则作悬挂式帷幕。这时帷幕的深度可以根据对帷幕消减水头值的要求用公式计算，或根据坝高、作用水头和地质条件，结合工程开发的效益目标用经验方法来确定。如可根据一定坝高要求的透水率 q 来设置帷幕：高坝要求 $q>1$Lu；中坝 $q=1\sim3$Lu；低坝 $q=3\sim5$Lu。可见透水率 $q>1$ 或5Lu是设置防渗帷幕的一个重要判断指标，但不能视为唯一设置的指标。有时坝基的透水性很弱，但为降低坝底的扬压力或渗透变形，也须设置帷幕；而有的工程，对控制坝基渗漏量和扬压力的要求不高，仅对 $q>10$Lu 的地段设置帷幕。

(2) 排水孔　是在坝的迎水面附近打钻孔，通过抽水排泄渗到坝基岩体中的地下水，以降低渗透压力。

坝基岩体新鲜、裂隙不发育时，可以不设帷幕，以排水为主，设置排水孔；裂隙发育时，可以同时设置防渗帷幕和排水孔。为了有效降低扬压力，排水孔应设置在帷幕偏下游一侧，如图5-13所示。一般帷幕灌浆渗透压力折减系数 α_1 为0.4～0.5，排水孔渗透压力折减系数 α_2 为0.2～0.3。也就是说，经采取帷幕灌浆和排水措施后可将渗透压力减少约80%。

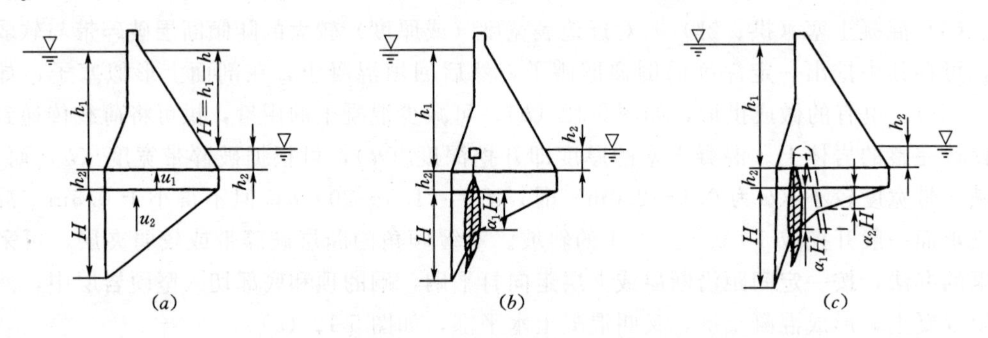

图5-13 坝基采取帷幕和排水措施后扬压力分布图

(a)无阻水及排水设施；(b)有阻水帷幕；(c)有阻水帷幕和排水设施

H—作用水头（$H=h_1-h_2$）；u_1—浮托力；u_2—渗透压力

第二节 隧洞围岩稳定问题

在山地和丘陵地区进行水利建设，常采用隧洞工程来引水发电、供水、灌溉、泄洪，以及施工导流。它的优点是线路短，水头损失小，养护条件好，使用年限长，能避开地表的一些不良地质现象和减少一些附属建筑物（如渡槽、挡土墙等）。隧洞的断面形状有矩形、圆形、城门洞形、马蹄形等。按隧洞是否承受内水压力，可分为无压隧洞和有压隧洞两种。由于隧洞开挖在地下岩体之中，故与周围地质环境有密切关系。因此，隧洞选线、隧洞围岩稳定性分析，以及山岩压力、弹性抗力和外力压力的确定是隧洞设计与施工的主要工程地质问题。

一、隧洞选线的工程地质条件与围岩分类

（一）隧洞选线的工程地质条件

1）洞口最好选基岩出露比较完整、地形下陡上缓的陡坡地段，并尽量垂直地形等高线（交角不宜小于30°）。要避开滑坡、崩塌、冲沟、泥石流等不良地质现象发育地段，避开山麓残积、坡积、洪积物等第四纪松散沉积物。洞口高程要高于百年一遇的洪水位。

2）洞身宜布置在较完整坚硬的岩体中。尽量避开强透水层（包括断层带、溶蚀洞穴）和大的冲沟等危险地段，以防止发生大的坍方和涌水。洞身周围应有足够的山体厚度，无压隧洞不宜小于1～3倍洞的跨度，有压隧洞上覆岩体厚度不得小于0.2～0.5倍内水压力水头。

3）洞线应与岩层走向与构造线走向垂直或大锐角相交（应大于35°）。在高地应力地区，洞线应与最大水平地应力方向一致，以防止隧洞开挖后围岩的变形与破坏。观测表明，垂直褶皱或断层走向的水平地应力，比沿走向的水平地应力大得多。

4）隧洞选线时要考虑避开影响围岩稳定和施工安全的不良地段，如可能产生地下水涌水、有害气体的冒出、高温及岩爆的地段。突发性涌水多出现在喀斯特发育地区、断层带及洞顶有大的河流经过的地方。洞线穿越煤系地层、石油地层及火山地层，有时会冒出沼气（CH_4）、二氧化碳（CO_2）、一氧化碳（CO）和硫化氢（H_2S）等有害气体。特别是沼气在空气中含量达5%～6%以上时就会发生“瓦斯爆炸”，其他气体超过一定含量（如H_2S超过0.1%）就能使人中毒死亡。在高山地区的深埋隧洞（深度>300～1000m），易出现高温、岩爆现象。

5）隧洞选线时，线路应尽量采取直线，避免或减少曲线和弯道。如采用曲线布置，根据现行规范要求，洞线转弯角应大于60°，曲率半径不小于5倍的洞径。

6）隧洞选线时还应注意充分利用沟谷地形，多开施工导洞，方便施工。如让洞线穿越多处山脊，除进出口两头有工作面外，还可沿沟谷打水平施工导洞，或在沟谷中打竖井作施工导洞，以增加工作面。

（二）隧洞围岩分类

所谓的隧洞围岩，是指隧洞开挖后应力重新分布影响范围内的岩体，此范围一般为隧洞半径的5～6倍（图5-14）。现代地质测量证实，隧洞开挖后围岩有一应力降低区（松动圈）和应力增高区（承载圈），其外就是原始应力区。靠近洞壁由于地应力集中或超过岩体强度，围岩便向洞内产生松胀变形、甚至破坏，如洞顶坍方、侧壁滑塌、洞底鼓胀、岩爆等。隧洞围岩变形破坏的形式主要与地层岩性、地质构造和水文地质条件等有关。

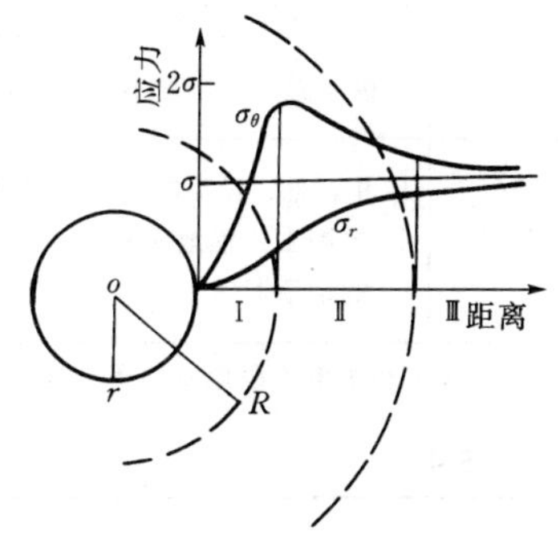

图5-14　隧洞围岩的松动圈和承载圈

Ⅰ—松动圈（应力降低区）；Ⅱ—承载圈（应力升高区）；Ⅲ—天然状态圈（原始应力区）
σ—初始应力；σ_r—径向应力；σ_θ——切向应力

在生产实践中，通常选择几条洞线方案，经过工程地质勘察，比较不同方案的优缺点，最后选择一条最优方案供实施。隧洞在选线或设计方案比较时，常用围岩分类方法。表5-3是我国水工隧洞围岩工程地质分类方案，可供参考。此分类方案以控制围岩稳定的岩石强度、岩体完整程度、结构面状态、地下水和主要结构面产状五项因素之和的总分为基本判据，围岩强度应力比为限定判据，其计算公式为

$$T = A + B + C + D + E \tag{5-8}$$

$$S = \frac{R_b \cdot K_V}{\sigma_m} \tag{5-9}$$

式中　T——围岩总评分；

S——围岩强度应力比；

A——岩石强度评分（见表5-4）；

B——岩体完整程度评分（见表5-5）；

C——岩体结构面状态评分（见表5-6）；

D——地下水评分（见表5-7）；

E——岩体主要结构面产状评分（见表5-8）；

R_b——岩石饱和单轴抗压强度，MPa；

K_v——岩体完整性系数，$K_v=(V_{pm}/V_{pr})^2$；

σ_m——围岩的最大主应力，MPa。

表 5-3　　水工隧洞围岩工程地质分类

围岩类别	围岩稳定性	围岩总评分 T	围岩强度应力比 S	支护类型
Ⅰ	稳定。围岩可长期稳定，一般无不稳定块体	$T>85$	>4	不支护或局部锚杆或喷薄层混凝土。大跨度时，喷混凝土、系统锚杆加钢筋网
Ⅱ	基本稳定。围岩整体稳定，不会产生塑性变形，局部可能产生掉块	$85\geqslant T>65$	>4	
Ⅲ	局部稳定性差，围岩强度仅是局部会产生塑性变形，不支护可能产生塌方或变形破坏。完整的较软岩，可能暂时稳定	$65\geqslant T>45$	>2	喷混凝土、系统锚杆加钢筋网。跨度为 20～25m 时，并浇筑混凝土衬砌
Ⅳ	不稳定。围岩自稳时间很短，规模较大的各种变形和破坏都可能发生	$45\geqslant T>25$	>2	喷混凝土、系统锚杆加钢筋网，并浇筑混凝土衬砌
Ⅴ	极不稳定。围岩不能自稳，变形破坏严重	$T\leqslant 5$		
备注	1. Ⅱ、Ⅲ、Ⅳ类围岩，当其强度应力比小于本表规定时，围岩类别宜相应降低一级； 2. 本围岩工程地质分类不适用于埋深小于 2 倍洞径或跨度的地下洞室和特殊土、喀斯特洞穴发育地段的地下洞室。			

(引自《水利水电工程地质勘察规范》GB 50287—99)

表 5-4　　岩石强度评分

岩质类型	硬质岩		软质岩	
	坚硬岩	中硬岩	较软岩	软岩
饱和单轴抗压强度 R_b (MPa)	$R_b>60$	$60\geqslant R_b>15$	$15\geqslant R_b>5$	$R_b\leqslant 5$
岩石强度评分 A	30～20	20～10	10～5	5～0
备注	1. 岩石饱和单轴抗压强度大于 100MPa 时，岩石强度的评分为 30； 2. 当岩石完整程度与结构面状态评分之和小于 5 时，岩石强度评分大于 20 的，按 20 评分			

表 5-5　　岩体完整程度评分

岩体完整程度		完整	较完整	完整性差	较破碎	破碎
岩体完整性系数 K_V		$K_V>0.75$	$0.75\geqslant K_V>0.55$	$0.55\geqslant K_V>0.35$	$0.35\geqslant K_V>0.15$	$K_V\leqslant 0.15$
岩体完整性评分 B	硬质岩	40～30	30～22	22～14	14～6	<6
	软质岩	25～19	19～14	14～9	9～4	<4
备注	1. 当 $60\text{MPa}\geqslant R_b>30\text{MPa}$，岩体完整性程度与结构面状态评分之和 >65 时，按 65 评分； 2. 当 $30\text{MPa}\geqslant R_b>15\text{MPa}$，岩体完整性程度与结构面状态评分之和 >55 时，按 55 评分； 3. 当 $15\text{MPa}\geqslant R_b>5\text{MPa}$，岩体完整性程度与结构面状态评分之和 >40 时，按 40 评分； 4. 当 $R_b\leqslant 5\text{MPa}$，属特软岩，岩体完整性程度与结构面状态不参加评分					

二、隧洞设计的工程地质问题

在水工隧洞设计中，准确地确定围岩的山岩压力、弹性抗力以及外水压力，是涉及隧洞稳定和进行支护衬砌的三个主要工程地质问题。

表 5-6 岩体结构面状态评分

结构面状态	张开度 W (mm)	闭合 W<0.5		微张 0.5≤W<5.0									张开 W≥5.0	
	充填物	—		无充填			岩屑			泥质			岩屑	泥质
	起伏粗糙状况	起伏粗糙	平直光滑	起伏粗糙	起伏光滑或平直粗糙	平直光滑	起伏粗糙	起伏光滑或平直粗糙	平直光滑	起伏粗糙	起伏光滑或平直粗糙	平直光滑	—	—
结构面状态评分 C	硬质岩	27	21	24	21	15	21	17	12	15	12	9	12	6
	较软岩	27	21	24	21	15	21	17	12	15	12	9	12	6
	软岩	18	14	17	14	8	14	11	8	10	8	6	8	4
备注	1. 结构面的延伸长度小于 3m 时，硬质岩、较软岩的结构面状态评分另加 3 分，软岩加 2 分；结构面延伸长度大于 10m 时，硬质岩、软弱岩的结构面状态评分减 3 分，软岩减 2 分； 2. 当结构面张开度大于 10mm，无充填时，结构面状态的评分为零。													

表 5-7 地 下 水 评 分

活动状态			干燥到渗水滴水	线状渗流	涌水
水量 q（L/min·10m 洞长）或压力水头 H（m）			$q\leqslant25$ 或 $H\leqslant10$	$25<q\leqslant125$ 或 $10<H\leqslant100$	$q>125$ 或 $H>100$
基本因素评分 T	$\geqslant T>85$	地下水评分 D	0	0～−2	−2～−6
	$85\geqslant T>65$		0～−2	−2～−6	−6～−10
	$65\geqslant T>45$		−2～−6	−6～−10	−10～−14
	$45\geqslant T>25$		−6～−10	−10～−14	−14～−18
	$T\leqslant25$		−10～−14	−14～−18	−18～−20
备注	基本因素评分 T 系前述岩石强度评分 A、岩体完整性评分 B 和结构面状态评分 C 的和				

表 5-8 岩体主要结构面产状评分

结构面走向与洞轴线夹角		90°～60°				<60°～30°				<30°			
结构面倾角		>70°	70°～45°	<45°～20°	<20°	>70°	70°～45°	<45°～20°	<20°	>70°	70°～45°	<45°～20°	<20°
结构面产状评分 E	洞顶	0	−2	−5	−10	−2	−5	−10	−12	−5	−10	−12	−12
	边墙	−2	−5	−2	0	−5	−10	−2	0	−10	−12	−5	0
备注		按岩体完整程度分级为完整性差、较破碎和破碎的围岩，不进行主要产状评分的修正											

（一）山岩压力

隧洞开挖后，由于围岩变形破坏形成的松动岩体，施加于隧洞支护或衬砌上的压力，称为山岩压力，实质上就是应力降低区范围内破裂岩体的重量。它与地应力不是一个概念，地应力是隧洞围岩的内部应力；而山岩压力是施加于隧洞本身的外力。在坚硬完整的岩体中开挖隧洞，岩体强度能适应地应力的变化，隧洞不需要支护即能保持稳定，一般不存在山岩压力。反之，软弱岩体易产生塑性变形和松动破坏，就形成很大山岩压力，如不及时支护，塌方的高度和宽度将会不断扩展，甚至形成冒顶。因此，山岩压力的大小是隧洞设计临时性支护，以及长期性衬砌时的一项重要地质参数。下面介绍几种确定山岩压力的方法。

1. 平衡拱法

平衡拱法由前苏联学者普洛托基雅克诺夫提出，原用于松散层，后被推广用到坚硬岩体中，该法认为隧洞开挖后形成一定高度的抛物线形塌落拱，拱上岩体呈自然平衡状态，故称平衡拱（图 5-15）。拱下变形破裂的岩体重量即为山岩压力。

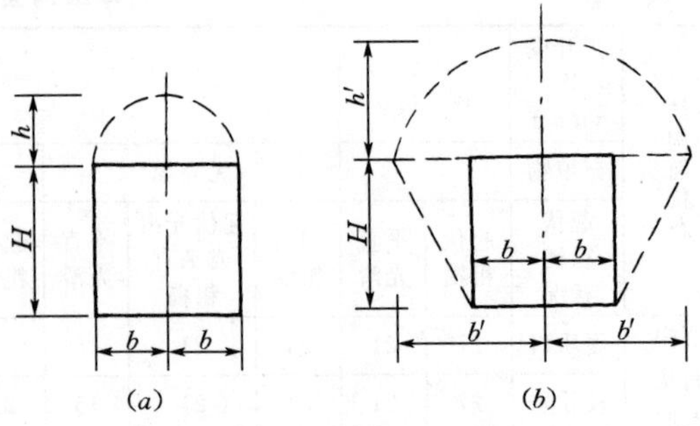

图 5-15　平衡拱示意图

（a）洞侧壁稳定；（b）洞侧壁不稳定

隧洞侧壁稳定时，如图 5-15（a），洞顶山岩压力为

$$p=\frac{2}{3}\gamma(2b)h \tag{5-10}$$

侧壁不稳定时，如图 5-15（b），洞顶山岩压力为

$$p'=\frac{2}{3}\gamma(2b')h' \tag{5-11}$$

式中　p、p'——洞顶单位长度的山岩压力，kN/m；

γ——变形破坏岩体的重度，kN/m^3；

b——隧洞开挖跨度之半，m；

b'——平衡拱跨度之半，m；

h、h'——平衡拱高度，m。

若洞壁是铅直的，当其发生侧壁滑塌时，滑动面与侧壁的夹角为 $\alpha=45°-\frac{\varphi}{2}$，如图 5-15（b），则 b' 为

$$b'=b+H\mathrm{tg}\left(45°-\frac{\varphi}{2}\right) \tag{5-12}$$

式中　H——隧洞开挖高度，m；

φ——岩石的内摩擦角，°。

平衡拱的高度与围岩的性质和平衡拱的跨度有关，计算式为

$$h=b/f_k \tag{5-13}$$

$$h'=b'/f_k \tag{5-14}$$

式中　f_k——岩石的坚固系数。对粘性土 $f_k=\mathrm{tg}\varphi+\frac{c}{\sigma}$；对砂性土 $f_k=\mathrm{tg}\varphi$；对固结岩石 $f_k=\frac{R_b}{100}$。其中 σ 为洞顶岩土层的自重应力，kPa；R_b 为岩石的饱和抗压强度，kPa。

常见岩土的坚固系数经验值列于表 5-9 中，可供参考。

2. 岩体结构分析法

岩体结构分析法是根据地质勘察资料，分析岩体中软弱结构面的发育规律及其组合关系，确定分离体的形状和滑动面，再用极限平衡理论计算山岩压力。常见的分离体形状有

表 5-9　　　　　　　　　　　　　　　各种岩土的 f_k 值

岩石级别	岩　石　名　称	坚固系数 f_k
Ⅰ～Ⅴ	非常坚硬的中细粒花岗岩、闪长岩、辉长岩、辉绿岩、玄武岩、安山岩、粗面岩、片麻岩、石英岩、玢岩、非常坚固的石灰岩等	14～25 或更大
Ⅵ	粗粒花岗岩、正长岩、非常坚固的白云岩、硅质胶结的砂岩、砾岩等	12～14
Ⅶ	白云岩、大理岩、坚固的石灰岩、钙质胶结致密砂岩、坚固的砂质页岩等	10～12
Ⅷ	强风化的花岗岩、片麻岩、正长岩、致密灰岩、钙质砂质页岩等	8～10
Ⅸ	角砾状花岗岩、泥质石灰岩、泥质砂岩等	6～8
Ⅹ	钙质砾岩、风化泥质砂岩、坚固的泥质页岩、坚固的泥灰岩、泥板岩等	4～6
Ⅺ	凝灰岩、贝壳石灰岩、中等硬度的页岩泥灰岩	2～4
Ⅻ	硅藻岩及软白垩岩、胶结不良的砾岩、角砾岩、不坚固的页岩、泥板岩及石膏等	1.5～2
XⅢ	重壤土、带土的碎石、卵石、石块、粘土含碎石、黄土及盐土等	1.0～1.5
XⅣ	肥粘土、重壤土、大砾石及含砾石的壤土等	0.8～1.0
XⅤ	黄土类轻壤土、疏松黄土、软盐土和砂壤土等	0.6～0.8
XⅥ	砂、砂壤土、腐殖土及泥炭等	0.5～0.6

锥状、楔状和柱状三种。

(1) 洞顶为楔形分离体或方柱分离体　如图 5-16 (*a*)、(*b*)。此时易形成洞顶坍方，在不考虑软弱结构面的强度时，则沿洞轴单位洞长上的山岩压力为

$$p = n\gamma AH \tag{5-15}$$

式中　p——洞顶山岩压力，kN/m；

n——分离体形状系数，尖顶块 $n=1/2$，方顶块 $n=1$；

γ——岩体重度，kN/m^3；

A——分离体宽度，m；

H——分离体高度，m。

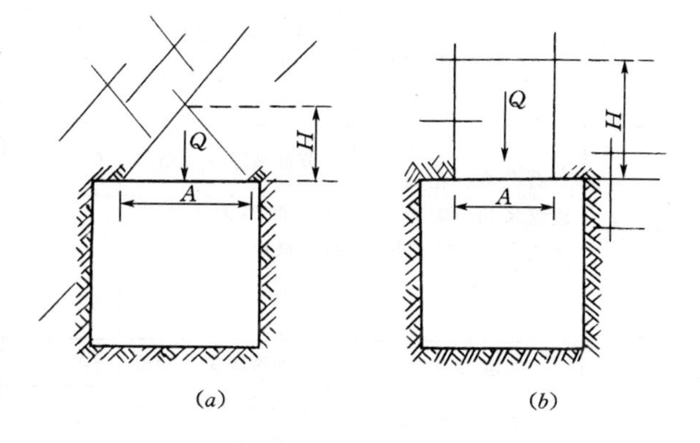

图 5-16　洞顶分离体塌落时山岩压力计算示意图
(*a*) 楔形分离体；(*b*) 方柱形分离体

(2) 洞顶或洞壁为斜方柱分离体　如图 5-17 (*a*)，(*b*)。此时洞顶或洞壁易产生滑坍，计算时主要考虑滑动面 (*cd* 面) 的抗滑稳定性和山岩压力的作用方向，其计算公式为

洞顶　$$P_1 = (T - N\text{tg}\varphi)\sin\alpha \tag{5-16}$$

洞壁　$$P_2 = (T - N\text{tg}\varphi)\cos\alpha \tag{5-17}$$

式中　P_1、P_2——分别为洞顶、洞壁山岩压力，kN/m；

T——分离体自重 Q 在滑动面上的滑动分力，即 $T = Q\sin\alpha$，kN/m；

N——分离体自重 Q 在滑动面上的法向分力，即 $N = Q\cos\alpha$，kN/m；

φ——滑动面的内摩擦角，°；

α——滑动面的倾角，°。

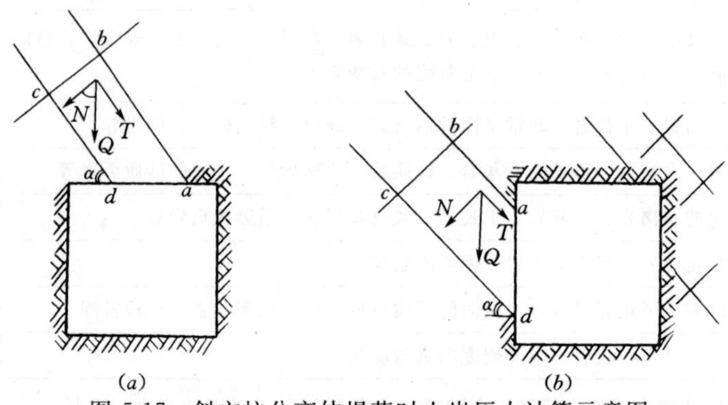

图 5-17 斜方柱分离体塌落时山岩压力计算示意图

(*a*) 洞顶斜方柱分离体；(*b*) 侧壁斜方柱分离体

3. 经验数据法

经验数据法是根据我国已建水利水电工程的经验，采用山岩压力系数来计算山岩压力。山岩压力系数 S 如表 5-10 所列。

表 5-10　　山岩压力系数与岩石单位弹性抗力系数参考表

岩石坚硬程度	代表性岩石名称	节理裂隙多少或风化程度	山岩压力系数 S		有压隧洞的弹性单位抗力系数 K_0 [MN/(m²·m)]	无压隧洞的单位弹性抗力系数 K_0 [MN/(m²·m)]
			铅直的 S_z	水平的 S_x		
坚硬岩石	石英岩、花岗岩、流纹斑岩、安山岩、玄武岩、厚层硅质灰岩等	节理裂隙少、新鲜	0～0.05		10000～20000	2000～5000
		节理裂隙不太发育、微风化	0.05～0.1		5000～10000	1200～2000
		节理裂隙发育、弱风化	0.1～0.2		3000～5000	500～1200
中等坚硬岩石	砂岩、石灰岩、白云岩、砾岩等	节理裂隙少、新鲜	0.05～0.1		5000～10000	1200～2000
		节理裂隙不太发育、微风化	0.1～0.2		3000～5000	800～1200
		节理裂隙发育，微风化	0.2～0.3	0～0.05	1000～3000	200～800
软弱岩石	砂页岩互层、粘土质岩石、致密的泥灰岩等	节理裂隙少、新鲜	0.1～0.2		2000～5000	500～1200
		节理裂隙不太发育、微风化	0.2～0.3	0～0.05	1000～2000	200～500
		节理裂隙发育、微风化	0.3～0.5	0.05～0.1	小于 1000	小于 200
松软岩石	严重风化破碎带及十分破碎的岩石、断层破碎带等		0.3～1.0 或更大	0.05～0.5 或更大	小于 500	小于 100

注　表中 S_z 为铅直方向的山岩压力系数；S_x 为水平山岩压力系数。假设山岩压力为均匀分布，计算公式如下：$P_z=S_z\gamma B$；$P_x=S_x\gamma H$；式中 P_z 为均匀分布的铅直山岩压力（kN/m²）；P_x 为均匀分布的水平山岩压力（kN/m²）；γ 为岩石的重度（kN/m³）；B、H 分别为隧洞开挖宽度和高度（m）。

（二）弹性抗力

水工发电隧洞大部分是有压隧洞，隧洞的内水压力通过衬砌传递到围岩上，这时围岩为抵抗压缩变形而产生的反作用抗力，称为弹性抗力，如图 5-18 所示。可用下式表示：

$$P = K \cdot y \tag{5-18}$$

式中 P——围岩的弹性抗力，MPa；

y——洞壁的径向变形，cm；

K——围岩的弹性抗力系数，MPa/cm。

弹性抗力的大小常用弹性抗力系数 K 表示，即

$$K = \frac{P}{y} \tag{5-19}$$

式中 P——围岩承受的内水压力，MPa。

由式（5-19）可知，弹性抗力系数 K 是指隧洞围岩产生一个单位变形所需施加的内水压力值。弹性抗力大的岩石可以降低部分内水压力，从而可减小衬砌厚度。如我国云南以礼河水电站的高压隧洞，洞身穿越坚硬的玄武岩，围岩抗力很大（约为设计内水压力的 83%～86%），这样就可节省大量衬砌材料，降低了工程造价。

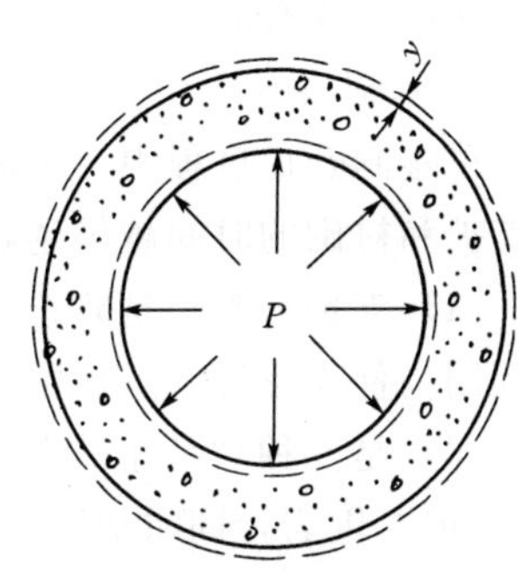

图 5-18　在内水压力作用下的洞径变形

弹性抗力系数 K 与隧洞半径大小有关，同一岩体中，隧洞半径越大，K 值越小。为此需要用统一标准表示 K 值。在水工建筑中常采用隧洞半径为 100cm 的单位弹性抗力系数 K_0 表示，即

$$K_0 = K \frac{R}{100} \tag{5-20}$$

式中 K_0——围岩的单位弹性抗力系数，MPa/cm；

R——隧洞开挖半径，cm。

围岩的弹性抗力系数可通过野外试验直接测定。中小型工程常用经验数据来确定。表 5-10 中所列的 K_0 值，是我国水利电力部门总结已建成隧洞的经验值，可供参考。

（三）外水压力

外水压力是指作用在隧洞衬砌上的地下水静水压力。其大小主要由隧洞围岩的水文地质条件（如水位的埋深、压力水头的大小、岩石的透水性等）和隧洞设计及施工情况所决定。工程实践证明，作用在衬砌上的外水压力并不都等于其全部水头值，外水压力实际作用面积也不等于全部衬砌面积，所以计算外水压力时需将二者折减，即

$$P_w = \alpha \cdot \beta \cdot \gamma_w \cdot h_w \cdot A \tag{5-21}$$

式中 P_w——外水压力，kN；

h_w——作用在隧洞顶衬砌表面之上的地下水水头值，m；

A——隧洞衬砌表面的设计面积，m^2；

γ_w——水的重度，kN/m^3；

α——面积折减系数（见表 5-11）；

β——水头折减系数（见表 5-11）。

表 5-11　　外水压力折减系数 α、β 值参考表

围岩透水性及裂隙情况	α		β	
	未灌浆	已灌浆	未设排水	已设排水
岩石破碎，裂隙很发育，透水性强	0.8～1.0	0.6～0.9	0.8～1.0	0.5～0.8
岩石较破碎，裂隙较发育，透水性较弱	0.6～0.8	0.5～0.7	0.6～0.8	0.4～0.7
岩石完整，裂隙不发育，透水性微弱	0.4～0.6	0.3～0.5	0.4～0.6	0.3～0.5

三、提高隧洞围岩稳定性的措施

提高隧洞围岩稳定性的措施主要有两个方面：一是对围岩采取加固措施，赋于岩体一定强度，使其稳定性有所提高；二是采取合理的施工方法，尽量减小对围岩的扰动和破坏，保护其原有的稳定性。

1. 加固围岩

在隧洞开挖过程中，为保证施工安全和维护围岩稳定，一般都需进行支护和衬砌，而且支护和衬砌的时间越早越好，这样可以防止隧洞开挖后围岩变形的发展。

（1）支护　支护是防止围岩坍塌的临时性工程措施，过去常用木支撑、钢支撑及混凝土预制构件支撑等。近代国内外多采用锚杆支护，锚杆能把松动岩块与稳定岩体牢固地联在一起，是一种“悬吊式”支护，它与一般支撑不同点在于：利用（稳固的）围岩支护（松动的）围岩，同时加强了松动岩体本身的整体性和坚固性，这样可以缩小开挖断面和节省大量支撑材料。

（2）衬砌　衬砌是维护隧洞围岩稳定的永久性工程措施，它的作用主要在于：承受山岩压力、内水压力和外水压力；封闭围岩裂缝，减小隧洞的糙率等。衬砌的厚度和材料往往取决于岩石的性质，如坚硬的岩石一般要求 20～30cm，特别坚固或裂隙稀少的岩石甚至可以不衬砌；中等坚硬岩石一般 40～50cm，衬砌材料为混凝土；软弱岩石及松散层则要求 50～150cm 或更厚，衬砌材料为钢筋混凝土。

喷射混凝土衬砌是近代隧洞的新型支护方法。它往往与锚杆（或钢拱架及钢丝网）结合起来使用，形成喷锚支护法，亦称“新奥法”（NATM）。它与常规的支护方法相比，具有开挖断面小，节省支衬材料，岩体稳定性好，施工速度快等优点，如图 5-19 所示。

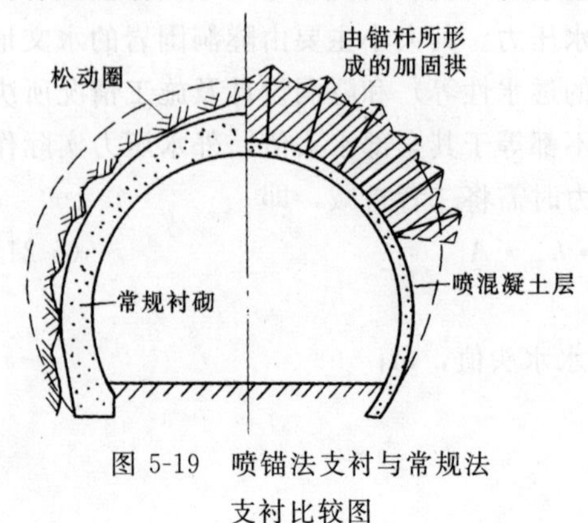

图 5-19　喷锚法支衬与常规法支衬比较图

2. 保护围岩

在隧洞施工过程中，应根据围岩的地质条件，选择合理的施工方法和方案，减少对围岩的扰动。如围岩稳定性好的可进行全断面一次开挖；较稳定的围岩可采用导洞全面开挖、连续衬砌的施工方法；对稳定性差的围岩可采用分部开挖、分部衬砌，逐步扩大断面的施工方法。施工采用对围岩扰动最小的全断面隧洞掘进机开挖（简称 TBM 法）或控制围岩轮廓线的光面（或预裂）爆破，不仅可减少对围岩的扰动，还可避免过度超欠挖，有利于提高洞壁面的平整度。在第四纪松散层中掘进成洞，可用“冷冻法”和与TBM法相拟的“盾构法”。我国正在实施中的南水北调工程，其穿越黄河输水隧洞将用盾构法施工。

第三节　坝库区的渗漏问题

拦河筑坝蓄水以后，库水在适宜的地形、地质条件下，将会通过坝、库区的透水层和透水带向河谷下游或库外渗漏，不仅减少水库蓄水量甚至水库不能蓄水，影响工程的效益，而且还使坝基产生渗漏变形，危及大坝安全。

一、坝区渗漏的地质条件

坝区渗漏包括坝基渗漏和坝肩渗漏（绕坝渗漏）。由于这里水头差最大，渗漏途径最短，因而渗漏量可能很大。在工程地质勘察中，应当特别重视坝区渗漏问题。

坝区渗漏的形式一般有均匀渗漏和集中渗漏两种，前者是通过第四纪松散层（如砂砾石）等的渗漏，后者是通过较大的断裂破碎带和喀斯特洞穴的渗漏。

（一）第四纪松散层坝区的渗漏分析

对于修筑拦河大坝来说，所指的松散层主要是第四纪以来河谷中沉积的冲积层和冲洪积层，其中的砂砾石、卵石层，往往具有较强的透水性，如作为坝基或坝肩，不但造成大量渗漏，而且会导致溃坝事故。如美国斯奈克河上游高达123m的特顿土坝，1976年6月5日竣工后初次蓄水，将满库时大坝溃决，3.6亿m^3库水突袭了下游的农庄和内达华豪尔兹等城市，有450个农场受灾，淹没农田约150km^2，7000多间房屋倒坍，14人丧生，伤达1000多人，灾害损失上亿美元。该坝基岩为裂隙发育的凝灰岩，其上覆盖约30m厚的河床松散沉积物。为此，在坝下设置了深达20m的止水齿墙。由于坝下渗漏，使右岸上半部齿墙材料内部潜蚀以至形成管涌，迅速引起坝体连续破坏，如图5-20所示。

在研究松散层坝区渗漏问题时，首先应弄清透水层在纵向及横向上的沉积变化规律，

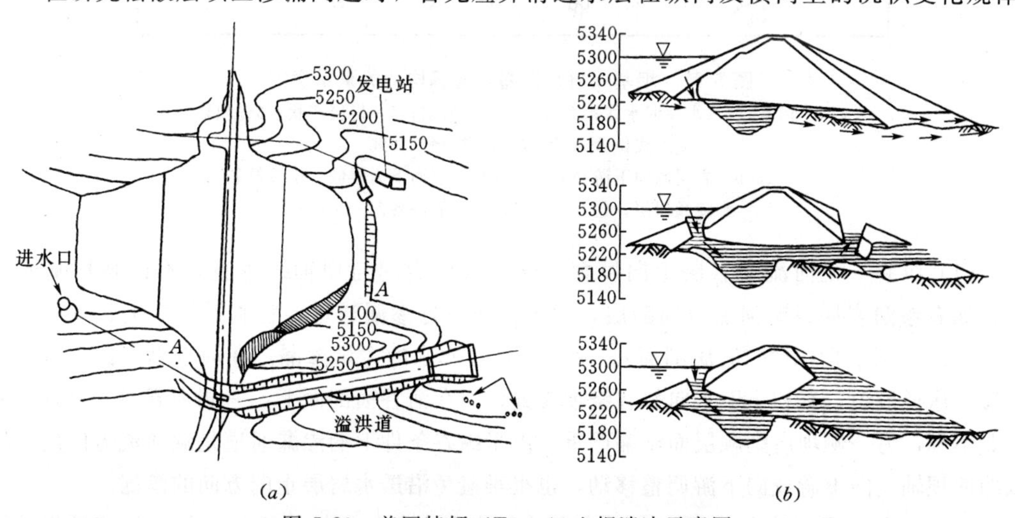

图5-20　美国特顿（Teton）土坝溃决示意图

（a）溃坝之前右岸头漏水发展顺序图；（b）右岸坝肩逐渐破坏过程图

因为它控制着坝区渗漏的边界条件；其次要详细了解松散层的岩性特征（如孔隙性、密实程度等），岩性决定着透水性和渗漏量的大小。

（二）基岩坝区的渗漏分析

基岩坝区的渗漏通道主要有可溶岩地区的各种喀斯特洞穴，非可溶性岩石地区的裂隙密集带和断层破碎带等。其次为多孔隙的火山喷出岩（如玄武岩等）、胶结不良的砂砾岩、古风化壳等。基岩坝区的渗漏问题除与岩性有关外，还主要受地质构造与河谷地貌所控制。如在倾斜构造或在褶皱构造发育的沉积岩地区，常见的河谷构造有纵谷、斜谷和横谷三种形式（图 5-21）。

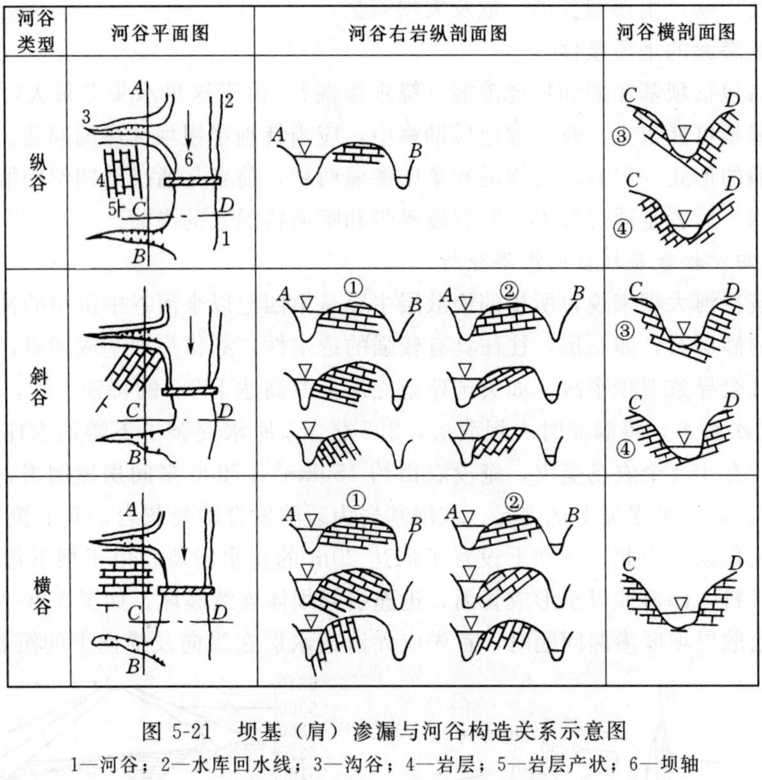

河谷类型	河谷平面图	河谷右岩纵剖面图	河谷横剖面图
纵谷			
斜谷			
横谷			

图 5-21　坝基（肩）渗漏与河谷构造关系示意图

1—河谷；2—水库回水线；3—沟谷；4—岩层；5—岩层产状；6—坝轴线位置 A-B、C-D—纵横剖面线

①、②—岩层倾向下游和上游，倾角自上而下为缓倾、中等倾斜和陡倾岩层；③、④—横剖面上岩层各向一岸倾斜

（1）纵谷　是河流沿岩层走向发育，这时岩层走向与坝轴线垂直，不论是坝基或坝肩，如有渗漏岩层或顺河流方向断层，都可构成良好渗漏通道，特别是坝肩上、下游有沟谷地形时（图 5-21 中的 A-B 剖面），则更易形成库水的大量渗漏。在河谷纵剖面上，沿层面渗流途径最短，有利于库水向邻谷绕坝渗漏；而在河谷横剖面上，一侧坝肩渗入良好，而排泄不利，另一侧坝肩则顺层面渗漏严重。由于纵谷条件下的渗漏通道是顺河流方向的，所以即使坝轴线向上游或向下游调整移动，也很难避免沿透水岩层走向方向的渗漏。

（2）横谷　是河流与岩层走向垂直，这时岩层走向与坝轴线平行，故可用移动坝轴线位置的方法，避开强透水岩层，但仍需注意顺岩层面倾向的渗漏。一般岩层倾向下游、倾角较小时渗漏严重，而倾向上游、倾角较陡时则不易渗漏。坝区上、下游如有沟谷分布（图 5-21 中 A-B 剖面①上），倾向下游的透水岩层仍可形成绕坝渗漏。

（3）斜谷　是河流与岩层走向斜交，这时岩层走向与河水流向间夹角的大小，是影响渗漏的重要因素。一般夹角越小，且岩层倾向偏向下游时，产生坝基或坝肩渗漏的可能性越大。

二、库区渗漏的地质条件

库区渗漏分暂时性渗漏和永久性渗漏两种。暂时性渗漏是指水库蓄水后，为了饱和库水位以下的岩石孔隙和裂隙而暂时损失的水，这部分损失水量没有漏失到库区以外，它只在一定程度上延缓了水库蓄满的时间，而不会影响水库的工程效益。永久性渗漏是库水经过渗漏通道向库外邻谷或洼地的渗漏，它直接导致库水量的损失。永久性渗漏量的大小，关系着水库能否正常运行，严重者使水库只能起滞洪作用。判断库区是否会发生永久渗漏，可从地形地貌、岩石性质、地质构造和水文地质条件等方面进行综合研究。

1. 地形地貌

山区水库，如四周山体单薄，邻近有低谷或洼地，且其底面标高低于水库正常水位，则从地形上创造了渗漏的有利条件。当有渗漏通道时，库水便会不断地排向邻近低谷造成渗漏。邻谷切割得越深，与库水位高差相差越大，渗漏量也越大，如图 5-22（*a*）。反之，如邻谷切割不深，谷底高程高于水库正常水位时，就不会产生向邻谷的渗漏，如图 5-22（*b*）。

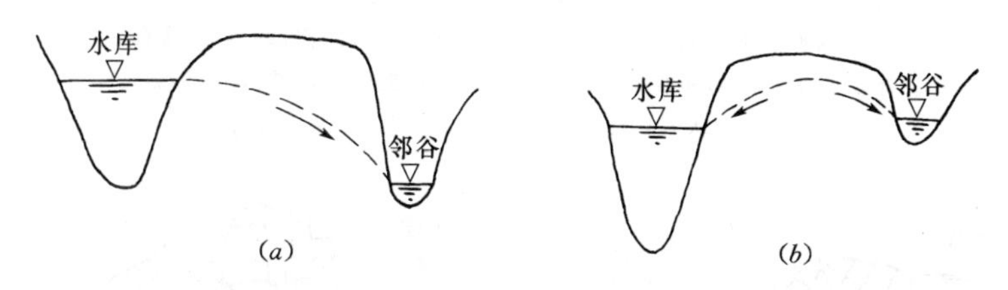

图 5-22　邻谷高程与水库渗漏的关系

当水库位于河湾地带时，则应考虑河湾地段山体的厚度、岩性和地质构造，分析研究库水通过河湾间的单薄山体向下游河谷渗漏的可能性。

2. 岩石性质

水库产生渗漏与库区分布岩石的性质有关，大的渗漏通道有松散的砂砾石层（常以古河道形式埋藏或隐伏着）；非可溶岩中的断裂破碎带；可溶岩中的喀斯特溶洞等。岩性在一定的地质构造和地貌条件下，才能成为水库永久渗漏的重要通道。

3. 地质构造

地质构造对水库渗漏有较大影响。如背斜谷有向两侧产生渗漏的可能性，若存在缓倾角透水层，且被邻谷切割出露，便会向邻谷渗漏，如图 5-23（*a*）；若岩层倾角较大，又未在邻谷中出露，则不会产生渗漏，如图 5-23（*b*）。而向斜谷封闭条件较好，不利于库水渗漏，若有隔水层阻水，则不会向邻谷渗漏，如图 5-24（*a*）；若没有隔水层阻水，且与邻谷相通时，则可能导致库水向邻谷渗漏，如图 5-24（*b*）。断层也是如此，有的会引起库水向邻谷的渗漏，如图 5-25（*a*），有的起阻水作用，不会向邻谷渗漏，如图 5-25（*b*）。

4. 水文地质条件

库区河间地块地下水的存在与否、水位高低，以及地下水位与水库水位和邻谷水位三

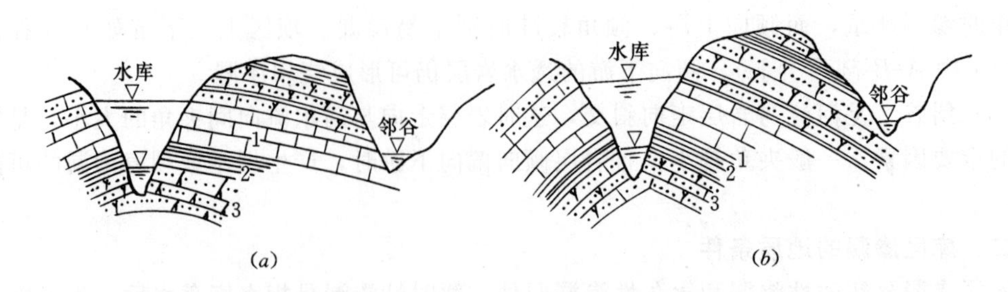

图 5-23　背斜构造与水库渗漏

(*a*) 透水岩层倾角较小，且被邻谷切割出露，可能导致库水向邻谷的渗漏；
(*b*) 透水岩层倾角较大，未在邻谷中出露，不会导致库水向邻谷的渗漏
1—透水石灰岩；2—隔水页岩；3—透水性小的砂岩

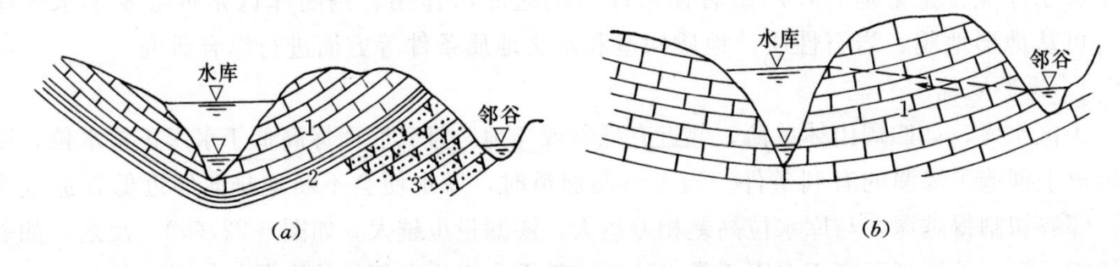

图 5-24　向斜构造与水库渗漏

(*a*) 有隔水层阻水的向斜构造，不会引起向邻谷的渗漏；(*b*) 无隔水层阻水，又与邻谷相通的向斜构造，可能引起向邻谷的渗漏
1—漏水石灰岩；2—隔水页岩；3—透水性小的砂岩

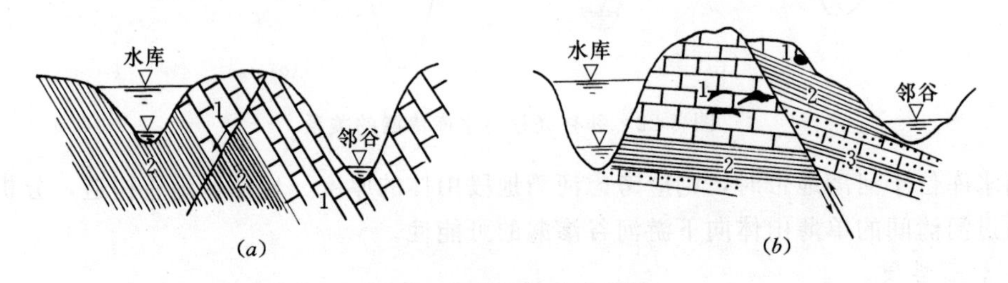

图 5-25　断层与水库渗漏

(*a*) 可能引起水库渗漏的断层；(*b*) 可阻止库水渗漏的断层
1—透水石灰岩；2—隔水页岩；3—渗水性小的砂岩

者之间的关系，是判断水库是否渗漏的重要条件，如图 5-26 所示。有下列四种情况：

(1) 水库蓄水前，河间地块无地下水分水岭存在，水库河段的河水向邻谷渗漏。水库蓄水后必然加剧渗漏，如图 5-26 (*a*)。

(2) 水库蓄水前，河间地块地下水分水岭远低于水库正常高水位。水库蓄水后地下水分水岭消失，将会产生渗漏，如图 5-26 (*b*)。

(3) 水库蓄水前，河间地块地下水分水岭略低于水库正常高水位。水库蓄水后地下水位也相应升高，形成新的地下水分水岭，并高于水库正常高水位，一般也不会渗漏，如图 5-26 (*c*)。

(4) 水库蓄水前，河间地块地下水分水岭高于水库正常高水位。水库蓄水后，地下水

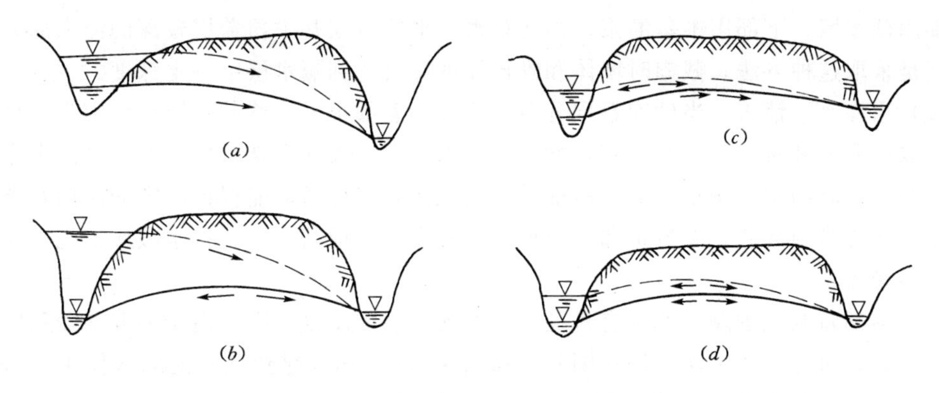

图 5-26　河间地块地下水位与水库渗漏

(a) 河间地块无地下水分水岭；(b) 河间地块地下水分水岭低于水库设计水位；(c) 河间地块地下水分水岭略低于水库设计水位；(d) 河间地块地下水分水岭高于水库设计水位

分水岭升高并向库岸方向移动，渗入库内的地下水量减少，但不会产生库水向邻谷的渗漏，如图 5-26 (d)。

从以上分析可以看出，评价水库渗漏应首先着眼于地形地貌，要特别注意单薄分水岭、河湾及库外邻谷地形，然后看库区内有无渗漏通道和有利于渗漏的地质构造条件，即砂砾石透水层、断裂破碎带、喀斯特溶洞等的存在；最后再根据水文地质条件判断，并将上述几个方面联系起来综合分析，才能得出正确的结论。

三、主要防渗措施

(1) 截渗　常用的有截水墙和帷幕灌浆，截水墙（粘土或混凝土墙）适用于透水性强的厚度不太大的砂卵石坝基。当透水层厚度大、隔水层埋藏较深时，可采取帷幕灌浆，或

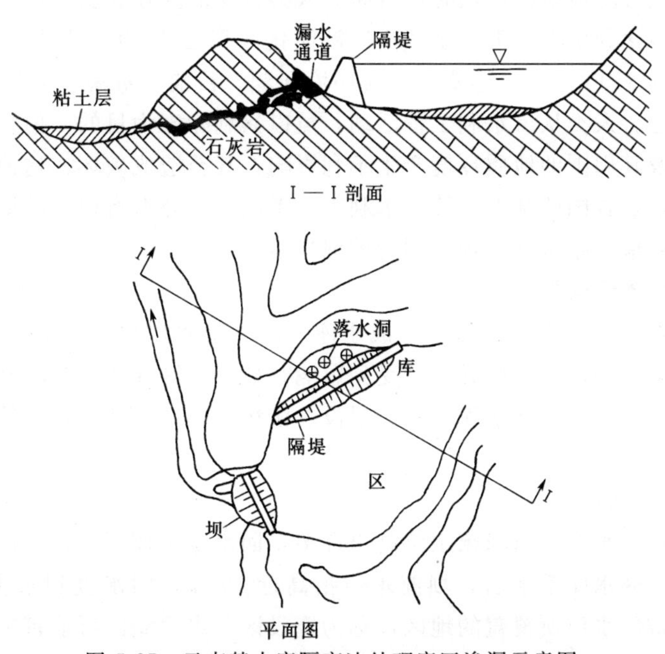

图 5-27　云南某水库隔离法处理库区渗漏示意图

者上部用截水墙，下部用帷幕灌浆。如北京密云水库对坝基中覆盖层较深的河床部分的处理，就是采取这种方法。截渗时墙体和帷幕深度都要达到隔水层中一定深度。

（2）水库水平铺盖　当砂卵石层分布面积和厚度都很大，修截水墙比较困难，且又无条件采取帷幕灌浆时，水库水平铺盖粘土层和用水泥砂浆抹面就是常用的方法。水库渗漏不严重时，可利用水库淤积作为天然铺盖。铺盖法施工容易，能保证一定的防渗要求，但不如垂直防渗措施彻底。渗流量和出逸坡降常较大，必须结合下游排水减压措施，才能有效地控制渗流。

（3）喀斯特洞穴围隔　库区有直径较大的落水洞或反复泉时，由于采取铺盖和堵塞防渗效果不好，可在其周围修一筒状围井，高出库水位 1m，起到良好的隔水作用。当库内个别地段落水洞集中分布，或溶洞较多，分布范围较大时，可修堤坝把渗漏带与水库隔开，如云南某水库采取隔离法处理库区渗漏通道（图 5-27），收到了良好效果。

（4）断层带的防渗　断层带常常需要采取专门的综合防渗措施，如断层影响带，岩石裂隙发育，含泥质较少，可采取帷幕灌浆或固结灌浆处理；而断层破碎带，岩石破碎且含有泥质，可灌性很差，这时应沿断层带开挖斜井，清除破碎物质，回填混凝土，构筑防渗井或混凝土防渗墙等。

第四节　水利环境地质问题

自古以来，人类生产与生活就同环境打交道。所谓的环境，是指人类周围的各种自然因素（如大气圈、水圈、生物圈和岩石圈等）的总和，它是人类赖以生存和发展的物质基础。由于人类活动，使环境的构成和状态发生变化，与原来情况相比，环境质量下降，扰乱和破坏了自然生态环境系统，同时也威胁到人类自身的生存和发展，如滥垦滥伐，破坏植被，造成土地沙化和水土流失，全球耕地沙漠化面积已达 6000 万 hm^2，沙害每年造成的直接经济损失约 3500 亿元，这就是人为环境问题。目前，资源、环境和灾害是地质科学关注的三大问题。人类从事水利工程活动，虽以兴利除害为目的，但在水利建设过程中也会对建筑场地及其周围的地质环境产生不利影响，甚至造成破坏，这便形成水利环境地质问题。保护环境是我国的基本国策。水利工作者应树立环保意识，既要保护好水、水域和水利工程，也要保护好水利工程周围的地球环境。

一、库区环境地质问题

修建拦河大坝的目的就是蓄水，形成水库。水库蓄水以后，水文条件发生了剧烈变化，库区及邻近地区的地质环境必然会受到影响。如果库区存在某些不利的地质因素，就会产生各种工程地质问题，如水库淹没、浸没、淤积、塌岸、诱发地震等问题，这些问题称为库区环境地质问题。

（一）水库淹没问题

水库蓄水后，库水位比原河床水位高出许多，回水也延伸到较远的地方，峡谷型水库则更远，例长江三峡水库蓄水后，坝前水位抬高近 100m，回水直到重庆，长达 650km。原河床水位以上被库水位所覆盖的地区，称为淹没区。水库淹没可能带来一系列环境地质问题，如淹没沿河两岸的地质地貌景观和矿产资源，淹没城镇和土地，同时产生移民问题。大量的移民和城镇搬迁活动，将对地质环境造成破坏。

（二）水库浸没问题

水库蓄水后，由于库水位抬高，使库岸周围地区岩土浸湿饱和，地上水位也随之上升，这时地下水位可能接近或高出地表，导致库岸地带土壤盐碱化、沼泽化，建筑物地基恶化，矿坑充水坍塌，这种现象称为库区浸没，如图 5-28 所示。水库浸没会给水库周边地带的工业民用建筑、交通运输、农田、矿坑带来危害，因此，在库区、坝址选择与坝高、水库正常水位确定中都应十分重视对水库浸没问题的调查研究。

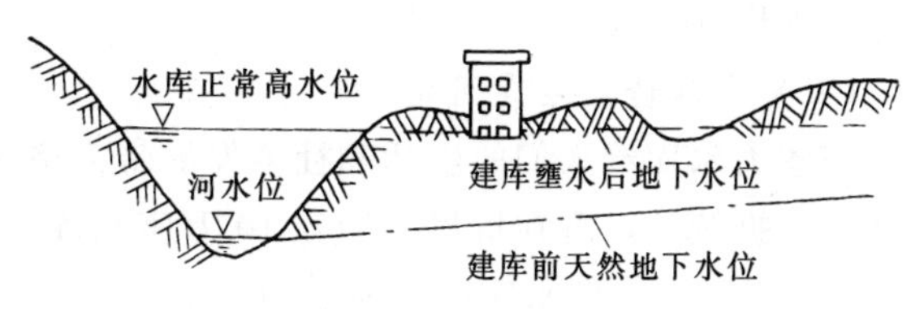

图 5-28　水库边岸地带浸没示意图

此外，在一些灌区由于大量引用地表水和库水灌溉，也会造成浸没问题，并酿成渍水灾害。如陕西宝鸡和冯家山两大灌区于 1971 年和 1974 年先后建成后，长期大量引地表水灌溉，致使黄土原区地下水位不断上升。至 1981 年宝鸡峡灌区一般水位上升 7m 左右。其中扶风县受到冯家山引水渠和宝鸡峡引渭灌渠的双重影响，灌区水位上升面积达 66.8 万亩，地下水位平均每年上升 0.9m，原面洼地水位上升更快，地下水位埋深小于临界水位（2m）的面积，已由 1976 年的 150 亩扩展到 7500 亩。全县已有 5 个乡、14 个村的 40 多处壕沟和洼地出现渍水，淹没耕地 1621 亩，使 1177 户农民房屋倒塌，23 个村被迫迁移（图 5-29）。

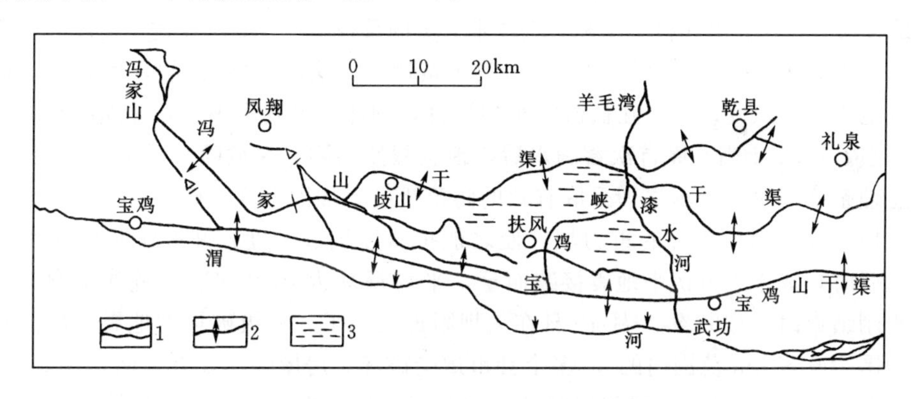

图 5-29　陕西扶风灌区渍水灾害分布图

1—引地表水灌溉的干渠；2—地表水与地下水的补排关系；3—扶风灌区渍水灾害地段

（三）水库淤积问题

水库建成后，流速减小，由上游携带的泥沙便在库区沉积下来，堆积于库底，这种现象称为水库淤积问题。我国建成 8 万多座水库，总库容近 5000 亿 m^3，由于泥沙淤积，库容减少了 40%。在多泥沙河流上修建水库，淤积是一个严重问题。如黄河三门峡水库和小浪底水库。

（四）水库塌岸问题

水库在蓄水过程中或蓄水后，水库周边岸坡在水位升降和风浪冲蚀作用下，引起库岸发生塌落后退，并经逐渐再造形成新的稳定岸坡，这种现象称为水库塌岸，又叫边岸再造。严重的塌岸不仅造成水库淤积，而且蚕食周边地带内的大片农田，威胁建筑物和人民生命财产的安全。如位于黄河三门峡水库深水淹没区的山西平陆县，水库蓄水后尤其是1962年高水位运行，致使沿岸黄土高崖严重坍塌，迫使高程335m以上有12个村庄搬迁。1972年水库改建后，随着水库蓄、泄循环，库岸由大面积坍塌，演变为蚕蚀性坍塌。据统计，从1959～1995年，沿326m水位线的130km的蓄水线内，有25处岸边坍塌比较严重，共塌长39.4km，最大塌宽达800多m，塌毁耕地19820亩。为了防止库岸不断坍塌，该县先后投资1500多万元，在坍塌严重的地段修建护岸工程11处，长达17.577km，其中防浪护岸坝16km。

（五）水库诱发地震问题

修建大水库给人们的生活和社会发展带来诸多好处，往往也留下灾害隐患，如水库诱发地震。据统计，现在世界上约有10万座水库，产生诱发性地震的水库约有100座，占总数的0.1%，大型水库诱发地震的比例要高，约占0.7%。我国有14座水库诱发地震，其中库容1亿 m^3 以上的大水库，出现诱发地震者约占5%；其中震级大于4.5级的有3座，即新丰江水库（6.1级）、丹江口水库（4.7级）、辽宁参窝水库（4.8级）。

水库诱发地震，最早公诸于世的是1938年希腊马拉松水库的5级地震、阿尔及利亚富达湖水库的3级地震和1939年美国米德湖水库地震。因震级小，无破坏，未引起重视。到了60年代，1962年我国广东新丰江水库、1963年赞比亚和津巴布韦卡里巴水库、1966年希腊克里马斯塔水库和1967年印度柯伊纳水库相继发生6.1～6.5级破坏性地震，造成生命财产的重大损失，这才引起科学家和工程技术人员的重视，并开始水库诱发地震的研究。

新丰江水库于1958年修建，为105m高的混凝土大头坝（空心坝），库容115亿 m^3，大坝按抗地震烈度六度设防。在截流蓄水的当月，坝库区就发生小震，并随库水增多，地震增多增强。1960年当水库首次蓄满水后，地震骤然加剧，在危险日益迫在眉睫的时候，周恩来总理亲临视察，指示立即采取有效的防范措施，加固大坝，确保安全。水库工程局当即决定把大坝加固为实心的重力坝，使之能抗八度地震烈度，并按实际抗九度进行验收。与此同时，成千上万次小地震接踵而至，平均每月达4000多次，危如垒卵。当大坝加固工程刚结束时，1962年3月19日在大坝附近发生了6.1级破坏性地震，坝区烈度达八度。周围200多km范围内的20多个县市遭受破坏，房屋毁坏2万余间，倒塌1800多间，死亡85人。地震时，大坝剧烈摇晃，水平裂缝贯穿坝体，大坝电厂及附属设施均遭破坏。由于震前对大坝加固及时（加固费用约等于建坝费），大坝整体稳定，才顶住了强烈地震的冲击，避免了一场十分危险的重大灾害。

一般认为，水库诱发地震与坝高和库容、地质构造与岩性、库水渗透条件、区域构造活动等因素有关。统计数字表明，坝高超过100m，库容超过10亿 m^3 的水库，发震率超过50%。水库对水库地震的影响表现在两个方面：一是水体对库床及库岸岩体的压力，容易使处于不稳定状态的岩体失衡；二是库水的渗透和通过裂隙所形成的水压力以及水的化学作用，对岩体固有结构的破坏与改变。通过对水库诱发地震实例的分析，发现它们具有三个特点：①震中区大多分布在库岸外几公里至几十公里，又多密集在一定范围内；②水库蓄水初期，地震活动与库水位变化有密切关系。通常是库水位升高，水量增加，地震增多，震级加强，但主震过后，水位升降对地震的影响已不明显；③震源浅，深度多为

5km左右，但震中区烈度偏高，3级左右的小震也不无破坏性，而范围不大。水库诱发地震问题并不可怕，现在已经有地震监测、工程防震和震后加固补强等技术措施来防治。

二、建筑场地环境地质问题

建筑施工往往会破坏原有的地貌形态和岩土体的天然结构，从而产生一些环境地质问题。如人工开挖高陡边坡，产生临空面和卸荷裂隙，边坡岩体可能滑动破坏；开采土石料使岩土物理力学性质改变，岩土剥离后加速风化，造成新的水土流失；弃石废渣乱堆乱放，引发泥石流；基坑排水，造成周围地下水位下降，引起地面塌陷；水库建成后，由于渗漏造成下游土地沼泽化、盐碱化等。

在建的长江三峡工程，土石方开挖量达1.04亿m^3，土石方填筑为3260万m^3，围堰拆除土石方为922万m^3。为了施工期间导流、通航，开挖明渠长3400m，宽350m，年开挖量为816万m^3。为了大坝建成后的通航，修建5级永久船闸，人工开挖两条长7km、宽56m，最深达176m的巨型深槽，形成双向四面高陡边坡。一期开挖时，边坡中有62个可动块体已在爆破过程中失稳；二期开挖中，已预报291个随机失稳块体。为了保证闸室边坡稳定和将来航运畅通，施工时采用特长锚杆，象纳鞋底一样对闸室边坡进行了加固处理。可以看出，修建大型水利工程对建筑场地及其周围环境的影响是十分严重的，丝毫不亚于自然地质作用。

三、城市水利环境地质问题

地下水储量丰富，水质良好，动态稳定，因而是城市和工业的重要水源，我国有50%～60%的城市和自来水厂依靠地下水供水。但地下水并不是取之不尽、用之不竭的，如果无计划地超量开采地下水，将可能造成严重的城市水利环境地质问题，如地面沉降、地裂缝、地面塌陷、海水入侵等。

1. 地面沉降

大量开采地下水供应城市和工业用水，使含水层水压力降低，地层压缩变形，导致地面沉降，这已成为世界上许多大城市共同的灾难，如墨西哥、伦敦、巴黎、东京、莫斯科、威尼斯、休斯敦等城市。据统计，我国上海、天津、北京、太原、石家庄、西安、济南、沈阳、哈尔滨、南京、苏州、台北等46座大中城市都出现大范围的地面沉降。

上海开采地下水已有100多年的历史了，在市区的近郊区形成区域下降漏斗，中心水位下降了70多m，在地面形成与降落漏斗相似的碟形沉降洼地。1920～1938年平均每年地面下沉2.6cm，到1965年沉降中心区地面已下降了2.37m，到1993年最大沉降为2.63m，长此以往，上海很有可能被海水淹没。天津市地下水位下降了50多m，1970～1988年地面沉降面积超过5700km^2，市中心区地面下沉了1.56m，其中塘沽区最大下沉量达2.916m，平均每年下沉8.7cm，海水入侵的威胁迫在眉睫。北京市1960～1980年地下水位下降了12.3m，地面每年下沉1～3cm，沉降超过10cm的区域已达190km^2。太原市地下水降落漏斗自1965年形成以来，漏斗面积由11.2km^2扩展到1993年的415.9km^2，据1985～1990年精密水准测量，太原市地面整体呈偏漏斗下降趋势，范围南北长15km，东西宽8km，年平均沉降37～130mm，沉降中心吴家堡地区达1.38m。台北市也因过量抽取地下水，使地面平均每年下沉20cm左右，现在许多地区已低于海平面，问题十分严重。

2. 地裂缝

自20世纪60年代西安和邯郸发生大规模地裂缝以来，我国兰州、太原、大同、沧州、泰安等200多个城市都相继出现地裂缝灾害。地裂缝在世界各国并不罕见，凡地表土质松软、地下断裂构造活跃和地下水位变化突出的平原地区，都可能出现地裂缝。经勘察研究发现，地裂缝与过量开采地下水，使地面发生不均匀沉降关系密切。

西安市城市用水主要开采深100～300m的承压水，已形成面积约200km^{2}的下降漏斗，中心水位降深40～60m，地面沉降大于100mm的沉降区及其分布范围与降落漏斗相吻合（图5-30），地裂缝也集中分布在沉降区内。西安市最早发现地裂缝是1959年，即在西安南城和平门至小寨一带，出现千条近东西向的地裂缝，呈雁行排列，裂口大多上宽下窄，可见深度达11m，每条裂缝都表现为南盘下降并向东移（左旋）的特征。后来，地裂缝不断增多增长，发展成为许多小裂缝组成的各长几百米至几千米的4条地裂缝带。1976年以后，这4条地裂缝带扩展到居民区，其中和平门一条长1.5km的地裂缝带穿过煤矿学院、雁塔路、安西街、十二中学、陕西日报社、186地质勘察队等，使房屋、道路、地下管道遭受破坏。同时，在西安市城区和北郊也出现3条断续各长几千米的地裂缝带。至80年代初，西安市已形成10条大致平行的地裂缝带，带宽数米到数十米，分布在从南郊至北郊的160km^{2}范围内，出露地面总长度达55km，其中南郊小寨地裂缝长达9km，并且地面出现洞中塌陷。地裂缝穿过97个机关、学校、工厂，损坏楼房69栋、平房496间、工厂车间26个、大礼堂2座，破坏道路数10条，切断城市供排水地下管道，危及煤气管网安全，直接经济损失超过2000万元。

3. 地面塌陷

目前，我国有18个省、自治区和直辖市出现地面塌陷点700多处，有塌陷坑3万多个，这种地质灾害并进一步从大城市向中小城市甚至乡镇发展。如1988年4月秦皇岛市柳江水源地塌陷，面积达34万m^2，出现陷坑286个，最大陷坑直径12m，深7.8m。1988年5月武汉市陆家街塌陷，黑龙江七台河市塌陷等，都是由于过量开采地下水、地下土质疏松（古河道）、地下溶洞和矿坑陷落等原因发生的，都造成了很大的损失。

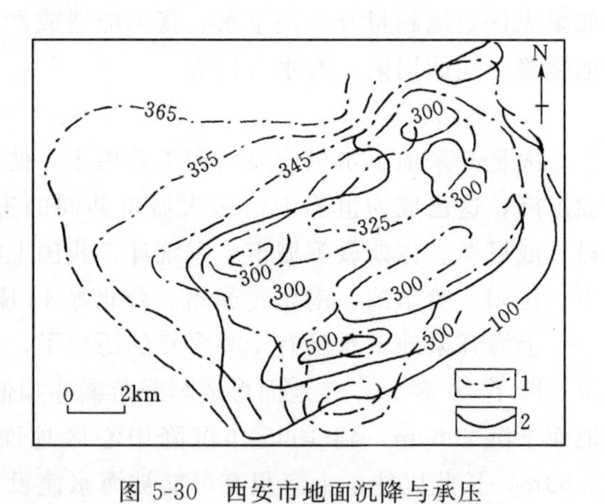

图5-30 西安市地面沉降与承压水位下降关系图

1—承压水位1985年等值线（m）；2—地面沉降1980～1985年等值线（mm）

安徽省铜陵市也因为铜矿区抽排地下水，使市区长江东路20多万m^{2}范围内出现地面塌陷，陷坑直径数米，深不见底，陷坑周围遍布的地裂缝断续长达200多米，致使1000多户人家的5万多m^{2}房屋遭受破坏，地下供水、供气和排水管道也遭到破坏，铁路路基下沉，主干公路交通中断，严重影响了铜陵市居民的正常生活和工矿企业的正常生产。

4. 海水入侵

滨海城市过量开采地下水，常会引起海水入侵，使陆地淡水含水层水质逐渐变咸而恶化。20世纪70年代中期以来，我国山东半岛、辽东半岛、辽西走廊和杭州湾等地都发生过多起海水入侵事故。据水利部水文司调查监测，辽宁、河北、山东等三省的沿海地区发生海水入侵地段74个，总面积1236km^2，有近1万眼机井因水质变咸而报废，每年地下水开采量减少了7000万m^3。到1992年山东省沿海的青岛、烟台、威海、潍坊、东营五市中共有19个县（市、区）发生海水入侵，总面积达964.5km^2，有7000多眼机井因水变咸变苦而报废。辽东半岛大连市自来水厂位于基岩地区，断层裂隙很发育，大量抽取地下水，导致海水入侵，造成水厂不能使用。

从上述不难看出，我国水利环境地质问题严重，而且继续恶化，危害在加重，将严重影响我国经济社会的可持续发展和国家生态环境安全。为此，2000年底国务院在印发的《全国生态环境保护纲要》第11条水资源开发利用的生态环境保护中指出：水资源的开发利用要全流域统筹规划，生产、生活和生态用水综合平衡，坚持开源与节流并重，节流优先，治污为本，科学开源，综合利用。建立缺水地区高耗水项目管理制度，逐步调整用水紧缺地区的高耗水产业，停止新上高耗水项目，确保流域生态用水。在发生江河断流、湖泊萎缩、地下水超采的流域和地区，应停止新的加重水平衡失调的蓄水、引水和灌溉工程；合理控制地下水开采，做到采补平衡；在地下水严重超采地区，制定地下水禁采区，抓紧清理不合理的抽水设施，防止出现大面积的地下漏斗和地表塌陷。

第五节　坝址和坝型选择的工程地质条件

在水利工程建设中，坝址、坝型的选择极为重要，它直接关系到工程的安全稳定和经济效益问题。坝址和坝型的选择需要考虑多方面的因素，如规划指导思想、国家和地区发展需要、技术经济条件、投资、环境保护、工程国防安全等，但工程地质条件是一项极为重要的因素。在实际工作中，通常是拟定若干比较方案，根据拟建地区的工程地质条件，重点围绕与建筑物有关的岩体稳定和渗漏等问题进行认真全面的分析研究，最后选出工程地质条件相对优越的坝址，以及与其适应的坝型。

一、坝址选择的工程地质条件

坝址选择时，需要考虑的主要工程地质条件有以下几方面。

1. 区域稳定性

区域稳定性，就是工程所在地区较大范围内地质构造与地壳活动的稳定程度。重点是了解新构造运动和地震活动的规律。一般通过卫星摄影和航空照片判释、地壳结构探测、地震台网和地形变形观测点的监测分析，以及断层活动性的调查等，来分析地壳结构特征、区域构造应力场、活断层与地震的时空分布规律，从而了解该区地壳的稳定程度。在选择坝址时，要确定坝址区的地震烈度，尽量避开发震断裂，将坝址选择在相对稳定安全的地方。一般坝址不宜选在震级为6.5级以上的震中区或地震基本烈度为Ⅸ度以上的强震区；大坝等主体工程不宜建在已知的活断层及与之有构造活动联系的分支断层上。重大工程与断裂的安全距离及处理措施见表5-12。

2. 地形地貌

选择坝址应尽可能利用适宜的河谷地貌形态，河谷既不宜太宽，太宽则坝长，徒然增

表 5-12　　　　　　　　　　重大工程与断裂的安全距离及处理措施

断裂分级	安全距离及处理措施
强烈活动断裂	当抗震设防烈度为Ⅸ度时，宜避开断裂带约3000m；当抗震设防烈度为Ⅷ度时，宜避开断裂带1000～2000m，并宜选择断层下盘建设
中等活动断裂	宜避开断裂带500～1000m，并宜选择断层下盘建设
微弱活动断裂	宜避开断裂带进行建设，不使建筑物横跨断裂带

加工程量；又不能太窄，太窄则不便于泄洪水闸、发电厂房、船闸等枢纽建筑物的布置；不便于修筑施工道路与布设施工企业。坝址宜选在河谷相对较窄，两岸对称，山体雄厚并有一定高度的河段。坝址上游集水面积要大，且有开阔的山间谷地以增加库容。尽量避开冲沟、深潭、急弯等河段，因为这些现象表明那里的岩性不均一、构造较复杂，地形和基岩已遭破坏，会对施工和坝基稳定、防渗等带来不利影响。如冲沟常使坝肩分水岭山体单薄，不利于防渗；深潭会形成陡立临空面，不利于坝基抗滑稳定，还会增加坝高和修筑围堰工程的难度。

3. 岩石性质

坝基岩石性质是影响大坝稳定、工程造价和施工条件的主要因素。因此，应选择岩性坚硬，完整、均一、强度高、抗风化、抗水性强的岩石作为坝基。软弱的岩石，如粘土岩、千枚岩、凝灰岩及第四纪松散层等，它们的力学强度低，易软化、泥化、压缩变形量大，不宜作为混凝土高坝的地基，但可作为土石坝的地基。碳酸盐岩的强度虽然较高，但由于喀斯特发育，对坝基稳定和渗漏有较大影响。必须在查明喀斯特的分布发育规律，并采取有效处理措施后，才能考虑作为坝址。在岩石中若存在石膏、岩盐等易溶成分，被水溶解后往往会导致地基强度降低，甚至破坏，故不宜作为坝基。

4. 地质构造与岩体结构

地质构造与岩体结构对坝基稳定和渗漏常起控制作用。这是因为河谷形态发育、岩层产状、渗漏通道形式、岩体滑动方向等都与地质构造有关。坝址一般应选择在构造简单、褶皱平缓、断裂破碎带没有或规模小的地区。最为理想的河谷构造条件是：岩层倾向上游、倾角较陡的横河谷，这时坝区岩性较一，对抗滑稳定和防渗均较有利，而且坝线可沿河谷进行上下游调整，使坝址布置在坚硬岩石上。当坝址选在纵谷时，坝基岩性不均一，易产生不均匀沉降；顺河谷透水层及岩层面严重渗漏；坝肩顺层边坡也可能不稳定。

在褶皱构造地区，由于核部张断裂发育，岩石破碎，力学强度低，透水性强，要尽量避开。而褶皱翼部工程地质条件相对较好。

对于断裂构造，应尽量避开大的断层破碎带和裂隙密集带。否则，应调整坝轴线位置，使断裂带不要处于最大受力部位，并垂直或大角度穿过。

另外，还要注意岩体中各种软弱结构面的性质、产状、分布及其相互组合关系，尤其要注意缓倾角软弱面的存在，尽量避开不利于坝基和坝肩岩体稳定的软弱面组合的部位。

5. 物理地质现象

坝址应选在岩石风化轻微、风化层厚度较薄的地段，以减少清基开挖量。尽量避开大冲沟、泥石流、崩塌和滑坡等不良地质现象与灾害发育的地段。在喀斯特地区选择坝址时，应注意喀斯特的存在，可能对大坝稳定和渗漏造成的影响，以及给施工带来的困难。对建筑地区的各种物理地质现象，要研究其发生、发展趋势，必要时要采取有效的防治措施。

6. 水文地质条件

选择坝址时，应尽量避开大的渗漏通道，选择岩层透水性小、相对隔水层埋藏较浅的河段作为坝址。并应结合岩性和地质构造了解坝区隔水层与透水层的分布，分析地下水的类型、埋藏条件、动态变化和水质特征等，以为评价地下水对水工建筑物的影响和计算渗漏量提供依据。

7. 天然建筑材料

在水利建设中，常用的天然建筑材料主要有土料、砂料、卵砾石料和块石料等。因筑坝所需的天然建筑材料数量多，因此，要选择天然建材的数量、质量、开采运输条件都比较合适的河谷地段作为坝址。天然建材的数量和质量，应满足工程设计需要和规范要求，勘探储量不少于需要量的 2.5～3 倍。能否有合格的天然建材，并做到就地取材，往往是坝址、坝型选择时的一个重要条件。

二、长江三峡坝址选择简介

要选择一个比较理想的坝址，一般需经过坝址区段选择、坝址地点选择和坝线选择几个阶段，每个阶段都提出几个方案进行比较。如长江三峡工程，早在 1932 年 10 月就提出葛洲坝、黄陵庙两处坝址备选。1944 年 4 月中美合作开发三峡，建议在南津关至石碑之间选坝址，初选了 5 条坝线，最后定在南津关。新中国成立后的 40 多年间，三峡地质勘察的主要工作仍然是围绕着坝址选择进行的。在 1955～1960 年期间，三峡坝址选择涉及 2 个坝区、15 个坝段、3 条坝线（图 5-31）。两个坝区中，一个是南津关地区（上起石碑下到南津关），长 13km，它包括石碑、黑石沟、下牢溪、古津关、何家嘴等 5 个坝段；另一个是美人沱坝区（上起美人沱下至南沱），长 25km，它包括美人沱、偏岩子、太平溪、大沙湾、伍相庙、长木沱、茅坪、三斗坪、黄陵庙、南沱等 10 个坝段。这 15 个坝段一一经过了多种技术方法的长期地质勘察，才选定三斗坪坝段。三斗坪是宜昌县的一个滨江小镇，位于西陵峡庙南宽谷中段。三斗坪坝段又进行了上、中、下 3 条坝线的比较勘

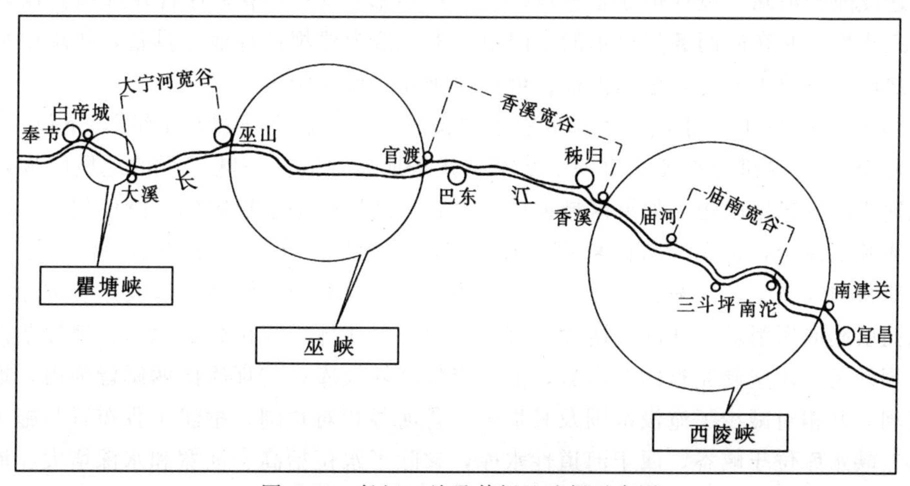

图 5-31　长江三峡及其坝址选择示意图

察。直到1979年，水利部才将坝址定为以花岗岩为基础的三斗坪，三斗坪河段的长江中有一座小岛，名叫中堡岛，呈纺锤形顺河展布，左侧是主流，右侧为宽约300m的浅流，现在采用的三斗坪坝线就穿过中堡岛的上端。

三峡坝址选择历时之长，争论之大，是罕见的，这与它所处的地质环境有很大关系。长江三峡上起重庆奉节白帝城，下至湖北宜昌南津关，全长192km。由瞿塘峡、巫峡和西陵峡3个峡谷组成，中间隔三个相对开阔的大宁河宽谷、香溪宽谷和庙南宽谷。峡谷两岸几乎是悬崖绝壁和直接云天的高峰，宽谷两岸基本上属于低山丘陵。20世纪40年代美国专家萨凡奇博士，建议将225m高坝修建在南津关，抬高水位160m，开发目标为发电、灌溉、防洪、给水、旅游，计划向宜昌以东、武汉以西、襄阳以南、常德以北的大片土地引水灌溉。南津关地区为石灰岩，最大优点河谷狭窄。我国水利地质专家认为，南津关有两大问题难以克服：一是石灰岩喀斯特广泛分布，地质条件很差，要建坝困难很多；二是南津关河段水深河窄，两岸都是崎岖陡峻的山地，筑坝虽然短，但电站厂房全部建在两岸山体内，利用隧洞引水发电，无论大坝浇筑、地下厂房和隧洞工程的施工都非常困难，施工导流异常不便，加上两岸地形阻塞，施工企业和工地交通的布置也很不方便，所以一致同意放弃南津关坝址，并于1958年11月推荐采用位于庙南宽谷中段的三斗坪坝址，正常蓄水位200m，这里河谷较宽，两岸地势开阔坦缓，坝线不是太长，但有利于枢纽建筑物布置，运转条件好。

60年代初，长江三峡工程的防空安全问题提出后，已初选的三斗坪坝址因为河谷宽阔，建筑物目标显著，难以避免敌国轰炸，而被暂时放弃。1961年长江流域规划办公室（简称长办）提出石碑坝址，主张采用定向爆破堆石坝方案。石碑河谷很狭窄，定向爆破可将两岸高山上的砂页岩层分崩离析，抛入江中，形成一座断面很大的堆石坝，可以抗御原子弹的破坏。但工程布置、施工条件极为不利，只好放弃。1976年3月长办又提出三斗坪、太平溪两个坝址都能建坝的方案。如不考虑防护问题，三斗坪为优；如果考虑，则以太平溪为优。长办推荐为太平溪坝址。后来，专家们发现这种为了防空，意在尽量隐蔽的设计思想是徒劳无益的，世界上有哪个国家因早晚终难避免的对外战争和世界大战而停止重要建设呢？消除了设计指导思想障碍后，水利部于1979年9月召开选坝会议，将坝址选在三斗坪，并在向国务院提出的专门报告中，认为建坝条件业已具备，要求中央批准实施。之后，三峡工程进入全面论证、可行性研究和设计阶段。

1986年6月19日，水利电力部成立了“长江三峡工程论证领导小组”，下设14个专家组，分10个专题进行论证，第一个专家组就是地质地震。三峡工程的地质问题，首先是区域地质的大稳定问题，如果区域地质或地壳运动性质是不稳定的，既使坝区、库区的局部地质基础稳定，也不能冒险修筑大坝。其次是坝区、库区地质的小稳定问题。如断裂、喀斯特洞穴塌陷、渗漏、泥化夹层、岩体两岸有没有崩塌滑坡，以及是否可能因为水库蓄水而引起崩塌滑坡的活动或诱发地震等问题。三斗坪坝线优越的地形、地质条件主要是：①坝址是岩体坚硬完整的花岗岩，能够修建高坝大库；②坝库区两岸皆为山，地形有利于建坝，并相对减少了淹没范围及其损失；③河谷相对宽阔，枢纽工程布置与施工条件好；④三峡水库位于峡谷，属于河道性水库，它除了水位抬高、河宽和水深增大、流速略有减小外，河流的基本特征仍然保持，水流含沙量与天然情况出入甚小，而挟沙能力增大，不会在水库形成大量淤积；⑤三峡工程周围及库区的地质大环境，根据历史记载和现代观察研究结果，属于弱震地区，也是稳定地块，在以坝址为中心的300km半径范围内，没有发生过破坏性的地震。就是在最不利的情况下，水库诱发地震对大坝的影响烈度也不超过Ⅵ度，大坝设计采用Ⅶ度设防，安全是有充分保证的。

三、坝型选择的工程地质条件

坝的类型很多，如有土石坝、重力坝、拱坝、支墩坝等。不同类型坝的工作条件不同，因而对地基工程地质条件的要求也不同。在实际工作中，应根据选定坝址的具体工程地质条件，选择与之相适应的坝型。

1. 土石坝对工程地质条件的要求

土石坝是土坝（图5-32）和堆石坝（图5-33）的总称。这类坝主要是由各种土料和石料堆筑而成的，坝体断面较宽，呈梯形，对地基的压应力较小，加上坝体是柔性的，能适应地基一定程度的变形，故对地质条件要求较低。各类松散层地基除高压缩性土（如淤泥质土、软粘土等）外，均可修建土坝。堆石坝对地基要求比土坝要高些，在中等风化和微风化的岩基或受荷载作用下无明显沉降的砂砾层上均可建堆石坝。土石坝适合于U型宽谷，由于坝顶不能溢流，需选择合适的地形地质条件设置溢洪道或泄洪洞。此外，这种坝型需要土石方量大，要求坝址附近有能满足工程需要的天然建材。

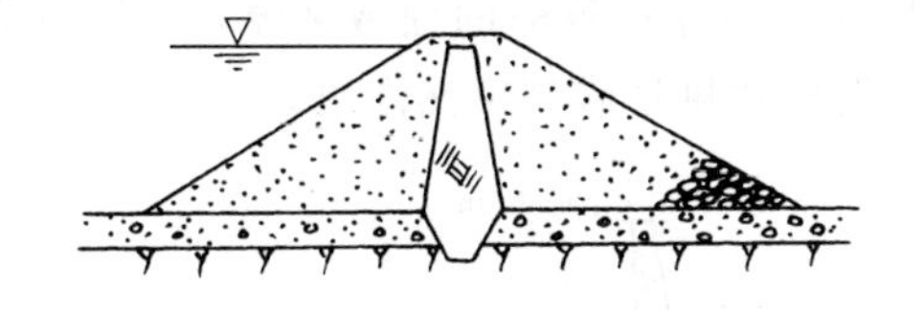

图5-32　粘土心墙坝

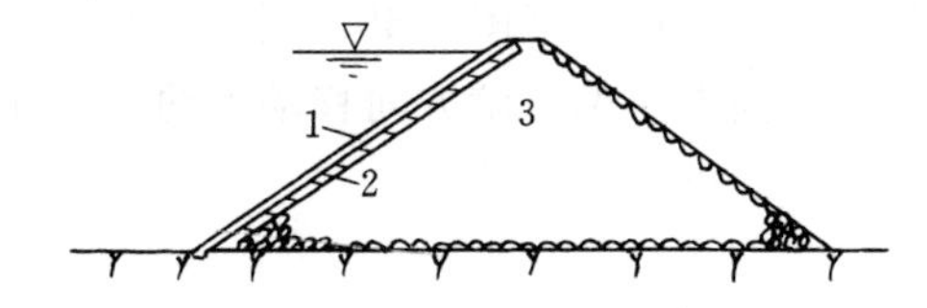

图5-33　斜墙堆石坝

1—沥青混凝土斜墙；2—碎石垫层；3—堆石

土石坝存在的主要工程地质问题是地下潜蚀、管涌和渗漏问题。因此，地基最好是由不透水岩层组成，否则，应进行防渗处理，如设置防渗墙、粘土铺盖或帷幕灌浆等。

2. 重力坝对工程地质条件的要求

重力坝常用混凝土或浆砌石筑成，它的基本剖面呈三角形，如图5-34为长江三峡混凝土重力坝溢流坝段剖面图。重力坝主要依靠坝体自身重量来维持稳定，坝体越重越有利于稳定。因此它对地基地质条件要求较高，即坝基岩体要有足够的抗压强度（表5-13），以承受由坝体传来的巨大荷载；要有足够的抗剪强度，以防止滑动破坏；要有良好的隔水性能，防止坝下渗流产生过大的渗透压力。一般选择新鲜或微风化的坚硬岩体作为重力坝的坝基，要尽量避开不利于稳定的各种软弱结构面。两岸山坡岩体稳定，无滑坡、崩坍、冲沟等不良地质现象。重力坝适合于宽而浅的河谷，坝址下游河床抗冲能力要强，以防止坝顶溢流时水流的冲蚀。由于大坝施工所需混凝土数量较大，坝址附近应有合适的砂砾石或碎石等混凝土骨料。

表5-13　重力坝对岩石饱和抗压强度的要求

坝的类型	坝　高	岩石类别	抗压强度 R_b (MPa)
高坝	＞70	坚硬岩石	＞60
中坝	70～30	中等坚硬岩石	60～30
低坝	＜30	软弱岩石	＜30

3. 拱坝对工程地质条件的要求

拱坝是一种平面上呈拱形凸向上游的坝型。坝体承受的水压力主要通过拱的作用传递给两岸岩体，依靠两岸拱端的反作用力来维持坝体的平衡稳定，只有一部分水压力通过梁的作用传给地基。拱的作用越显著，坝的厚度可越小，所以，拱坝是一个超静定空间壳体结构，其超载能力大。它对坝基和两岸坝肩岩体的变形极为敏感，故拱坝对地形地质条件要求更高，特别是两岸岩体的稳定至关重要。理想的地形条件是两岸对称，岸坡平顺无突变，河谷在平面上呈向下游收缩的V型峡谷。在地质上要求河床及其两岸的岩体新鲜完整、坚硬均一，有足够的强度，拱端有较厚的稳定岩体，不允许发生有害的变形。要特别重视两岸坝肩发育的与河流大致平行的陡倾断层、裂隙等软弱结构面，以及与其他缓倾角软弱结构面的组合，它们往往构成坝肩最危险的滑动边界条件。例法国的马尔帕塞拱坝（图 5-35)，就是因为左岸片麻岩中存在致命的细微裂隙，拱座首先发生滑动（向左岸偏下游方向移动了约 210cm)，而导致拱坝破裂突然溃决。

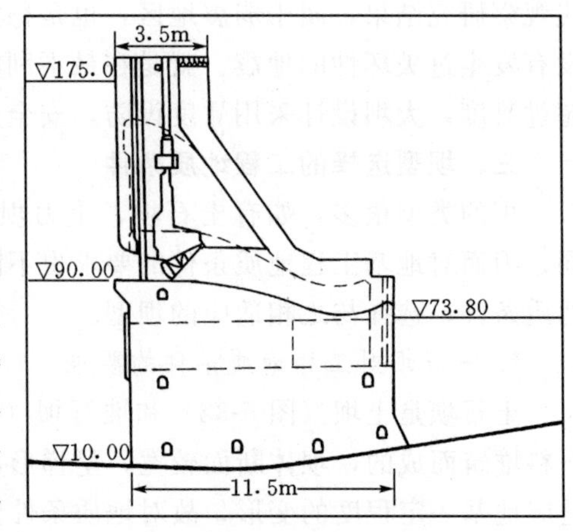

图 5-34 长江三峡混凝土重力坝

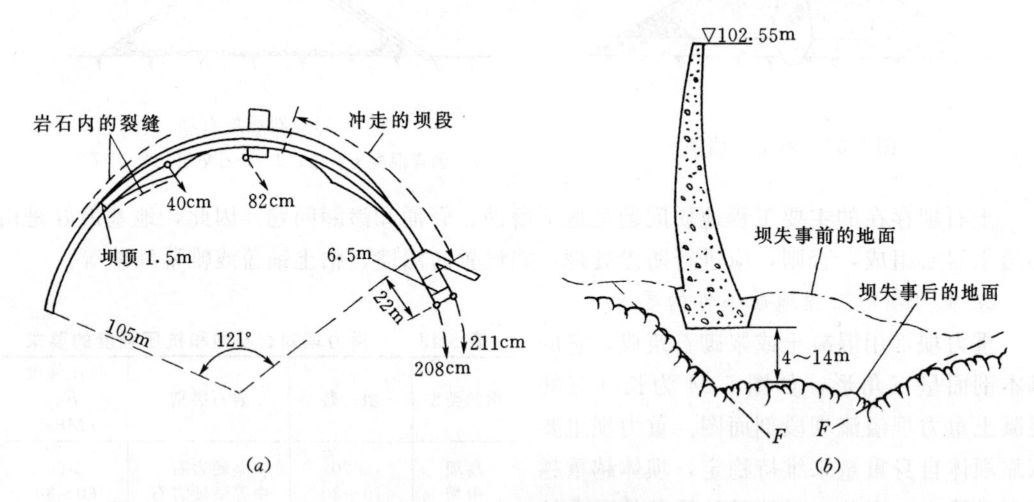

图 5-35 法国马尔帕塞拱坝

(*a*) 马尔帕塞坝位移情况剖面图；(*b*) 马尔帕塞坝左坝头附近断面图

4. 支墩坝对工程地质条件的要求

支墩坝是由混凝土支墩和混凝土面板所构成（图 5-36)，它包括平板坝、连拱坝、大头坝等。平板坝、大头坝主要依靠支墩保持稳定，连拱坝的稳定是靠支墩与两岸岩体共同维持。与重力坝依赖自身重量抵抗库水所施加的滑动力和倾覆力不同，支墩坝则由于发挥了地基的侧向分力以抵抗库水的静水推力而降低了混凝土的总重量，故对地基要求相对低一些。但支墩与地基接触面积小，仍然需要修筑在坚硬均一的岩石上，如果岩石太软，支

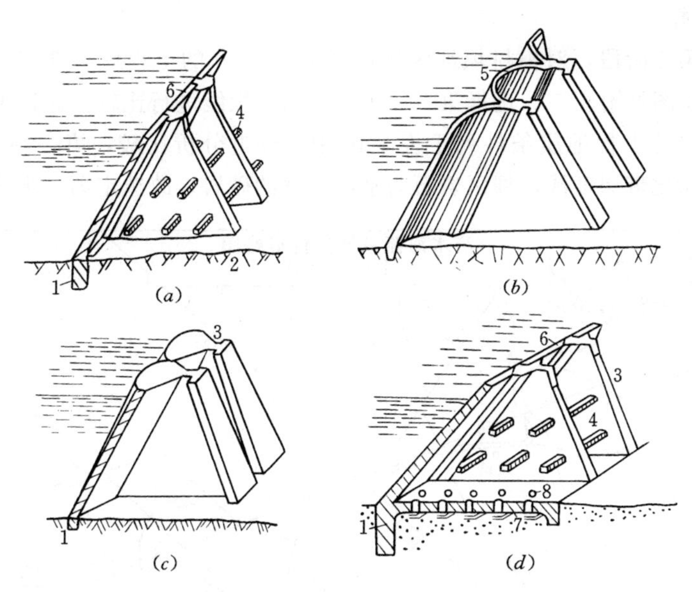

图 5-36　非溢流式支墩坝的类型

(a)、(d) 平板坝；(b) 连拱坝；(c) 大头坝；

1—齿墙；2—岩石；3—支墩；4—加劲梁；5—拱型挡水面板；

6—平面挡水面板；7—基础板；8—排水孔

墩可能深入地基中并引起地基隆起，同时，还要防止相邻支墩之间产生过大的不均匀沉陷，而导致坝体裂缝破坏。支墩坝适合于宽而浅的河谷。

四、清水河水库坝址、坝型的工程地质条件评价

清水河干流长 261km，多年平均流量为 $357m^3/s$，流域面积 $11850km^2$。梅村以上干流长 170km，河道天然落差 100m，控制流域面积 $10486km^2$。按流域开发规划，拟在梅村河段建坝修库，正常蓄水位 80m，工程开发目标为防洪、灌溉、供水、发电和航运。

（一）清水河水库坝址选择的工程地质评价

1. 坝段的选择

在清水河流域规划阶段，曾考虑了多级开发和一级开发方案，根据区域地质条件（图 5-37)，选择了鹰峰、红坪和梅村三个坝段，各坝段的地形地质剖面如图 5-38 所示。其主要工程地质条件列于表 5-14 中。通过对各坝段地形地貌、地层岩性、地质构造及其他条件的综合比较，可以看出梅村坝段建坝兴库条件比较优越，混凝土骨料在梅村上游 10km、粘性土在梅村上下游 50km 范围内，数量、质量均能满足工程需要，故选定该坝段为一级开发方案。

2. 坝址的选择

在初步设计第一阶段，对梅村坝段进行了 1∶50000 的工程地质勘察，清水河库区综合地质图见附图一。选择羊坊和梅村两个坝址进行比较，各坝址的工程地质条件列于表 5-15 中。可以看出，梅村坝址河谷较窄，岩层倾向上游，对坝基稳定有利。河谷冲积层覆盖厚度小，相对隔水层埋深浅，便于坝基处理，故决定选梅村坝址为拟建坝址。

3. 坝线的选择

在初步设计第二阶段，对梅村坝址区进行了 1∶10000 的工程地质勘察，清水河水库梅村坝址区工程地质图见附图二。选择第一、第二、第三坝线进行比较。通过工程地质勘探及试验，获得各坝线的工程地质条件列于表 5-16 中。经过分析比较，第一坝线河谷宽度小，覆盖层厚度薄，风化带深度浅，坝区岩石为坚硬完整的砂岩，故选定第一坝线为最优坝线。

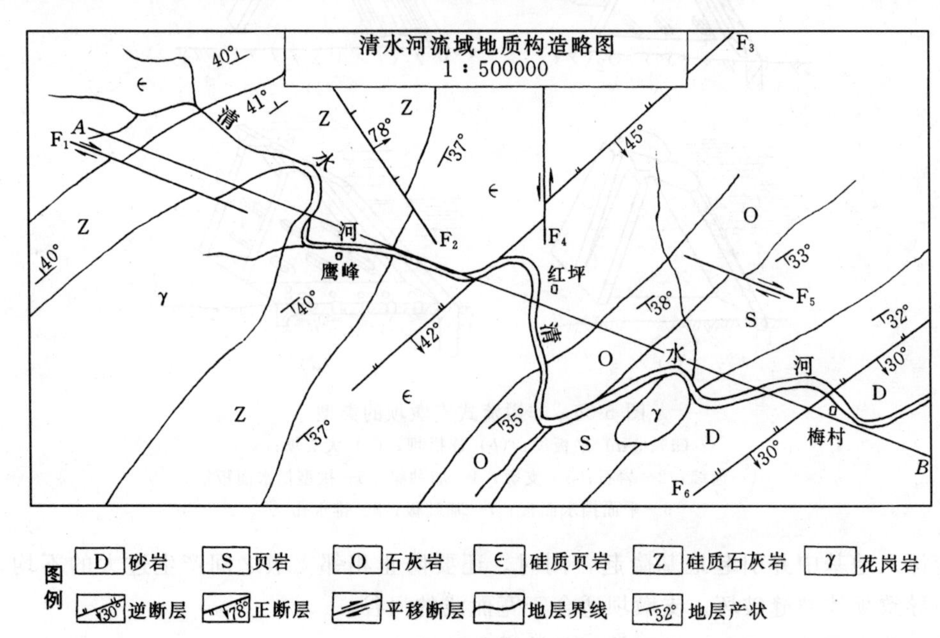

图 5-37 清水河流域地质构造略图

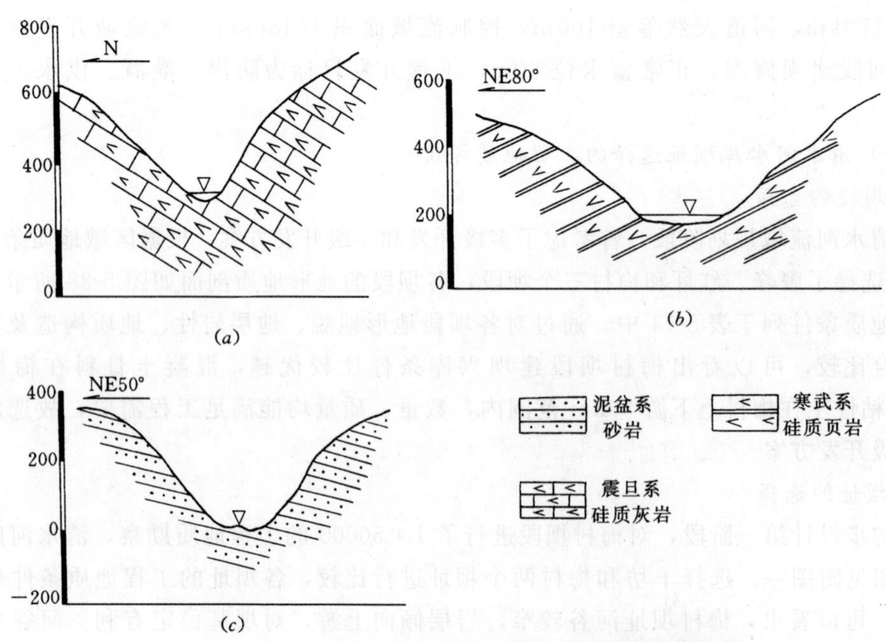

图 5-38 鹰峰、红坪、梅村坝段典型河谷地形地质剖面图

表 5-14　　鹰峰、红坪、梅村、坝段主要地质条件比较

坝段	地形地貌	地层岩性	地质构造	其　他
鹰峰	相对高差 300m，坝顶高程处河谷宽 207m，平均岸坡 55°	震旦系硅质石灰岩，坚硬，未发现较大溶洞	岩层产状 NE35°，SE，∠70°，与河谷斜交，倾向下游，坝址区无大断层	控制流域面积 5000km²，坝址上游无开阔盆地
红坪	相对高差 200m，坝顶高程处河谷宽 650m，平均岸坡 35°	寒武系硅质页岩，经浅变质，裂隙发育，易风化	岩层产状 NE32°，SE，∠60°，与河谷斜交，倾向上游，邻近坝址上游有一较大规模逆断层	控制流域面积 8000km²，上游有一小型盆地
梅村	相对高差 170m，坝顶高程处河谷宽小于 400m，平均岸坡大于 40°	两岸均为泥盆系砂岩，厚层状，较坚硬	岩层倾向上游，坝址上游有一高角度逆断层	控制流域面积 10486km²。上游有宽广的丘陵盆地，下游为平原。距受益地区近，便于施工

表 5-15　　梅村、羊坊坝址工程地质条件比较

坝址	工程地质条件				
	地形地貌	地层岩性及地质构造	水文地质条件	天然建筑材料	其　他
羊坊	谷底高程 30m，相对高差在 400m 以上。设计水位 80m 时谷宽 480m，谷坡较陡，河谷中发育有不对称阶地	基岩为石炭系灰白或淡紫色石英砂岩、石英岩。处于白龙山向斜西北翼，产状为 NE67°，SE，∠32°，岩层倾向下游，对坝基抗滑稳定不利。岩石风化深度为 10～20m。左岸有 F_4 断层通过，右岸坝肩处有一滑坡体，影响坝肩稳定。冲积、洪积层厚 10m	为强基岩裂隙水区，且岩层倾向下游，易沿层面渗漏，最大 q 值达 0.7Lu。$q<0.01$Lu 的相对隔水层深度在 30～40m，基础处理工程量较大	库区冲沟、崩塌、滑坡较发育，有较多的泥石流和洪积扇，水库淤积问题较严重	石炭系石英砂岩及泥盆系绿色砂岩均可做石料，上游库区有充足的土料，坝址上、下游河谷中骨料储量丰富、质量合格
梅村	谷底高程 20m，相对高差在 400m 以上。设计水位为 80m 时谷宽为 260m，河谷较窄	左岸及河床部分为泥盆系绿色石英砂岩，硅质胶结，右岸为黄绿色砂岩。右岸上游有花岗岩体。坝址位于孤山背斜西北翼，岩层产状为 NE70°，NW，∠30°。地层倾向上游，对坝基稳定有利。上游 F_1 断层横穿河谷，但倾角甚陡，对坝体稳定无影响。冲积、洪积层厚 5～10m，风化层厚约 10m	岩层倾向上游，故页岩夹层可起阻水作用，相对隔水层深度小于 20m。F_1、F_3 断层可能产生绕坝渗漏，应进行必要的处理	河床中局部有陡坎、深潭。库内冲沟、崩塌、滑坡较发育，有较多的泥石流和洪积扇，水库淤积问题较严重	泥盆系绿色砂岩，可做石料。坝址上游土料很少，下游骨料沿河谷储量丰富、质量合格

（二）清水河水库坝型选择的工程地质评价

从坝区的工程地质条件来看，不宜修拱坝，可以修建土石坝和重力坝，推荐坝型为重力坝。

表 5-16　　梅村坝址坝线工程地质条件比较

坝　线	工　程　地　质　条　件			
	地形地貌	地层岩性及地质构造	水文地质条件	物理地质现象
第一坝线	设计水位80m时，谷宽为260m，谷坡对称	河床覆盖层一般厚3～5m，河岸部分有少量崩积物，厚度小于5m。基岩均为泥盆系砂岩。河床部分及左岸为硅质胶结的石英砂岩，岩性坚硬，风化轻微。右岸为硅质泥质胶结的黄绿色砂岩，风化深度为6～12m，岩石一般坚硬、完整，抗压强度在100MPa/m^{2}以上。左岸小断层f_1、f_2、f_3的影响带内，风化深度在10m左右，断层规模小，破碎带宽仅10余cm，两盘岩石尚完整	由钻孔资料分析，相对隔水层界线深20m左右	岩石弱风化下限深5～10m。左岸有少量崩积物
第二坝线	设计水位80m时，谷宽350m	河床覆盖层厚10～12m。基岩为泥盆系石英砂岩，岩性同第一坝段，但裂隙发育，有大裂隙T_2、T_3、T_1等，对岩体完整性影响较大	相对隔水层界线深20～30m	岩石弱风化下限深10～15m
第三坝线	设计水位80m时，谷宽310m	河床覆盖层厚10～12m。基岩为泥盆系黄绿色砂岩夹页岩，页岩层摩擦系数低，变形模量小，对坝体稳定不利。右岸有S_1破碎带通过，破碎带内岩石风化甚剧	相对隔水层界线深约30～40m	岩石弱风化下限深10～20m

1. 不宜修拱坝

拱坝要求河谷狭窄（坝长/坝高<3.5，最好为1.5～2），两岸对称且稳定性好，显然第一坝线满足不了。主要存在问题是：①河谷较宽，坝长与坝高之比（280/60）达4.3；②左岸为河弯地段，山体单薄，两岸受力不均。

2. 可修土石坝

坝基松散层厚度小，且为有一定承载力的砂砾石，基岩抗压强度高，风化层薄，渗漏容易处理。土料和砂石骨料都能满足工程需要。缺陷是，如修土坝，粘土料场较远（在坝上下游50km范围内），运输不方便；如修堆石坝，水库正常蓄水位80m，河床高程20m，考虑到地基开挖以后，坝高超过60m，这对坝体本身稳定不利。

3. 可修重力坝

坝基岩体为石英砂岩，抗压强度高，坝后虽有断层F_1，但倾角陡，对坝体稳定没有太大影响；两岸山体为砂岩、石英砂岩，稳定性较好，无滑坡、崩坡等不良地质现象，河床下游抗冲能力强，修筑大坝所需砂石料能满足工程要求，而且料场距离近，分布在坝址上游10km范围内，开采运输条件好。

比较以上坝型分析结果，应优先选择重力坝，而不宜修拱坝。

本 章 小 结

1. 知识点

- 水利工程地质问题
  - 稳定问题
    - 坝基岩体：渗透稳定、沉降稳定和抗滑稳定
    - 隧洞围岩
      - 洞顶坍塌、洞壁滑塌、洞底鼓胀
      - 山岩压力、弹性抗力、外水压力
  - 渗漏问题
    - 坝区：坝基渗漏、绕坝渗漏
    - 库区：暂时渗漏、永久渗漏
  - 环境地质问题
    - 库区环境地质问题
    - 建筑场地环境地质问题
    - 城市水利环境地质问题

2. 坝基岩体稳定问题

坝基岩体的破坏形式主要有渗透变形、沉陷和滑动。渗透稳定问题是由坝基下渗流的渗透压力和动水压力造成的；沉降稳定问题与坝基岩体的坚硬程度和均一性有关，坚硬岩石组成的坝基，通常不会产生较大的变形；抗滑稳定问题主要受岩体结构尤其是软弱结构面的控制，当坝基岩体存在切割面、滑动面和临空面时，则可能发生滑动。岩体滑动边界条件分析，既是对岩体抗滑稳定性的定性评价，也是进行定量计算的基础。

3. 隧洞围岩稳定问题

影响隧洞围岩稳定的地质因素，主要有地形地貌、地层岩性、地质构造及岩体结构、水文地质条件等。合理确定山岩压力、弹性抗力和外水压力，特别是坚固系数 f_k 和单位弹性抗力系数 k_0，对评价围岩稳定与设计支护类型至关重要。

4. 坝库区渗漏问题

坝区水头差大，渗漏途径短，潜在渗漏的可能性最大，应当引起重视。坝基渗漏与坝基岩体的透水性和构造破碎带的导水性有关；绕坝渗漏除此之外，还与坝肩上下游地形有关，如坝肩上下游有沟谷或是河湾地形，易造成库水大量渗漏。库区向邻谷（或相邻洼地）渗漏的必要条件是邻谷切割深、河间地块有强透水岩石和集中渗漏通道分布，以及地下水分水岭水位低于库水位。

5. 水利环境地质问题

水利活动对周围地质环境的影响主要集中在库区、建筑场地以及城市地下水超采区。库区有淹没、浸水、淤积、塌岸、诱发地震等问题；建筑场地存在破坏地形和岩（土）体结构，弃石乱堆乱放，造成新的水土流失等问题；城市过量开采地下水常造成地面沉降、裂缝和塌陷，以及海水入侵等问题。

复习思考题与练习

5-1　坝基岩体稳定问题包括哪几个方面？它们分别主要由哪些地质因素引起的？

5-2　坝基下的渗透水流所产生的不良作用是什么？

5-3　坝基下的岩石性质、产状和分布情况，对沉降稳定有什么影响？试用岩基容许承载力评价梅村第一坝线坝基的沉降稳定问题。

5-4　影响隧洞围岩稳定的地质因素有哪些？围岩的破坏形式主要表现是什么？

5-5　隧洞选线时强调洞线应与构造线、岩层走向线垂直或大锐角相交，你能说出这样选线的好处是什么吗？

5-6　隧洞围岩工程地质分类的主要依据是什么？围岩的稳定性与支护类型有什么关系？

5-7　什么叫山岩压力、弹性抗力和外水压力？它们的取值大小，对隧洞工程有何影响？

5-8　清水河梅村水库有甲—甲、乙—乙两条引水发电隧洞线路可供选择，试比较它们的工程地质条件（填写下表），最后选出最优洞线。

表 5-17　　梅村水库甲—甲、乙—乙两条洞线工程地质条件对比表

洞线	工程地质条件说明					
	地形地貌	地层岩性	地质构造	水文地质	物理地质	其　他
甲—甲						
乙—乙						

5-9　坝区渗漏有哪两种形式？它与库区渗漏相比最大特点是什么？

5-10　图 5-39 为河北某水库平面图，坝库区为震旦系硅质灰岩，岩层倾向上游，倾角 10°～20°。在坝基下有一顺河断层，左坝肩岩体内除发育一组走向 NE20°的小断层外，还有一组走向 NW、倾向 NE 的断层。试分析坝区可能存在的渗漏问题。

5-11　库区产生永久渗漏的主要工程地质条件有哪些？判断库水能否外渗的重要条件是什么？

5-12　坝址选择的工程地质条件有哪些？长江三峡坝址选择中争论的焦点主要是什么工程地质条件？

5-13　简述不同坝型对工程地质条件的要求。

5-14　江西上犹江水电站为溢流式混凝土重力坝，坝内式厂房，由 10 个坝块组成，如图 5-40 所示，其中丙块至庚块坝段为溢流段。坝高 68m，顶宽 19m，底宽 58m，坝顶

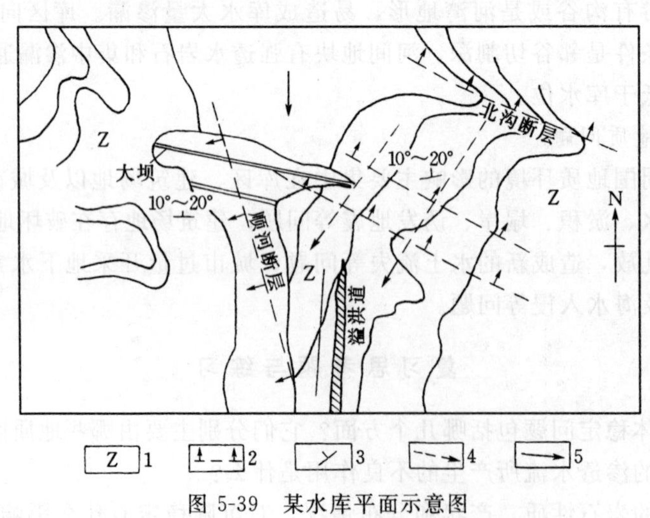

图 5-39　某水库平面示意图

1—震旦系硅质灰岩；2—断层；3—岩层产状；4—地下水流向；5—河流流向

长 143m。坝址区为深切河谷，河水自北向南流。

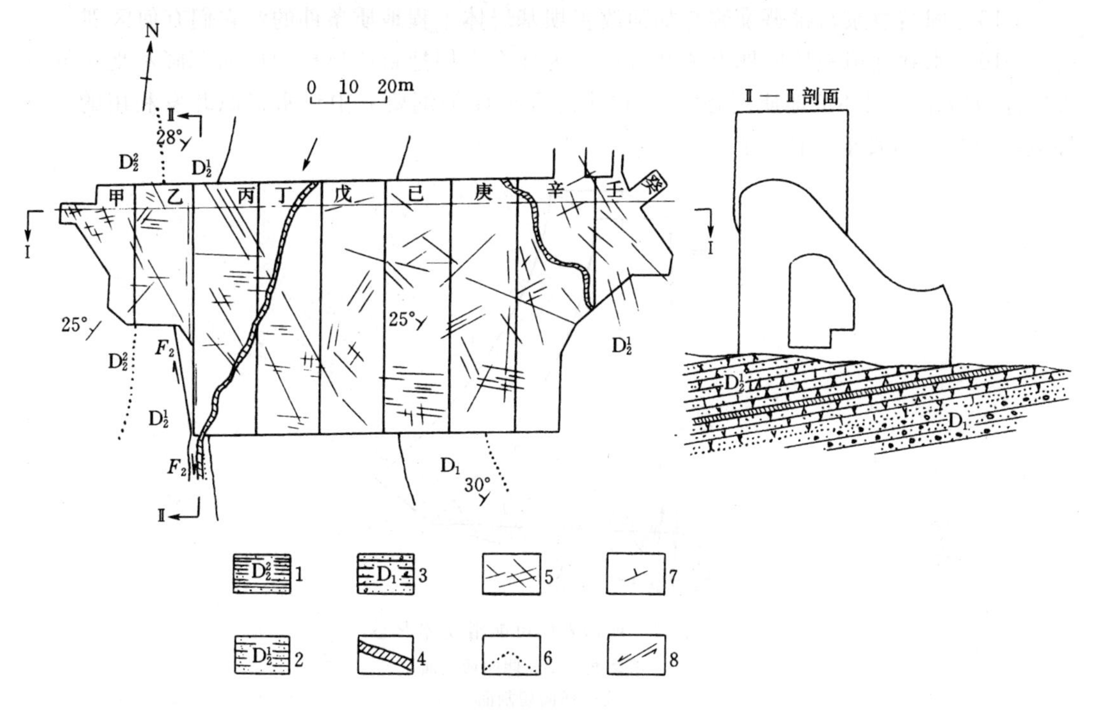

图 5-40 某水电站坝基工程地质示意图

1—中泥盆统紫色砂岩与板岩互层；2—中泥盆统砾状石英砂岩夹板岩；3—上泥盆统石英砾岩；
4—板岩破碎泥化夹层；5—裂隙（节理）；6—岩层界线；7—岩层产状；8—断层

坝基岩体为中、下泥盆统石英砂岩夹薄层板岩，即 D_1 石英砂岩；D_2^1 砾状石英砂岩夹板岩；D_2^2 紫色砂岩与板岩互层。岩层走向 NE30°，倾向 NW，倾向上游偏右岸，倾角 25°，顺河方向的视倾角为 14°。坝基石英砂岩中有一板岩夹层，厚 10～80cm，在地下水的作用下，顶部已形成厚 5～10cm 的泥化夹层，强度较低，现场抗剪试验测得摩擦系数 $f=0.24\sim0.3$，粘聚力 $C=8\sim13\text{kPa}$。除此沉积结构面外，岩体内还发育有 5 组构造结构面，如表 5-18 所示。

试分析坝基岩体滑动边界条件，并计算抗滑稳定系数。由于软弱夹层位于溢流段的丙块坝体下，对稳定影响大，故仅对丙坝块进行稳定计算，尺寸如图 5-41 所示。混凝土重

表 5-18　　上犹江水电站坝基岩体内结构面发育情况表

编号	结构面产状			构面成因	结构面发育、充填情况
	走　向	倾　向	倾　角		
1	NE320°	SW	70°	构造结构面	裂隙延伸长，有角砾岩
2	SN	E	80°	构造结构面	裂隙宽 0.5～1mm，无填充物
3	NE80°	SE	80°	构造结构面	裂隙宽<1mm，无填充物
4	NW340°	NE	75°	构造结构面	裂隙宽 0.5～1mm，无填充物
5	NE30°	SE	65°	构造结构面	裂隙宽 1～2mm，无填充物
6	NE30°	NW	25°	沉积结构面	泥化夹层厚 5～10cm，充填压碎岩

度 γ 取 23kN/m^3，岩石重度 γ_s 取 25kN/m^3。

5-15　固结灌浆与帷幕灌浆是如何改善坝基岩体工程地质条件的？它们有何区别？

5-16　水利环境地质问题有哪几方面？为什么人们把目前出现的地面沉降和地裂缝等灾害称为城市水利环境地质问题？《全国生态环境保护纲要》中对水资源开发利用的生态环境保护提出的要求是什么？

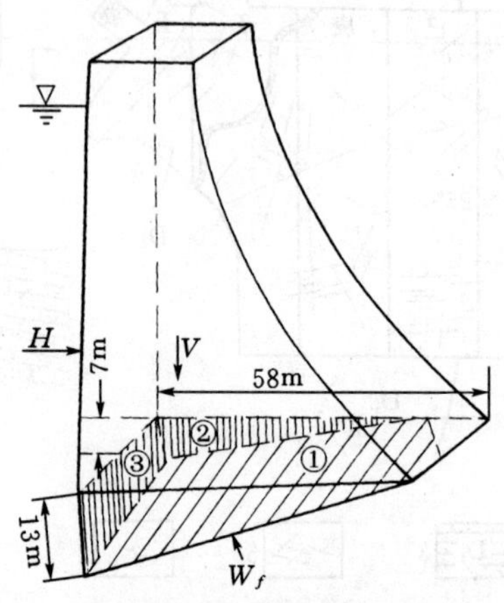

图 5-41　坝基岩体可能滑动体形态

①—滑动面；②—侧向切割面；③—横向切割面

参 考 文 献

1 水利水电工程地质勘察规范，中国计划出版社，1999

2 简明工程地质手册，中国建筑工业出版社，1998

3 戚筱俊主编．工程地质及水文地质．北京：中国水利水电出版社，1997

4 戚筱俊等主编．工程地质及水文地质实习、作业指导书．北京：中国水利水电出版社，1997

5 郭见杨．谭周地等编．中小型水利水电工程地质．北京：水利电力出版社，1992

6 南京大学编．工程地质学．北京：地质出版社，1988

7 水利电力部水文局．中国水资源评价．北京：水利电力出版社，1987

8 王大纯等编．水文地质学基础．北京：地质出版社，1986

9 陈松编．工程地质．北京：水利电力出版社，1985

10 天津大学主编．水利工程地质．北京：水利电力出版社，1982

11 宋青春、张振春编著．地质学基础．北京：人民教育出版社，1982

附图一

地层柱状图

地层时代 界	系	地层厚度(m)	代号	柱状图	地层岩性描述
新生界	第四系	25	Q		砂卵石及亚粘土未胶结
					不整合
中生界	侏罗系	550	J		粗晶花岗岩肉红色主要矿物成分为石英长石及云母等
					不整合
古生界	二迭系	650	P		上部为炭质页岩夹煤层数层中下部为石灰岩质纯致密坚硬有海生动物化石
					整合
	石炭系	350	C		石英砂岩灰白或淡紫色局部已变质成石英岩底部为石英质砾岩岩石坚硬
					假整合
	泥盆系	930	D		灰绿色厚层中粒砂岩较坚硬上部有石英砂岩数层中下部夹有数层页岩
					假整合
	志留系	750	S		紫红色页岩中部夹有砂岩数层下部为黄绿色页岩局部已千枚岩化

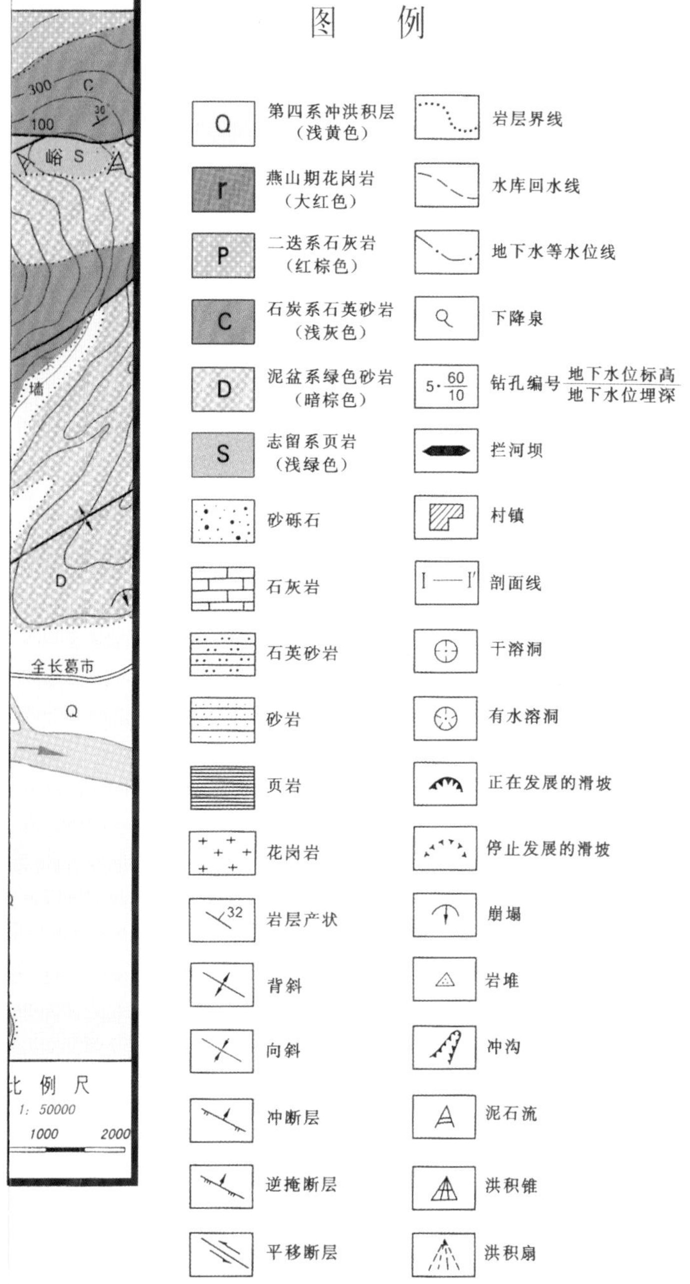